物联网开发与应用丛书

物联网
室内定位技术

徐小龙 编著

电子工业出版社·
Publishing House of Electronics Industry
北京·BEIJING

内 容 简 介

在神奇的自然界中，有很多生物都可以准确地到达很远的地方，它们依靠的就是定位。定位，即确定方位，无论对于人还是地球上的其他生物来说，都太重要了。

随着科学技术的发展，定位技术正在深刻地影响着人们生活的各个方面。本书主要介绍定位技术，重点是介绍室内定位技术，首先概述了位置服务与定位技术，介绍了位置服务定义、应用情况、历史背景、发展现状，介绍了定位技术的发展情况；接着介绍了衡量定位算法的主要性能指标、影响定位的主要因素，深入阐述了目前主流的定位算法，包括基于测距的定位算法和基于非测距的定位算法；最后详细介绍室内定位技术，在阐述室内定位技术前，本书也花了一定的篇幅介绍室外定位技术，包括基于卫星的室外定位技术、基于基站的室外定位技术和混合定位技术。

本书既可作为计算机科学技术学科、电子信息学科及信息网络专业的大学高年级学生、硕士及博士研究生教材，同样对从事移动计算、网络应用系统研究和开发工作的科研人员也具有重要的参考价值。

图书在版编目（CIP）数据

物联网室内定位技术 / 徐小龙编著. —北京：电子工业出版社，2017.8
（物联网开发与应用丛书）
ISBN 978-7-121-32372-0

Ⅰ. ①物…　Ⅱ. ①徐…　Ⅲ. ①互联网络－应用－无线电定位②智能技术－应用－无线电定位
Ⅳ. ①TN95

中国版本图书馆 CIP 数据核字（2017）第 183911 号

责任编辑：田宏峰
印　　刷：北京虎彩文化传播有限公司
装　　订：北京虎彩文化传播有限公司
出版发行：电子工业出版社
　　　　　北京市海淀区万寿路 173 信箱　邮编 100036
开　　本：787×1 092　1/16　印张：17.5　字数：448 千字
版　　次：2017 年 8 月第 1 版
印　　次：2021 年 1 月第 9 次印刷
定　　价：68.00 元

凡所购买电子工业出版社图书有缺损问题，请向购买书店调换。若书店售缺，请与本社发行部联系，联系及邮购电话：（010）88254888，88258888。

质量投诉请发邮件至 zlts@phei.com.cn，盗版侵权举报请发邮件至 dbqq@phei.com.cn。

本书咨询联系方式：tianhf@phei.com.cn。

定位，即确定方位，无论对于人还是地球上的其他生物来说，都太重要了。例如，经过训练的警犬可以通过嗅觉来确定毒品或者武器的位置，其他很多哺乳动物也可以在短距离范围内靠嗅觉定位；蝾螈、海龟等两栖动物也可以通过嗅觉也确定产卵水域的位置；信鸽可通过体内生物钟精确计算太阳位置，可以在远隔数百千米之外的陌生地方定位家的位置；很多迁徙的候鸟，在做长途飞行时都能利用地球磁场来进行定位和导航，保持其飞行路线不发生偏离；大马哈鱼能够穿越大洋返回自己原来孵化所在的同一条河流里产卵，其大部分旅程依靠太阳的位置、海流、地磁来定位和导航，最后到达淡水附近时，能根据河水的气味物质回忆起自己的出生地；蝙蝠、海豚等拥有基于超声波的声呐系统，通过"回声定位"来觅食、逃避敌害和求偶繁殖。

而对于生活在现代社会中的人们来说，确定自己及相关事物的位置也是至关重要的。事实上，除了通常我们一般所熟知的确定我们自身在地球上的位置外，仔细想想，广义的"定位"其实是无所不在的。我们再使用鼠标时，移动鼠标来寻找和点击屏幕上的图标，这难道不也是在定位吗？我们使用智能手机、平板电脑时，触摸屏也在通过电容、超声波或红外等方式来确定我们手指或者手写笔的位置。我们在用数码相机或智能手机来拍照时，也会通过激光、红外等方式进行对焦，而所谓对焦，也是在确定被摄主体的位置。

当然，本书重点还是在探讨人或物体在地球上的位置这一狭义范畴。随着对卫星定位和导航技术研究的不断深入，人们对基于位置的服务（Location Based Service，LBS）已不再陌生，其中最为人所熟知的最著名的 LBS 应用就是基于全球定位系统（Global Positioning System，GPS）的定位和导航服务。近十年来，无线通信技术、互联网技术及微电子技术的飞速发展使得智能手机、平板电脑等移动智能终端也得到了广泛的普及，基于 LBS 的应用也呈现了多样化发展的趋势。

根据定位应用中所应用的定位场景的不同，一般的定位技术可据此分为两种：室外定位和室内定位。在室外定位中，主要是利用卫星技术进行定位和导航的服务，其中应用最为广泛的就是 GPS 技术，民用级 GPS 的定位精度在 15 m 左右。目前，随着我国北斗导航系统（BeiDou Navigation Satellite System，BDS）的建设和迅速发展，BDS 已经与美国开发研制的 GPS、俄罗斯的全球导航卫星系统（Global Navigation Satellite System，GLONASS）以及欧盟的伽利略卫星导航系统（Galileo Satellite Navigation System，GSNS）一起，并称为全球四大卫星导航定位系统。

同时，随着城市化进程的加快，人际活动大多发生在室内场景中，人们对于 LBS 的需求也渐渐从室外延伸到了室内。由于卫星信号在有障碍物遮挡的情况下衰减严重，因而在高楼林立、结构复杂的城市间以及室内环境下定位精度很低，无法实现室内定位及相关的 LBS 服务，单纯的基于 GPS 的定位和导航已不能满足人们日益增长的室内 LBS 的需要。因此，定位技术，特别是室内定位和室内的 LBS 服务，已成为学术界和产业界的研发重点。在室内定位的研究领域中，早期的研究方向主要集中在 Wi-Fi 定位技术、移动蜂窝网络（Cell）定位技术、红外线（Infrared）技术、超声波（Ultrasound）技术、射频识别（Radio Frequency Identification，RFID）定位技术等。由于通信技术和电子制造技术的不断发展，研究人员对低功耗蓝牙（Bluetooth Low Energy，BLE）技术、超宽带（Ultra Wideband，UWB）技术、传感器与无线传感器网络（Wireless Sensor Network，WSN）、计算机视觉技术、激光技术等新技术展开了研究，并将这些技术与定位和导航的研究相结合，提出了一些定位精度更高或能耗更低的定位和导航方案。

近年来，世界范围内的高校、研究机构以及各大 IT 企业巨头也都掀起了室内定位热：在国外，杜克大学对生活中的诸多"路标"进行研究，提出了 UnLoc 定位系统，美国苹果公司推出了基于 BLE 的 iBeacon 室内定位技术，美国谷歌公司推出了基于 Wi-Fi 技术的室内定位系统，芬兰的 IndoorAtlas 公司推出了基于纯地磁技术的室内定位应用；在国内，我国以北斗导航系统为基础，提出了通用于室内和室外定位的全天候的定位系统——"羲和"，清华大学刘云浩团队提出了 LiFS 定位系统，高德地图、百度地图也都相继推出了具体的室内定位地图和多种定位技术融合的室内定位应用等。城市化进程的加快和互联网的高速发展，使得人们在室内的活动时间越来越长，越来越多的人际活动都发生在室内场景中，室内定位和室内 LBS 的应用具有很大的潜力，值得深入地学习和研究。

随着互联网技术、物联网技术的大力发展，定位技术已不再局限于单纯的室外和室内导航领域，物流运输、仓储管理、医疗健康、重要物资监控、特种作业人员定位、消防救援等都需要高效的定位技术，并且上述的这些应用领域大多长时间都是处于室内场景中的。

目前的室内定位算法及技术在定位精确度、抗噪声能力、硬件成本及鲁棒性等方面仍有较大的提升空间，特别是在定位精度和设备成本开销之间总是难以取得一个良好的平衡。大多数室内定位机制仍然在使用单一的定位技术，如 Wi-Fi、RFID、ZigBee 等来进行定位，并且对于单一技术的室内定位机制，仅以定位算法为切入点使得定位系统的定位性能得到提高十分困难。一种思路是以多种定位技术的融合定位为研究主题，从定位算法和定位模型两个方面为切入点，以提出多源数据融合的定位算法和定位模型，降低定位设备成本，降低定位误差，提高定位精度。

本书作者在移动计算、信息网络、位置服务、室内定位等技术领域已经有了多年的研究，具有扎实的理论基础和实践经验。本书的内容主要源于作者所领导的科研团队承担的国家自然科学基金、教育部专项研究基金、江苏省重点研发计划、江苏省高校自然科学基金等资助项目的研究工作和相关成果。

针对目前国内对室内定位技术的研究需求，本书取材国内外最新资料，是在认真总结作者主持相关科研项目等相关科研成果的基础上，精心组织编写的。本书详细、深入地介绍了定位技术和位置服务的发展和应用现状、主流的定位算法、室外定位技术及室内定位技术，特别详细地介绍了我们自己提出的一系列室内定位领域的研究成果，集中反映了室内定位技术的新思路、新观点、新方法和新成果，具有较高的学术价值和应用价值。本书包含以下内容：首先概述了位置服务与定位技术，介绍了位置服务定义、应用情况、历史背景、发展现状，然后介绍了定位技术的发展情况；其次着，介绍了衡量定位算法的主要性能指标、影响定位的主要因素，深入阐释了目前主流的定位算法，包括基于测距的定位算法和基于非测距的定位算法；最后在阐释室内定位技术前，本书也花了一定的篇幅介绍室外定位技术，包括基于卫星的室外定位技术、基于基站的室外定位技术和混合定位技术。本书的重点是全面、深入地阐述室内定位技术，本书介绍了定位场景，然后分析了基于RFID、蓝牙、Wi-Fi、UWB、WSN 等电信号的室内定位技术，以及基于地磁场、惯性传感器、超声波、红外线和视觉信息等非电信号的室内定位技术。本书最大的特色在于介绍了本书作者所领导的科研团队在室内定位领域的研究成果，包括基于方差修正指纹距离的室内定位算法、基于混合 Wi-Fi 热点室内定位算法、基于 Wi-Fi 和 RFID 数据融合的室内定位算法、基于惯性测量单元的多源定位模型等。

本书注意从实际出发，采用读者容易理解的体系和叙述方法，深入浅出、循序渐进地帮助读者把握室内定位技术的主要内容，富有启发性。与国内外已出版的同类书籍相比，本书选材新颖、学术思想新、内容新，体系完整、内容丰富，范例实用性强、应用价值高，表述深入浅出、概念清晰、通俗易懂。本书既可作为计算机科学技术学科、电子信息学科以及信息网络专业的大学高年级学生、硕士及博士研究生教材，同样对从事移动计算、网络应用系统研究和开发工作的科研人员也具有重要的参考价值。

参与本书编写的还有唐瑀、王屹进、戎汉中、袁豪、张雷、杨春春，本书融合了项目团队相关研究人员的研究成果。此外，本书还引用了国内外研究人员的诸多研究成果以及网络上的相关资料，在此一并衷心感谢！

由于编写时间仓促，加上作者水平有限，书中的错误及不妥之处在所难免，敬请读者批评指正。

作　者

2017 年 7 月

CONTENTS 目录

第1章 定位与位置服务

1.1 定位需求

1.1.1 自然界的定位

有人做了一次实验[1]：在威尔士海岸斯科克霍姆岛上将一只墨嘴海鸥从它的巢里抓了出来，到了 5000 km 以外的波士顿又放了它。12 天以后它又回到了自己的巢中，居然比告知放飞消息的信件还早到了一天。而北极燕鸥每年往返于地球的南极和北极之间，维基百科指出北极燕鸥的迁徙旅程约 38000 km（见图 1.1）。人们至今还无法明确知道动物是怎样克服这么长的危险路程安全返回的，也许有的依靠陆地上明显的标记，有的依靠特殊的音响感受器或磁场感受器。以下就介绍几种动物独特的定位本领。

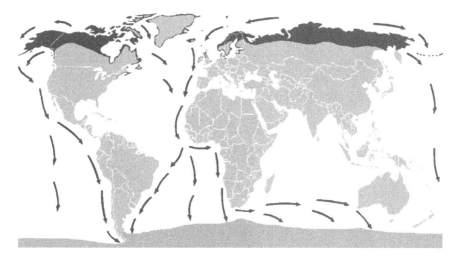

图 1.1 北极燕鸥的迁徙路线图[2]

大量哺乳动物在短距离范围内主要靠嗅觉定向[3]。嗅觉也帮助蝾螈和其他两栖动物找到产卵的水域，让海龟游到数千米外可以产卵的海滩。大马哈鱼穿越大洋返回到自己原来孵化出来的同一条河流里产卵，其大部分旅程依靠太阳的位置、海流以及依靠它的磁觉，最后到达淡水附近时，它能根据河水的气味物质"回忆"起自己的出生地。

大家都知道信鸽具有卓越的航行本领，它能从 2000 km 以外的地方飞回家里。实验证明，如果把一块小磁铁绑在鸽子身上，它就会惊慌失措，立即失去定向的能力；而把铜板绑在鸽子身上，却看不出对它有什么影响。当发生强烈磁暴的时候，或者飞到强大无线电发射台附近，鸽子也会失去定向的能力。这些事实充分说明了，鸽子是靠地磁场来导航的[4]。同样，大海中的绿海龟是著名的航海能手，每到春季产卵时，它们就从巴西沿海向坐落在南大西洋的沧海森松岛游去，这座小岛全长只有几千米，距非洲大陆 1600 km，距巴西 2200 km；但是，绿海龟却能准确无误地远航到达。产卵后，夏初季节，它们又渡海而归，踏上返回巴西的征途。据研究表明，绿海龟也是利用地磁场进行导航的[5]。

对多数人来说，三文鱼就是餐桌上一盘盘色彩艳丽、味道鲜美的佳肴，至于它们是怎么在这个世界上生活的，怕是了解的人不多。其实这也难怪，虽然今天人类科技水平相当发达，但人类对三文鱼的习性的掌握还相当初级。例如，成年三文鱼是根据什么来寻找它们当年的出生地这个问题，目前的学术界还只能笼统地猜测它们是根据水中的气味来辨别方向的。对三文鱼的研究之所以困难，最主要的原因还是因为三文鱼属于回游鱼类的缘故。三文鱼的一生大致经过三个阶段，第一阶段，三文鱼从鱼卵变成小鱼苗后要在淡水中生活一段时间才会游向大海，这段时间的长度并不固定，有的三文鱼在成鱼一年后便离开自己的出生地，但有的三文鱼却会在淡水中生活很久，加拿大魁北克地区就曾发现过在淡水中生活 8 年后才游到海中的三文鱼。在这一阶段，估计有 40%以上的三文鱼苗会被其他捕食者吃掉。海水中的三文鱼，是其一生中身体成长的最重要阶段，它们在短时间内变得又大又肥。但在辽阔的大海里，三文鱼的安全也得不到保障，海豹、格陵兰鲨、银鳕鱼，还有我们人类，都将三文鱼视作美餐，这一阶段大约 70%的三文鱼被吃掉。在海洋中生活 1~4 年，当那些幸存的三文鱼完全长大成熟后，它们将开始它们最后旅行，返回自己的出生地，产卵繁殖。由于安大略湖水域三文鱼的海中栖息地在格陵兰岛大陆架附近，从格陵兰岛游到多伦多的直线距离比哈尔滨到广州的距离还要远，实际上，三文鱼是不可能沿直线游行的，因为这个世界上没有哪条河是笔直的。旅途中的三文鱼既不能乘火车更不能坐飞机，就那么一下一下地游，路途遥远先不谈，单说不迷路就是个奇迹[6]。

人类利用天上卫星导航，可以不迷路，南飞的大雁利用地面的湖泊山川作为地标，也可以不迷路，但三文鱼的周围都是水，水与水之间是没什么不同的，它们没有任何参照物，那么三文鱼到底是靠什么辨别方向的呢？它们可能凭借脑海中的记忆，那是多年前儿时的记忆，但就是凭着这样的记忆，三文鱼，游回来了。哥那拉斯加（Ganaraska）河（见图 1.2）位于多伦多东 100 km 左右的 Port hope 镇附近。这条河流程不长水量不大，但对三文鱼来说，这里却是它们的圣地。据安大略省资源厅统计，来到哥那拉斯加河产卵的三文鱼要多于从哥那拉斯加游向大海的三文鱼，这说明，一方面加拿大三文鱼的生存环境正在改善，鱼类数量整体在增加；另一方面也说明，很多不是出生在哥那拉斯加河的成年三文鱼却来到这里产卵[6]。

图 1.2　哥那拉斯加河

　　两座灯塔之间，就是哥那拉斯加河的入湖口。与浩瀚的安大略湖相比，这个入湖口可能连针鼻大小都赶不上。但哥那拉斯加河的三文鱼，都是从这个狭小的湖口游进来的，它们是怎么找到这儿的呢？

　　目前的解释是，水中的鱼儿能在波涛汹涌的海洋中按一定的方向去导航。这比鸟的迁徙能力更为奇特。海水是导电的，当它在地球的磁场流动的时候就产生电流。于是，鱼儿便利用这个电流信号，灵敏地校正自己的航行方向[6]。还有人对鳗鲡进行了细致的观察，初步发现，鱼脑能对微弱的电磁场做出反应，地磁场是对鳗鲡提供信息的信息源。因此，美洲的鳗鲡习惯于航行很长的距离后到达产卵场所，产卵后又返回它们原来的"基地"。

　　同样，还有远在加勒比海沿岸水域生活着一种形体较大的节肢类动物——大螯虾，这种动物白天栖息在暗礁中，晚上出来活动觅食。让科学家感到迷惑不解的是，这种动物在离开其巢穴一段距离后仍能准确无误地找到自己的巢穴。它们是如何在漆黑一片的大海中找到归途的呢？美国科学家发现它们体内生有一个能辨认方向的"磁罗盘"。

　　科学家在对赞比亚地下鼹鼠的研究中，发现在名为上丘脑的大脑结构中有些神经细胞是这种动物生物"指南针"的一部分。这些细胞组对不同磁场方向会做出有选择性的反应。鼹鼠利用这些磁感觉信息合成了一幅它们周围环境的心理地形图，而其他的动物用不同感官信息来生成同样的地形图。

　　每年深秋，数百万的王斑蝶都要从美国和加拿大的栖息地迁徙到墨西哥中部山区越冬，行程可达 3200 km，堪称昆虫迁徙距离之最。但这些王斑蝶却是前一年春季自墨西哥返回到北美等地区的王斑蝶后代，从未飞到过墨西哥，它们靠什么认路呢？人们曾经认为这些蝴蝶以太阳作为指南针来导航，但在乌云蔽日的天气中它们照样迁飞。研究人员在实验室中对秋季王斑蝶进行测定发现，将王斑蝶放在正常的磁场中，它们朝西南方向飞行，与从美国东部向墨西哥方向迁飞的方向一致。而将其放在逆向磁场中，则纷纷朝向东北方向迁飞。撤掉磁场时，则呈现漫无目标的乱飞状态，这表明王斑蝶体内存在磁性物质，其迁飞方向也与体内磁性物质有关。

动物界中还有许多动物可以不同程度地感知所在环境的红外辐射，对红外辐射的感知通常表现为对环境热源温度信息的感受，最常见的是体表感温以选择或适应环境。而蝮亚科蛇类（Crotalinae）在演化过程中，产生了特有的信号接收器官——颊窝，进化出专用的红外感知系统，对温度信息有着极高的灵敏度和精确度，甚至具有类似视觉的目标识别与定位功能。

蝙蝠是唯一有飞行能力的哺乳动物，经过长期的演化，其结构和功能达到了一种完美的高度。现分布于世界各地的蝙蝠均属于哺乳纲（Mammalia）翼手目（Chiroptera）。根据其形态等，可进一步分为大蝙蝠亚目（Megachiroptera）和小蝙蝠亚目（Microchiroptera），前者除果蝠（Rusettus）属外，均不使用回声定位；后者则都具有回声定位能力，而视觉系统相对原始，故将它们称为回声定位蝙蝠（Echolocatingbat）[2]。

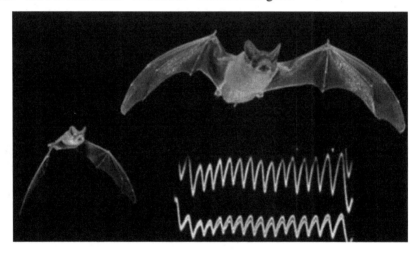

图 1.3 蝙蝠超声波定位

科学家曾在 16 只座头鲸身上安装了跟踪设备，然后利用卫星技术进行跟踪。这些座头鲸从南大西洋和南太平洋向北游了数千千米，偏离洄游路线不会超过 5°。人们一直认为很多动物在进行远距离迁移时利用地球磁场或太阳方位进行导航。但科学家表示，这两种方法都无法解释座头鲸如此超凡的导航能力，因为地球的磁性变化太大，无法解释座头鲸的直线洄游，而在水里也无法找到太阳导航所需的参考点。他们因此怀疑座头鲸采用了一种组合导航的方式[9]。

研究动物的超级感知能力，不但可加深我们对大自然的理解以便更好地保护生物多样性，还可以为工程设计提供新灵感、新原理和新材料，这在国家安全、公共安全、工业检测、医学检验等领域都有极广阔的应用前景。

1.1.2　生物定位类型

定位无处不在，在自然界中的动物具有某些人类所没有或超越人类的感知能力。例如，夜行性的肉食动物狼、猫和鸮等有超强的夜视能力；一些昆虫、鱼类和鸟类可以看见紫外或偏振光；少数昆虫、蛇类和蝙蝠可以感知红外辐射；多数蝙蝠和海豚可以听到超声波并借此回声定位；大型动物如鲸类和大象可以听到次声波；部分鱼类、鸟类和海龟借助地磁导航和定向；电鱼可以感知水体的电场变化；鳞翅目昆虫几乎可以检测空气中的单分子信号[8,9]。

1．红外感知

强大的红外感知系统使蝮蛇在夜间或洞穴等黑暗环境下，可以有效地捕捉小型哺乳类和鸟类等温血动物（见图 1.4）。蝮蛇的捕食行为与视觉、红外觉、嗅觉、震动感知等神经系统密切相关，具体到对活体猎物的识别与定位，又特别依赖于视觉与红外觉两个系统。自然环境中，亮度、温度、地形等因素是多变且不可控的，因此，通过两个不同的感知系统对猎物进行识别和定位，其可以有效起到互补作用，其捕食的时间和空间得到了拓展，从而提高捕食效率。

 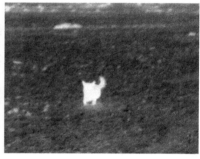

图 1.4　蝮蛇红外视线中的动物

与视觉系统类似，蝮蛇的红外感知系统可以根据接收、信号传导、编码还原的信息处理步骤分为 3 个结构部分。颊窝是蝮蛇的红外信号接收器官，是蝮亚科蛇类具有红外感知能力的物理基础。带有空间和温度信息的能量辐射到颊窝膜的外表面，激活了分布于膜中的感受单元——三叉神经末梢（TNM），完成了外部热量信息向神经电信号的转换。随后，神经电信号经三叉神经节传递至中枢神经，在中脑视顶盖下层区域进行空间编码处理，并在此与视觉信息进行整合，最后到达端脑进行判断与决策。

2．回声定位

尽管回声定位蝙蝠种类繁多，其实可根据它们发出的回声定位信号模式大体上归为 3 类：即恒频-调频（Constant Frequency-Frequency Modulation，CF-FM）蝙蝠，如胡须蝠（Pteronotus parnellii rubiginosus）等，其发声信号由一段较长时程的 CF 成分后接续一段较短时程的下扫 FM 成分所构成；调频（FM）蝙蝠，如大棕蝠（Eptesicus Fuscus）等，其发声信号为下扫 FM 声；咔哒声（Click）蝙蝠，如大蝙蝠亚目的果蝠（Rousettus），其发声信号为时程极短（40~50 μs）的调频声，带宽可达 80 kHz。

人们对蝙蝠回声定位的认识，从 1793 年意大利生理学家 Spallanzani 发现盲眼蝙蝠能自由飞行开始，到 1938 年 Griffin 成功地记录到蝙蝠发出的超声，100 多年的历程才最终揭开"蝙蝠是通过主动发出声音信号，并听其回声来感知周围环境"的千古之谜，Griffin 于 1944 年提出将自然界中利用类似声呐原理探测周围环境的过程称之为回声定位（Echolocation）。至此，蝙蝠研究进入了一个全新的时代。

蝙蝠的回声定位系统主要由发声系统、听觉系统和运动系统所组成。不同模式的回声定位信号，在回声定位方面有不同特点，如 CF 信号和 CF-FM 信号中的 CF 成分最适宜传递目标速度信息；而 FM 信号和 CF-FM 信号中 FM 成分最适宜传递目标特征和距离信息。飞行过程导致的多普勒频率漂移（Doppler Shift）不但能传递与蝙蝠相对飞行速度有关的信息，而且还能传递有关昆虫翅振（Wing Glint）信息。回波的振幅能传递目标（Target）大小信息，回波延迟时间可传递靶物距离信息，回声中分频率的振幅和 FM 成分的变化能传递有关目标质地等信息，回声到达两耳间的时间差、频率差乃至相位差可提供目标的经向（Azimuth）方位信息，而每只耳的外耳产生的声波干涉图景可提供目标的俯仰方位信息。

在神经解剖学结构研究方面，发现与回声定位相关的结构高度特化，显示出蝙蝠听觉系统对回声定位的适应。

- CF-FM 蝙蝠耳蜗基底膜对回声定位信号主频异常敏感，形成所谓"听觉中央凹（Auditory Fovea）"；
- 中脑下丘增大，某些结构出现分化；
- 腹前耳蜗核（Aterior-Vetral Nucleous of Cochleanucleous，AVCN）极度增大，甚至在 CF-FM 蝙蝠的 AVCN 边缘区出现一群大而独特的多极神经元；
- 从腹后耳蜗核（PVCN）到上橄榄复合体（SOC）存在直接输入，明显地有别于其他哺乳类动物；
- 在胡须蝠的内侧上橄榄核（MSO），与非回声定位哺乳动物相比，其神经元仅接收来自对侧 AVCN 的单耳输入，这可能更有利于精确地处理耳间时间差（ITD）；
- 外侧丘系核（Lateral Leminiscus）的腹侧核和中间核显示出异常增大和超常组构。

另外，近期的一项脑核磁共振成像和组织学比较研究显示，使用 CF-FM 和 FM 声脉冲进行回声定位的蝙蝠要比啮齿类（大鼠和小鼠）有更大的耳蜗和更多的转数（Turns），这些差别与它们所发出的生物学相关的声信号及听觉行为相关。

在听觉细胞的功能和机制研究方面，在近 40 多年来，被认为对以下诸方面给予了强烈的关注，如：

- 回声延迟（Echo-delay）或靶物距离（Target Range）调谐；
- 听觉神经元的频率调谐与"听觉中央凹（Auditory Fovea）"；
- 皮质功能组构的模块性（Modularity）；

- 神经元反应潜伏期的动态性;
- 声刺激的时程调谐;
- 目标选择性神经元与尺度(或大小)不变性(Scale invariance)。

此外,还值得关注的是在蝙蝠听觉调控方面,发现既有同一中枢内细胞间的调控,也有不同中枢间的调控,还有高位中枢对低位中枢的所谓离皮质调控。自 20 世纪末以来,在大棕蝠和胡须蝠上发起了一系列有关离皮质调控研究,证实了蝙蝠脑内存在对听觉输入精细的离皮质调控机制。这种机制对皮质下中枢对听觉输入产生更精准的反应,以及在成年后为适应环境而形成听觉可塑性,提供了一种结构和功能的保障。人和动物的行为总是处于神经系统的控制之下,对听觉系统怎样加工人和动物行为相关的复杂声信号,所知甚少。近年来,在大蹄蝠(Hipposideros Armiger)和普氏蹄蝠(Hipposideros Pratti)上用模拟的回声定位声信号进行研究,获得了某些新的认识,发现听觉中脑—下丘神经元对这种行为相关 CF-FM 声信号以特异性的模式来反应,呈现出 Single-On(SO)和 Double-On(DO)反应模式,但对纯音和 FM 刺激未见有反应模式的差异。进一步研究还发现,这两类神经元在潜伏期、恢复周期,以及所占比例方面均有明显不同,提示有可能是与蝙蝠回声定位行为和回声信息加工相关的特殊反应模式。

在蝙蝠行为学研究方面,早期用粉虫(Mealworm)与塑料块混合后作为空抛物做目标识别,以及用细钢丝列成的飞行屏障做空间分辨率行为学测试,证实了它们有很高的目标识别能力和空间分辨率。通过录制蝙蝠追踪猎物过程中的发声信号,发现在捕获相可高达100 次/秒以上,针对这种行为表现的电生理实验证据表明,蝙蝠的听中枢神经元具有很高的时间分辨率,以及从高脉冲重复率的回声中提取信息的能力。众所周知,人声调的性别差异总体上是"女高男低",而近期在普氏蹄蝠上的研究发现,其声调却是"男高女低",显示出雌雄二态性(Sexual Dimorphism)。蝙蝠为了有效地发现目标和锁定目标,它们能通过调节其口形(Mouth Gape)聚焦声呐场(Sonar Field)和调控发声信号的声束以锁定目标。可见,在我们人类知道用雷达(Radar)聚焦和锁定目标之前,蝙蝠使用这种技能已经先于我们千万年。对蝙蝠的巡航研究发现,它们能根据回声携带的信息计算出外界物体在三维空间(Three Dimensions,3D)中的位置;近期还获得了它们的大脑能对头部方位进行3D 编码的证据;这种 3D 空间的辨别能力不仅有助于巡航,亦能用于分类外界物体。由于蝙蝠在追踪猎物时,会因飞行而使回声 CF 成分产生多普勒频率漂移,这就需要蝙蝠根据频率漂移幅度和飞行速度计算出发声频率的补偿值,确保回声主频总是落在耳蜗基底膜的"听觉中央凹"。人工回声测试表明,蝙蝠能主动降低发声频率以补偿产生的多普勒漂移,保持回声频率处于主频或主频附近。近期研究显示,这种频率补偿行为受到听中枢的调控。"利己"和"共享"现象同样存在于蝙蝠中,有研究观察到同种蝙蝠一同飞行时,它们可交替发声并神奇地共享其回声。

这一发现说明大棕蝠可借助地球磁场来做远距离导航,并在夜间飞行拥有超常的感觉能力。总之,无论是对这种动物物种所表现出的神奇的回声定位行为,还是它们与哺乳类乃至人类所共有的基本听觉机制,均值得人们持续给予关注和研究。

3．动物磁定位

地磁又称为地球磁场，特指地球周围空间分布的磁场，近似于一个位于地球中心的磁偶极子的磁场。它的磁南极（S）大致指向地理北极附近，磁北极（N）大致指向地理南极附近，与北极和南极形成一个 11.3°的磁偏角。地表各处地磁场的方向和强度都因地而异，地磁强度由赤道向两极呈现由低到高的态势。磁倾角（Magnetic Inclination）是指地磁场中任一点磁感应强度矢量与水平面的夹角，磁偏角（Magnetic Declination）是指地球表面任一点的磁子午圈同地理子午圈的夹角。地磁的这些特征，构成了相对稳定的地理信息。动物在迁徙过程中常利用地磁信息来定向和导航，因此磁感知成为一个热门的研究领域。

目前通过对多类动物进行磁感知的研究表明，甲壳动物（5 种）、昆虫（9 种）、硬骨鱼（4 种）和哺乳动物（3 种）可利用磁偏角信息进行定向和导航；两栖类（4 种）、爬行类（2种）和鸟类（20 种）则是基于磁倾角信息进行定向和导航。

大量证据显示海龟（Caretta Caretta）远距离迁徙依赖地磁导航，科学家在实验时设计在 80°西经线的北纬 61.2°（A）和 55.4°（B）两点，以及 20°北纬线的西经 66.1°（C）和 23.3°（D）两点，释放小海龟。结果显示，4 个位置释放的海龟朝不同的方向运动，如A 点朝向 171.7°；B 点朝向 15.8°；C 点朝向 50°；D 点朝向 217°。现已知道，海龟围绕大西洋做顺时针洄游，洄游路线正好穿过上述的 4 个地理位置，而小海龟的朝向也正好是洄游的方向。

家鸽（见图 1.5）返巢（Homing）的初始阶段也可能是依赖地磁信息导航的，因此有科学家开展了磁场导航的干扰实验。温特图尔位于瑞士的北部，实验鸽长期饲养于此。在实验鸽的头部靠近耳的位置黏附微小的磁石（有研究显示鸟类的内耳毛细胞富含铁元素），然后分别在温特图尔东边的德国林道（Lindau）附件和南边的洛桑附件释放。结果显示，在林道释放的大部分对照组鸽当天返回巢穴，贴磁石的大部分实验组鸽第二天返回；在洛桑释放的实验组和对照组都大部分当天返回，组间无差异。

图 1.5　家鸽

大型哺乳动物也有较精确的磁感知能力。通过谷歌地球的卫星照片、实地观察和测量雪地"鹿床"的头部朝向，发现不管是采食还是睡觉，家畜牛和野生鹿的头部都指向磁极，即北半球的动物头部倾向于朝向地理北极附近的磁南极（S），而南半球的动物倾向于朝向地理南极附近的磁北极（N），而与地理南极和北极保持约10°的偏差。由于数据是在全球范围内收集的，基本排除了气候和光照等因子的作用。中国风水也强调睡觉"应顺地磁，即南北向，或夏至朝南、冬至朝北"。科学家们对宝兴树蛙（Rhacophorus Dugritei）的产卵观察，发现地面的卵泡（由保湿泡沫和卵构成）大致呈梭状，产卵从西北向开始，向东南延伸，形成一个指向东南的条带状卵泡。将树蛙移至室内的塑料盆中，完全遮蔽光线，产卵的方向还是指向东南方约140°的方位。

近年来，研究多集中在磁感应器本身、位置、结构、机制等。目前有两个理论比较流行，即铁小体理论和配对电子理论。前者是指生物矿化的磁小体连接到机械敏感结构；后者涉及短寿命基团对的中间态，一种磁敏感的量子化学反应过程。含铁小体的细胞在动物体的分布很广，在鱼类的鼻腔、鸟类喙部和内耳都存在。在虹鳟鱼（Oncorhynchusmykiss）三叉神经的浅表眼支（RosV）记录到磁刺激相关的神经电反应，这些神经电可以反向追踪到嗅上皮。将嗅上皮细胞打散到培养液中，外加一个旋转磁场，显微镜下可观察到极少数细胞（1～4/10000）随磁场的旋转而旋转。X-射线光谱显示，这些细胞富含铁晶体[8]。信鸽（Columbalivia）通过条件反射训练，能够识别地磁场的异常变化。如果在其喙上部靠近鼻腔有蜡质结构（Cere）的地方安置磁小体，或局部麻醉喙上部，或切断两侧的三叉神经眼支，都使信鸽失去这种识别能力。在喙上部蜡质结构中，发现大量的细胞含有铁晶体。野外的放飞实验也证明局部麻醉，会导致信鸽返巢行为异常。有意思的是，随后的实验结果反对这些含铁细胞是磁感应相关的神经元，而是一些巨噬细胞，属于免疫系统。在鸟类的内耳前庭系统的细胞中发现富含铁晶体的细胞器，直径为300～600 nm，由铁蛋白颗粒组成。这种细胞器在鸟类中广泛存在，但在人类和小鼠中则不存在。

一些昆虫、鸟类和两栖动物的磁感知是可见光依赖的，因此推测光感受系统如视觉和松果体参与其中。对蝾螈、蛙、果蝇和欧洲知更鸟的测试，发现蓝光与黄光伴随的磁定向有很大的相差。如在东方红斑蝾螈（Notophthalmus Viridescens），光波长 $\lambda \leqslant 450$ nm 依赖的磁定向与 $\geqslant 500$ nm 光照下的磁定向相差90°。这个系统似乎涉及两个不同的过程。不同的光强也可导致磁定向的偏差，如春天的欧洲知更鸟在低光强下（7×1015quanta s-1 m-2）趋向向北飞，而在高光强下（43～44×1015quanta s-1 m-2）则改为东西向飞行。脑功能的偏侧性广泛存在，但在光依赖的磁感应中达到极致。实验证明，遮蔽欧洲知更鸟（Eritha Cusrubecula）的右眼可以完全消除磁定向能力，即只有右眼具有磁定向功能；而在家鸽中这种偏侧性在磁感知水平不存在，但在认知水平左右脑起不同的作用。

光依赖的磁定向可能是基于一个受磁场作用的单隐花色素的光学系统。短波长依赖的光致还原过程诱导黄素隐花色素（Flavin Cryptochrome）部分还原，形成氧化还原基团对（FADox→FAD），而长波长依赖光氧化过程诱导黄素基团氧化，返回到氧化态（FAD→FADox）。在持续光照下，基团的进一步光致还原，形成全还原态（FADH-）；在完全黑暗的环境，则再次氧化成为全氧化态（FADox）。黄素隐花色素的这个可逆反应，在3

种氧化还原态中产生光致平衡来决定分子的信号激发/非激发的比例。基于隐花色素的分子阵列，磁场的作用在于信号状态的维持，以及对光的反应，以此提供磁场方位信息。该机制的前提是基团对的磁场效应能够从入射光因光强和频谱差异所导致的变化中分离出来。该理论的一个致命挑战是基团对只对以极高频率变换的磁场反应，而地磁场是静态的。然而，欧洲知更鸟的磁定向能力显著地受到宽带频率（0.1～10 MHz）或单一频率（7 MHz）的垂直向磁场的干扰。

近几十年来，对动物的红外传感与成像（昆虫、蛇类和蝙蝠），回声定位（蝙蝠、海豚和鲸类），以及地磁导航（海龟、知更鸟和家鸽）的研究，在传感的分子、神经元反应特性及其信息处理、神经环路和行为等方面，都取得了显著的成果，但还处在重大突破的前夕，一些基本科学问题依然有待解决。如TRPA1通道如何受红外辐射而开闭，中枢神经的回声Map在哪里以及如何认知，有关磁感知的争论依然存在。

1.1.3　生物定位应用

无人机最早在20世纪20年代出现，当时是作为训练用的靶机使用的。随着21世纪科学技术飞速发展，对无人机的研究有了长足的进步，其不仅有着广泛的应用领域，如航拍、农业植保、测绘等，更是在未来战争中起着关键的作用。无人机的导航性能是决定其飞行准确性的重要因素，其自助定位水平又是衡量其导航性能的一大重要指标。将生物科学和技术科学结合与渗透，人类开辟了一项新的技术，并诞生了一门边缘科学——仿生学。仿生学是指人类模仿生物的某些能力来应用于发明创造的科学，在飞机制造的发展中，仿生学就给人类提供了很多灵感，如机翼曲线与鸟类、机翼震颤与蜻蜓翼尖小翼等。（http://www.chinabaike.com/t/30826/2015/1120/3870665.html）

在2013年，亚马逊CEO宣布将推出一套可以在30分钟以内，将产品运送到顾客手中的无人直升机运输系统——Amazon Prime Air。2016年1月，亚马逊公布了无人机送货的一些细节，其为自己设定的目标是：递送距离必须超过16 km。这些无人机重约25千克，最多可以递送2.25 kg的商品。亚马逊全球公共政策副总裁保罗·米塞纳（Paul Misener）提到：亚马逊有不同的无人机，并且在同时使用它们，不同的无人机被用于执行不同的递送任务；亚马逊的美国客户有的生活在炎热、干燥、尘土飞扬的地方，有的生活在炎热、潮湿、经常降雨的环境中；同样，他们生活在各种各样的建筑中，比如乡村农场或城市高楼大厦等。要为所有客户提供递送服务，需要不同的无人机才能办到。直至目前，亚马逊的无人机送货业务仍未投入大规模商用。（http://news.xinhuanet.com/tech/2016-11/18/c_1119937149.htm）

2016年6月19日，一架京东无人机在江苏宿迁市曹集乡同庵村居委会内缓缓起飞，10分钟后，到达5 km外的旱闸村居委会。当地的京东推广员接收包裹，无人机送货顺利完成第一单（见图1.6）。京东表示，无人机将正式投入农村物流试点运行。此次京东展示的三款无人机载重量为10～15 kg不等，具备自动装卸货功能。无人机的飞行距离为5～10 km，货物送到后可按指令自动返航。京东JDX事业部负责人肖军介绍，此次所展示的无人机都是自主研发的，包括长航时、大载荷等在内的特点专为农村设计。"在安全性方面，无人机将会按照提前规划好的航线飞行。规划航线时，已经避开了学校、居民区等人员密集的场所。"如今，国内大型电商纷纷开始布局农村，但是快递的"最后一公里"始终是个难题。肖军介绍，目前，农村送货成本5倍于城市，而无人机的使用能够很好地解决成本问题。"根据目前的测试，正常情况下，京东无人机往返 10 km，成本还不到 1 度电，也就是不足 0.5 元，而且也比汽车配送要快。"（http://china.huanqiu.com/hot/2016-06/9023221.html）

图 1.6 京东无人机送货

1.2 现代定位技术

1.2.1 人类定位需求

定位技术应用在各个领域，无所不在，如在鼠标中通过各种技术实现屏幕中光标的定位，VR 眼镜焦点定位，触摸屏焦点定位，相机拍照捕获人脸定位等。本节从广义的角度讲述各种定位技术。

1.2.2 光学定位

本定位技术是指鼠标定位的方式，和鼠标的工作方式密切相关，常见的定位方式有光栅定位、轨迹球定位、发光二极管定位、激光定位等。（http://baike.baidu.com/link?url=c7qF3ymsxauhcqVWspkBC894uHeUJ6snbvD7sFbXAinfr8FbMLh0GIOh1s928D8XxSovR1TApvoqfIKGUdJyPx-aHokhYpmbzUVud92PZSPmFFyK_nqci5gdk78-abMT-4AJTSL5qttbte9LiLlnJK）

1．光栅定位

光栅定位主要是机械鼠标所使用的方式，不过由于纯粹的机械鼠标现在已经基本消失，这里的机械鼠标实际是指光机式鼠标。

鼠标移动时带动胶球滚动，胶球的滚动又摩擦鼠标内的分管水平和垂直两个方向的栅轮滚轴，驱动栅轮转动。栅轮的轮沿为格栅状，紧靠格栅两侧，一侧是红外发光管，另一侧是红外接收组件。鼠标的移动转换为水平和垂直栅轮不同方向和转速的转动。栅轮转动时，栅轮的轮齿周期性地遮挡红外发光管发出的红外线照射到水平和垂直两个红外接收组件，产生脉冲。鼠标内控制芯片通过两个脉冲的相位差判知水平或垂直栅轮的转动方向，通过脉冲的频率判知栅轮的转动速度，并不断通过数据线向主机传送鼠标移动信息，主机通过处理使屏幕上的光标同鼠标同步移动。

2．轨迹球定位

轨迹球定位的工作原理和光栅定位类似，只是改变了滚轮的运动方式，其球座固定不动，直接用手拨动轨迹球来控制鼠标箭头的移动。轨迹球被拨动时带动其左右及上下两侧的滚轴，滚轴上带有栅轮，通过发光管和接收组件产生脉冲信号进行定位。轨迹球的滚轮积大、行程长，这种定位方式能够做出十分精确的操作。轨迹球另一大优点是稳定，通过一根手指来操控定位，不会因为手部动作移动影响定位。此外，现在也有使用光电方式的轨迹球，其工作原理和发光二极管定位类似。

3．发光二极管定位

发光二极管定位是大多数光电鼠标的定位方式，这是一种"电眼"的工作方式。在光电鼠标内部有一个发光二极管，通过该发光二极管发出的光线，照亮光电鼠标底部表面（这就是为什么鼠标底部总会发光的原因）。然后将光电鼠标底部表面反射回的一部分光线，经过一组光学透镜，传输到一个光感应器件（微成像器）内成像。这样，当光电鼠标移动时，其移动轨迹便会被记录为一组高速拍摄的连贯图像。最后利用光电鼠标内部的一块专用图像分析芯片（DSP，即数字微处理器）对移动轨迹上摄取的一系列图像进行分析处理，通过对这些图像上特征点位置的变化进行分析，来判断鼠标的移动方向和移动距离，从而完成光标的定位。

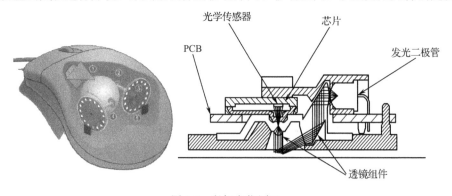

图 1.7　鼠标定位原理

4. 激光定位

激光定位也是光电鼠标的一种定位方式，其特点是使用了激光来代替发光二极管发出的普通光。激光是电子受激发出的光，与普通光相比具有极高的单色性和直线性，目前用于定位的激光主要是不可见光。普通光在不同颜色表面上的反射率并不一致，这就导致光电鼠标在某些颜色表面上由于光线反射率低，使 DSP 不能识别的"色盲"问题。此外普通光在透明等物质表面无法使用，或者产生跳动。由于激光近乎单一的波长能够更好地识别表面情况，灵敏度大大提高，因此使用激光定位的鼠标可以有效解决这些问题。

1.2.3　焦点定位

众所周知，虚拟现实（VR）是一个边缘化和可跨界的行业，技术门槛要求很高，因此 VR 产品在技术实现上面临许多瓶颈，其中 VR 产品的空间定位技术一直是困扰各厂商的难题，也就是虚拟现实中焦点的定位。在主机端也只有 HTC Vive 解决了这个问题，移动端则更是看起来遥不可及。但是，许多的移动开发者更倾向于发力 VR 内容，研发移动端的定位技术，因为未来移动 VR 将是"大风口"已成为行业共识。

由于计算机屏幕只有一个，而人却有两个眼睛，又必须要让左、右眼所看的图像各自独立分开，才能有立体视觉。这时，就可以通过 3D 立体眼镜，让这个视差持续在屏幕上表现出来。通过控制 IC 送出立体信号（左眼→右眼→左眼→右眼→依序连续互相交替重复）到屏幕，并同时送出同步信号到 3D 立体眼镜，使其同步切换左、右眼图像。换句话说，左眼看到左眼该看到的景象，右眼看到右眼该看到的景象。3D 立体眼镜是一个穿透液晶镜片，通过电路对液晶眼镜开、关的控制，开可以控制眼镜镜片全黑，以便遮住一眼图像；关可以控制眼镜镜片为透明的，以便另一眼看到另一眼该看到的图像。3D 立体眼镜就可以模仿真实的状况，使左、右眼画面连续互相交替显示在屏幕上，并同步配合 3D 立体眼镜，加上人眼视觉暂留的生理特性，就可以看到真正的立体 3D 图像，如图 1.8 所示。（https://zhidao.baidu.com/question/1802618230619 60444.html）

图 1.8　VR 眼镜场景图

上述中的交替显示模式的工作原理如下（https://wenku.baidu.com/view/e9672bc6aa00b52acfc7caaf.html）：

（1）交错显示模式的工作原理是将一个画面分为二个图场，即单数扫描线所构成的奇图场和偶数扫描线所构成的偶图场。在使用交错显示模式进行立体显像时，我们便可以将左眼图像与右眼图像分置于单图场和偶图场（或相反顺序）中，我们称此为立体交错格式。如果使用快门立体眼镜与交错模式搭配，则只需将图场垂直同步信号当作快门切换同步信号即可，即显示单图场（即左眼画面）时，立体眼镜会遮住使用者的一只眼，而当换显示偶图场时，则切换遮住另一只眼睛，如此周而复始，便可达到立体显像的目的。

（2）画面交换，它的工作原理是将左右眼图像交互显示在屏幕上的方式，使用立体眼镜与这类立体显示模式搭配，只需要将垂直同步信号作为快门切换同步信号即可达成立体显像的目的。而使用其他立体显像设备则将左右眼图像（以垂直同步信号分隔的画面）分送至左右眼显示设备上即可。

（3）人之所以能够看到立体的景物，是因为双眼可以各自独立看东西，左右两眼有间距，造成两眼的视角有些细微的差别，而这样的差别会让两眼看到的景物有一点点的位移。而左眼与右眼图像的差异称为视差，人类的大脑很巧妙地将两眼的图像融合，在大脑中产生出有空间感的立体视觉效果。

1.2.4　触摸屏定位

随着多媒体信息查询的与日俱增，人们越来越多地使用触摸屏，因为触摸屏作为一种最新的电脑输入设备，它是目前最简单、方便、自然的，而且又适用于多媒体信息查询的输入设备。触摸屏具有坚固耐用、反应速度快、节省空间、易于交流等许多优点。利用这种技术，用户只要用手指轻轻地碰计算机显示屏上的图符或文字就能实现对主机操作，从而使人机交互变得更为直截了当。这种技术极大方便了那些不懂电脑操作的用户，这种人机交互方式赋予了多媒体以崭新的面貌，是极富吸引力的全新多媒体交互设备。触摸屏在我国的应用范围非常广阔，主要有公共信息的查询，如电信局、税务局、银行、电力等部门的业务查询；城市街头的信息查询；此外还可广泛应用于工业控制、军事指挥、电子游戏、点歌点菜、多媒体教学、房地产预售等，将来触摸屏还要走入家庭。随着城市信息化的发展和电脑网络在日常生活中的渗透，信息查询都会以触摸屏——显示内容可触摸的形式出现。

为了操作上的方便，人们用触摸屏来代替鼠标或键盘。工作时，必须首先用手指或其他物体触摸安装在显示器前端的触摸屏，然后系统根据手指触摸的图标或菜单位置来定位选择信息输入。触摸屏由触摸检测部件和触摸屏控制器组成：触摸检测部件安装在显示器屏幕前面，用于检测用户触摸位置，接收后送触摸屏控制器；而触摸屏控制器的主要作用是从触摸点检测装置上接收触摸信息，并将它转换成触点坐标，再送给CPU，它同时能接收CPU发来的命令并加以执行。

按照触摸屏的工作原理和传输信息的介质，我们把触摸屏分为四种，它们分别为电阻式、电容式、红外线式和表面声波式。（http://baike.baidu.com/link?url=qyr5RSCxGLIEhWraqexw4Wnu7PKn3SB8cv4Oa38xo17gQobB0necDpFfcs4j9rRtOjY_HuAv9-GvyefvYvj7n-1K2e9GN63kWJG5id6ng-0KUSQUNNhf_tj_oKJ55MGzXk0w6Jm06R7HOVXVS4zHQ_）

1．电阻式触摸屏

电阻式触摸屏是一种传感器，它将矩形区域中触摸点（X，Y）的物理位置转换为代表X坐标和Y坐标的电压。很多LCD模块都采用了电阻式触摸屏，这种屏幕可以用四线、五线、七线或八线来产生屏幕偏置电压，同时读回触摸点的电压。

这种触摸屏利用压力感应进行控制。电阻触摸屏的主要部分是一块与显示器表面非常配合的电阻薄膜屏，这是一种多层的复合薄膜，它以一层玻璃或硬塑料平板作为基层，表面涂有一层透明氧化金属（透明的导电电阻）导电层，上面再盖有一层外表面硬化处理、光滑防擦的塑料层，它的内表面也涂有一层涂层，在两层之间有许多细小的（小于1/1000英寸）的透明隔离点把两层导电层隔开绝缘。当手指触摸屏幕时，两层导电层在触摸点位置就有了接触，电阻发生变化，在X和Y两个方向上产生信号，然后送至触摸屏控制器。触摸屏控制器侦测到这一接触并计算出（X，Y）的位置，再模拟鼠标的方式运作。这就是电阻技术触摸屏的最基本的原理。

2．电容式触摸屏

电容式触摸屏是利用人体的电流感应进行工作的，它是一块四层复合玻璃屏，玻璃屏的内表面和夹层各涂有一层ITO，最外层是薄层矽土玻璃保护层，夹层ITO涂层作为工作面，四个角上引出四个电极，内层ITO为屏蔽层，以保证良好的工作环境。当手指触摸在金属层上时，由于人体电场，用户和触摸屏表面形成以一个耦合电容，对于高频电流来说，电容是直接导体，于是手指从接触点吸走一个很小的电流。这个电流分从触摸屏的四角上的电极中流出，流经这四个电极的电流与手指到四角的距离成正比，控制器通过对这四个电流比例的精确计算，可得出触摸点的位置。

3．红外线式触摸屏

红外线式触摸屏是利用X、Y方向上密布的红外线矩阵来检测并定位用户的触摸。红外线式触摸屏在显示器的前面安装一个电路板外框，电路板在屏幕四边排布红外发射管和红外接收管，一一对应形成横竖交叉的红外线矩阵。用户在触摸屏幕时，手指就会挡住经过该位置的横竖两条红外线，因而可以判断出触摸点在屏幕的位置。任何触摸物体都可改变触点上的红外线而实现触摸屏操作。早期，由于红外线式触摸屏存在分辨率低、触摸方式受限制和易受环境干扰而误动作等技术上的局限，而一度淡出过市场。此后第二代红外屏部分解决了抗光干扰的问题，第三代和第四代在提升分辨率和稳定性能上亦有所改进，但都没有在关键指标或综合性能上有质的飞跃。但是，红外线式触摸屏不受电流、电压和静电干扰，适宜恶劣的环境条件，红外线技术是触摸屏产品最终的发展趋势。采用声学和其他材料学技术的触屏都有其难以逾越的屏障，如单一传感器的受损、老化，触摸界面怕受污染、破坏性使用，维护繁杂等问题。

4．表面声波式触摸屏

以右下角的 X 轴发射换能器为例：发射换能器把控制器通过触摸屏电缆送来的电信号转化为声波能量向左方表面传递，然后由玻璃板下边的一组精密反射条纹把声波能量反射成向上的均匀面传递，声波能量经过屏体表面，再由上边的反射条纹聚成向右的线传播给 X 轴的接收换能器，接收换能器将返回的表面声波能量变为电信号。当发射换能器发射一个窄脉冲后，声波能量历经不同途径到达接收换能器，走最右边的最早到达，走最左边的最晚到达，早到达的和晚到达的这些声波能量叠加成一个较宽的波形信号。不难看出，接收信号集合了所有在 X 轴方向历经长短不同路径回归的声波能量，它们在 Y 轴走过的路程是相同的，但在 X 轴上，最远的比最近的多走了两倍 X 轴最大距离。因此这个波形信号的时间轴反映各原始波形叠加前的位置，也就是 X 轴坐标。发射信号与接收信号波形在没有触摸的时候，接收信号的波形与参照波形完全一样。当手指或其他能够吸收或阻挡声波能量的物体触摸屏幕时，X 轴途经手指部位向上走的声波能量被部分吸收，反映在接收波形上即某一时刻位置上波形有一个衰减缺口。接收波形对应手指挡住部位信号衰减了一个缺口，计算缺口位置即得触摸坐标控制器分析到接收信号的衰减并由缺口的位置判定 X 坐标。之后 Y 轴以同样的过程判定出触摸点的 Y 坐标。除了一般触摸屏都能响应的 X、Y 坐标外，表面声波触摸屏还响应第三轴 Z 轴坐标，也就是能感知用户触摸压力大小值，这是由接收信号衰减处的衰减量计算得到的，三轴一旦确定，控制器就把它们传给主机。

典型触摸屏的工作部分一般由三部分组成，如图 1.9 所示，两层透明的阻性导体层、两层导体之间的隔离层、电极。阻性导体层选用阻性材料，如铟锡氧化物（ITO）涂在衬底上构成，上层衬底用塑料，下层衬底用玻璃。隔离层为黏性绝缘液体材料，如聚酯薄膜。电极选用导电性能极好的材料（如银粉墨）构成，其导电性能大约为 ITO 的 1000 倍。

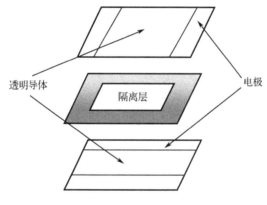

图 1.9　触摸屏结构

触摸屏工作时，上下导体层相当于电阻网络，如图 1.10 所示。当某一层电极加上电压时，会在该网络上形成电压梯度。如有外力使得上下两层在某一点接触，则在电极未加电压的另一层可以测得接触点处的电压，从而知道接触点处的坐标。比如，在顶层的电极（$X+$，$X-$）上加上电压，则在顶层导体层上形成电压梯度，当有外力使得上下两层在某一点接触，在底层就可以测得接触点处的电压，再根据该电压与电极（$X+$）之间的距离关系，知道该处的 X 坐标；然后，将电压切换到底层电极（$Y+$，$Y-$）上，并在顶层测量接触点处的电压，从而知道 Y 坐标。

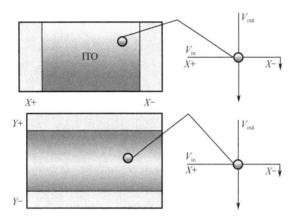

图 1.10　工作时的导体层

1.2.5　声波定位

1．声波的分类

声波（Sound Wave 或 Acoustic Wave）[11]是声音的传播形式，它是一种机械波，由物体（声源）的振动产生，声波传播的空间就称为声场。在气体和液体介质中传播时声波是一种纵波，但在固体介质中传播时可能混有横波。人耳可以听到的声波的频率一般为 20～20000 Hz。

声波可以理解为介质偏离平衡态的小扰动的传播。这个传播过程只是能量的传递过程，而不发生质量的传递。如果扰动量比较小，则声波的传递满足经典的波动方程，是线性波；如果扰动很大，则不满足线性的声波方程，会出现波的色散和激波的产生。

声音始于空气中的振动，如吉他弦、人的声带或扬声器纸盆产生的振动。这些振动一起推动邻近的空气分子，而轻微增加空气压力。压力下的空气分子随后推动周围的空气分子，后者又推动下一组分子，依此类推。高压区域穿过空气时，在后面留下低压区域。当这些压力波的变化到达人耳时，会振动耳中的神经末梢，我们将这些振动听为声音。

按频率分类，频率低于 20 Hz 的声波称为次声波；频率为 20 Hz～20 kHz 的声波称为可闻声；频率 20 kHz～1 GHz 的声波称为超声波；频率大于 1 GHz 的声波称为特超声或微波超声。我们用在定位领域的是次声波和超声波。

2．次声波

早在 20 世纪 30 年代，人们就已经发现了次声波，但是一直没有引起人们的重视，次声波的概念最早是由法国科学家 Gav reau 于 1966 年提出的，在 1972 年的巴黎国际噪声专业会议上正式确定了次声波的定义[11]。

（1）次声波的产生。产生次声波的声源主要来自两个方面，一是由火山爆发、地震滑坡、雷电、台风所引起的波涌；二是人为的核爆炸、火箭发射，以及飞机的起飞和降落都能够产生次声波。它的频率很低，变化周期从几分钟到几个小时，必须使用特殊的超低频微压接收器件才能感受到次声波的存在[12]。

（2）次声波的特点。频率小于 20 Hz（赫兹）的声波叫做次声波，次声波不容易衰减，不易被水和空气吸收，而且次声波的波长往往很长，因此能绕开某些大型障碍物发生衍射，例如，某些次声波能绕地球 2 至 3 周。次声波的特点是来源广、传播远、能够绕过障碍物。次声的声波频率很低，在 20 Hz 以下，波长却很长，传播距离也很远。它比一般的声波、光波和无线电波都要传得远。例如，频率低于 1 Hz 的次声波，可以传到几千千米以至上万千米以外的地方。次声波具有极强的穿透力，不仅可以穿透大气、海水、土壤，而且还能穿透坚固的钢筋水泥构成的建筑物，甚至连坦克、军舰、潜艇和飞机都不在话下。次声波的传播速度和可闻声波相同，由于次声波频率很低，大气对其吸收甚小，当次声波传播几千千米时，其吸收还不到万分之几，所以它传播的距离较远，能传到几千米至十几万千米以外。某些频率的次声波由于和人体器官的振动频率相近甚至相同，容易和人体器官产生共振，对人体有很强的伤害性，危险时可致人死亡[13]。

3．次声波定位应用

使用管道长距离输送石油或天然气虽然带来了很多方便，但由于管道中输送的油气具有易燃、易爆及毒性等特点，一旦系统发生事故，容易引起火灾、爆炸、中毒及污染环境等恶性后果，甚至造成严重伤亡及重大的经济损失，同时会带来恶劣的社会及政治影响。

2006 年，俄罗斯最大的输油管道在靠近乌克兰和白俄罗斯的管段出现漏油事故，泄漏到了俄罗斯西部布良斯克州的水源和森林，受污染面积近 4 万平方英里[14]。2009 年，法国南部罗纳河口省滨海福斯镇到德国的一条输油管道发生泄漏事故，泄漏了近 4000 立方米的原油，污染了附近一个自然保护区。

2010 年，中石油输油管道漏油事故虽然只泄漏了 150 吨左右的柴油，但是却污染了渭河、黄河，导致陕西、河南、山西等沿岸地区的饮用水安全受到了威胁。2010 年 7 月 16 日，中国东北部港口城市大连两条输油管道爆炸，爆炸造成的火灾持续了近 15 个小时，烧毁了很多建筑，并且管道泄漏造成石油流入黄海，造成了黄海大面积的污染，如图 1.11 所示[15]。

图 1.11　大连输油管道爆炸造成的火灾及污染

可以看出，管道第三方破坏已经成为造成油气管道泄漏事故的首要因素[16]，因此，要保证能够实时监测管道泄漏事故，并精确地找到泄漏点的位置，是保证人民财产、人身安全，降低国家的物质损失的主要手段。

随着近年来传感器技术、嵌入式技术及计算机技术的快速发展，基于传感器阵列的管道泄漏检测智能系统逐步普及。气体管道的特殊性，以及次声波的特性使得次声波检测法适用于气体管道泄漏的检测[17]。

管道在正常运行过程中会因为自身腐蚀和外界的人为破坏造成管道泄漏，管道发生泄漏时，会因天然气激射而出而产生一定能量的声波信号，其中频率较高的声波信号会随着传播距离的增加而衰减，次声波信号因为频率低、衰减系数小，所以衰减很小，能传播较远的距离，泄漏信号的次声波成分能沿着管道内的流体介质长距离地传播。

在长输管线的两端和中间若干点上，各安装一套分站系统，当天然气管道发生泄漏时，泄漏信号会沿着管道高速传播，由分站系统通过次声波传感器采集到，经次声波放大器放大后，信号通过无线通信方式传送至主站系统数据服务器。主站信号处理软件能够对采集的信号进行实时处理，准确地将泄漏信号提取出来，通过计算泄漏信号到达相邻两个分站的时间差异，能够实现精确定位，发布报警信号。

系统由一个负责数据处理的主站和若干个负责数据采集的分站组成。主站是用户的中心控制室，它由一台高品质的数据服务器、专业的控制软件和信号处理软件、报警系统、供电系统和无线通信系统组成；分站是系统的现场单元，它由高精度次声波传感器、次声波放大器、信号采集分析系统、供电系统和无线通信系统组成。

主站控制软件负责对每个分站进行巡检，对分站进行控制、参数管理和数据接收，能够通过远程的方式进行自身软件升级和分站软件升级，具有记录、查阅和打印操作日志，以及报警日志的功能，能够在程序异常时退出后自动重启，具有故障报警和故障恢复功能。通过 Internet 或者 VPN，其他的同步终端能够实时显示波形信号，用户通过同步显示终端，可以直观地进行现场监控。其原理如图 1.12 所示[18]。

1.2.6　磁场定位

地球周围存在稳定的磁场，称为地磁场，它是具有稳定方向和大小的矢量场。研究表明，地球上许多生物可以根据"免费的"地球磁场信息来进行定位和导航[19]。地球磁场不仅可以转动罗盘，而且可以被许多动物，如季节性迁徙的鸟类、鱼类、海龟等感知，来获得精准的位置、方向和高度。虽然生物学家仍然有非常可争议的研究结果，但是巨大的事实表明地球磁场在生物迁徙中所起的作用是不能忽略的。

解释生物的一些行为有很大帮助，同时人类也可以将这项利用磁场进行定位的原理应用于其他的领域，辅助当前主流的导航手段，如基于全球定位系统（Global Positioning System，GPS）的导航和惯性导航等，在这些主流导航手段失效的情况下，如在深海、地底等特殊区域进行导航的情况下，可以发挥作用[20]。

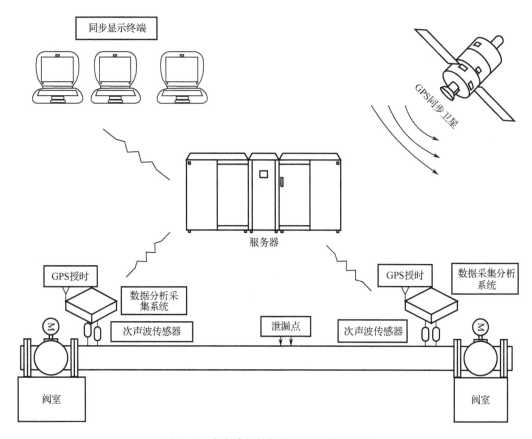

图 1.12　次声波天然气管道泄漏检测系统

1. 磁场的产生

关于地磁场[21]来源的讨论，早在公元 1600 年前后就已经开始了。随着科学的发展，对地球磁场的观测和地球结构的研究不断深入，对地球磁场的来源先后提出了十多种学说，但这些假说有的以被现代实验和研究所否定，有的尚不能圆满地解释地球磁场的一些现象。至今，科学家对地球磁场产生、地磁场强度的减弱、地磁场反转还没有统一的解释。那么，地球磁场到底是如何产生的呢？

假设宇宙大爆炸过后，形成了新的星系，地球磁场的初始状态是受到太阳磁场的影响而产生的地磁场。在太阳强大磁场的作用下，由于地球的公转，使其地球中的类似于环形铁镍金属物质的导体切割太阳的磁力线，从而形成了环形电流。巨大的环形电流在太阳磁场的作用下产生运动，这个运动推动了地球的自转，地表的环形电流远小于地幔和地心，所以，对地球的公转和自转影响不会太大（因为地表中的铁镍物质体积和密度远小于地幔和地心）地球初始的自转速度较慢。因为地球的自转，又增加了地幔和地心的环流（电流）强度，也就使地球的自转速度（提升）永远保持在当前的恒定速度。与此同时，也增加了地表铁镍物质的环形电流强度，这一强大的环形电流，促使地表环形铁镍金属物质产生强大的感应磁场，也就形成了地球的内部磁场，地球的内磁场远大于太阳的磁感应强度，从而形成了独立的地球磁场，所以，地球的磁场由此而产生（地球只有永远的保持公转和自转运动，才会有地磁的产生）。

第一种看法认为地球内部有一个巨大的磁铁矿，由于它的存在，使地球成为一个大磁体。这种想象很快被否定了。因为即使地球核心确实充满着铁、镍等物质，但是这些铁磁物质在温度升高到 760℃ 以后，就会丧失磁性。尤其是地心的温度高达摄氏五六千度，熔融的铁、镍物质早就失去了磁性，因而不可能构成地球大磁体。

第二种看法是认为由于地球的环形电流产生地球的磁场。因为地心温度很高，铁镍等物质呈现熔融状态，随着地球的自转，带动着这些铁镍物质也一起旋转起来，使物质内部的电子或带电微粒形成了定向运动。这样形成的环形电流，必定像通电的螺旋管一样，产生地磁场。但是这种理论如何去解释地球磁场在历史上的几次倒转呢？

第三种看法认为地球内部导电流体与地球内部磁场相互作用的结果，也就是说，地球内部本来就有一个磁场，由于地球自转，带动金属物质旋转，于是产生感应电流。这种感应电流又产生了地球的外磁场，因此这种说法又称为"地球发电机理论"。这种理论的前提是有一个地球内部磁场，那么，这个地球内部磁场又是来源于什么地方呢？它的变化规律又是怎样的呢？这又无法解答了。

此外还有旋转电荷假说、漂移电流假说、热电效应假说、霍尔效应假说和重物旋转磁矩假说，等等，这些假说更是不能自圆其说，因此，地磁的起源至今仍然是一个谜。

2. 磁场的特点

地磁场把地球视为一个磁偶极子（Magnetic Dipole），其中一极位在地理北极附近，另一极位在地理南极附近，此两极所产生的磁场即地磁场。通过这两个磁极的磁轴与地球的自转轴大约成 11.3° 的倾斜。地磁场的成因或许可以由发电机原理解释，地磁场在地表强度为 0.3 高斯到 0.6 高斯，向太空则伸出数万千米形成地球磁圈（Magnetosphere），有防护太阳风的作用，如图 1.13 所示[22]。

图 1.13　地磁场屏蔽太阳风

3．磁场的导航应用

将航行体从起始点引到目的地的技术或方法称为导航。能够向航行体的操纵者或控制系统提供航行体的位置、速度、航向、姿态等即时运动状态的系统都可作为导航系统。随着现代计算机、数据处理、通信等技术的迅猛发展，导航与制导技术已成为全球的研究热点，如惯性导航系统（Ineirtal Navigation Sysetms）、全球卫星导航定位系统、多普勒导航系统、各种无线电导航系统及其组合导航系统，它们广泛应用于国民经济和国防建设中的各个领域。

利用地磁导航可以追溯到久远的远古时代。宋代沈括在他的《梦溪笔谈》中就详细描述了磁石的性质、金属磁化方法和指南针的制作，并最早描述了磁偏角现象。到了明代，郑和用指南针导航，七下西洋（1405—1433 年），到达了南洋诸岛和非洲东岸。近年来，又发展为利用磁罗盘进行定向导航，其精度有了显著提高[23]。地磁匹配导航是目前国内外一项新兴的科学，其基本原理如图 1.14 所示，导航系统主要由测量模块、匹配运算模块和输出模块组成[24]。

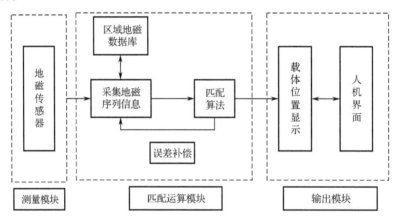

图 1.14　地磁匹配导航原理图

其匹配导航过程如下。

（1）在载体活动区域建立地磁场数学模型，并绘制出数字网格形式的地磁基准参考图，存储在导航系统数据库中。

（2）由安装在航行载体上的地磁传感器实时地测量地磁场数据，经载体运动一段时间后，测量得到一系列地磁特征值序列，经数据采集系统输送至计算机，并构成实时图。

（3）由计算机运用相关匹配算法，将测量的地磁数据序列信息与存储在数据库中的地磁图进行比较，按照一定的准则判断实时图在区域地磁数据库中的最佳匹配位置。

（4）将载体的实时航行位置输出。

1.3　位置服务

1.3.1　位置服务的定义

位置服务（Location Based Service，LBS）又称定位服务，它依靠移动通信网络（如 GSM 网、CDMA 网等）或其他定位方式（如 Wi-Fi、GPS 等）获取移动终端用户的实际位置信息，为用户提供与其自身位置紧密相关的信息服务，包括定位、导航、查询、识别等[17]。随着移动通信网络、电子信息技术的快速发展和移动终端性能的增强，人们对位置服务的关注度不断上升，这也促使位置服务的应用范围越来越广，其已经延伸到健康、日常生活、学习工作等与人们息息相关的各个领域。从目前位置服务的整体来看，位置服务内容主要包含以下三个方面[26,27]。

一是导航定位技术，如卫星定位技术、GSM 定位技术和室内无线定位技术等。

二是位置信息传输技术，主要考虑传输效率要高，保证信息实时性。

三是相关信息查询，有数据无缝融合及位置查询索引技术，其中导航定位技术尤为关键。

此外，使用过程中的隐私保护和个性化等技术也在考虑范围。

1.3.2　位置服务的应用

位置服务可以被应用于不同的领域，如健康、工作、个人生活等。此服务可以用来辨认一个人或物的位置，例如发现最近的取款机或朋友同事当前的位置，也能通过客户所在的位置提供直接的手机广告，并包括个人化的天气信息提供，甚至提供本地化的游戏。

在移动互联网业务蓬勃发展的今天，用户密度决定市场宽度，如果运营商能够将位置能力与其他业务结合起来，那么既可以提高其他移动互联网业务的黏性，又能体现位置服务的价值，真正实现双赢的市场局面。

根据最新的数据显示，随着 4G 网络与终端的进一步发展，融合位置服务获得快速普及，未来三年移动增值服务市场将迎来爆发式增长，如图 1.15 所示，2016 年我国位置服务市场规模增长 65%，2016 年市场规模达到 228 亿元[28]。

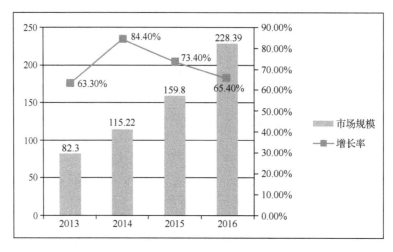

图 1.15　2013—2016 年国内位置服务市场规模（亿元）

1.3.3　应急救援应用

移动位置服务在紧急救援中的运用始于美国。1996 年，美国联邦通信委员会（FCC）发布 E911 规则，要求移动运营商为手机用户提供 E911（紧急求助）服务，即提供呼叫者的位置以便及时救援。此后，日本、德国、法国、瑞典、芬兰等国家纷纷推出各具特色的商用位置服务。目前，世界许多国家都以法律的形式颁布了对移动位置服务的要求，如美国"US FCC E911"以法律的形式规定了运营商为 911 用户提供的定位服务精度标准。位置服务进入中国市场后，已从最初的概念转变为商用服务。中国移动向用户提供的"移动梦网"服务中已包含了基于 CELL ID 技术的移动位置服务。北京、广东、福建和山西等省市已推出服务，其他省市也已经完成了商业部署。中国联通提供的"定位之星"服务中已包含了基于 GPSONE 技术和基于 AGPS（Assisted Global Positioning System）技术的移动位置服务。目前，北京市红十字会"999"紧急救援中心与中国移动通信公司合作，完善了车辆熄火后的定位和手机定位报警两大功能，开启紧急救援中使用移动位置服务的先河[29]。

1.3.4　位置服务推荐

移动通信网的发展，为用户提供了一个更加丰富多彩的移动网络服务平台，实现了用户对网络信息资源随时随地的获取与推送，使得为用户提供无处不在的移动网络服务成为可能。尤其是移动社会化网络的兴起，为用户在网络信息服务、共享、评论等方面提供了极大的帮助。与此同时，服务类型与服务内容的日新月异，有限的移动网络资源和硬件资源，为移动用户带来严重的移动信息过载问题。如何从浩瀚的移动网络环境中发现用户真正感兴趣的信息资源，丰富并满足移动用户对信息的个性化需求，逐渐成为移动通信网络中个性化服务领域亟待解决的技术难题。

近几年，推荐系统作为个性化信息服务的解决方案之一，在工业界和学术界都引起了广泛的关注。与传统的搜索引擎相比，推荐系统不仅注重搜索结果之间的关系和排序，而且还重点考虑用户的个性化偏好模型对搜索结果的影响。此外，普适计算理论的成功引入，使传统推荐系统不再仅仅关注"用户–项目"二元关系，而是将用户所处的上下文环境信息（如时间、位置、周围人员、情趣、活动状态、网络条件等）一同考虑进来，形成"上下文–用户–项目"三元组系统，使得系统能够自动发现和利用各种上下文信息，满足用户随上下文信息变化而改变的个性化信息需求。例如，用户更乐意在上下班的公交车上看自己喜欢的小说/电影，而不是在办公室；与工作的办公室相比，用户更乐意在下班后的休闲娱乐广场了解周边促销广告。这一方面切实地满足用户体验，提高了用户满意率；另一方面增强了系统的适应性和推荐的精确度。因此，如何合理地提取基于用户上下文信息的个性化偏好，成为推荐系统的研究重点之一。

社会化网络用户之间的互动行为是人类社会行为的在线网络组织形式，间接地体现了网络用户之间的社会关系。人类社会关系信息对用户的行为习惯有非常重要的影响，例如，长辈对晚辈的指导意见、同学之间的观点的相互参考与借鉴。目前，社会化网络的发展消除了亲密关系用户之间互动行为的区域限制，为用户之间的互动提供了极大的便利。位置服务与移动互联网的融合，特别是与移动社会化网络的融合，产生了与人们日常生活紧密联系、拥有具体场景化的位置服务。一方面，这些应用通过广大用户的参与及位置信息的分享，能够使后台的数据处理机制获取社会行为感知和分析的数据基础，在掌握人类群体行为规律、引导社会发展与进步等方面具有显著意义；另一方面增强了用户之间的互动频率，实现了用户之间的互动行为在时间上的单向性。例如，一个用户可以在某一时刻看到其朋友在上一时刻的留言信息及位置信息。

最新研究报告显示，58%的智能手机上网用户使用过位置服务，其中，用在导航和获得位置相关推荐的占55%，分享自身位置信息的占12%[30]。基于位置服务通过移动终端和无线或卫星通信网络等的配合，确定出移动用户的实际地理位置，从而提供用户需要的与位置相关的信息服务。基于位置服务主要包括手机导航、基于位置的社会化网络服务、智能交通、物流监控等。

目前，以 Facebook、Twitter、Google+、MySpace 为代表的社交网络平台已有 20 多亿的用户，这些平台目前都已经具备了位置分享、位置签到、位置标识等位置服务的初级功能。位置服务与移动社会化网络的融合，形成移动互联网与传统互联网的无缝网络服务，通过分析用户行为的时间序列、行为轨迹和位置信息的标记组合，帮助用户与外部世界建立更加广泛而密切的联系，增强社交网络与地理位置的关联性，协助用户寻找朋友位置和关联信息，同时激励用户与位置相关的各种信息。这使得基于位置的社会化网络服务成为位置服务的核心内容，也为移动社会化网络的个性化信息服务提供了新的发展方向[31]。

1.3.5　城市物流配送

从传统的物流配送到现代的物流配送，不难看出，从传统的以物的流动到以高效和经济的手段来组织车辆、服务，以及相关信息从供应到消费的运动和配送计划、执行和控制的过程。物流对于追求高效性和经济性的要求越来越高[32]，因此迫切要求对物流信息进行统一规范和整合，在遍及整个物流配送领域的各个组织之间的收集、分类、处理、保存、发布信息和显示信息，为客户和物流决策人员提供生存能力强和稳定的网络信息保障。同时建立城市物流配送信息平台，以实现各物流配送信息的有效连接，从而进一步统一技术接口标准，加强物流配送各部门之间的信息连接。

由于我国的物流运输行业运作现状为普遍实行外包的模式，并且以第三方物流配送企业和生产制造业行业用户作为目标用户，所以为国内货主企业（包括生产制造业，第三方物流配送企业）建立一个能够实时定位和跟踪货运中的车辆，并能在货运车辆在运输途中遇到紧急突发状况时提供及时精准的物流服务的物流信息化平台是非常有必要的。

由于全球卫星定位系统 GPS 技术的普及，并在全民用范围的应用得到快速的推广，移动通信技术中的无限分组业务 GPRS 技术的应用推广，地理信息系统（GIS）技术不断地被广泛应用到不同的行业当中，都为建立一个对货运车辆实时监控和跟踪的物流调配应用系统和现代物流业提供很好的技术支持[33]。

2016 年 9 月 22 日，腾讯全球合作伙伴大会正式召开，此次大会也是首次设立位置服务专场分论坛。作为唯一的"互联网+物流"参会企业，G7 创始人兼总裁翟学魂同腾讯副总裁马喆人、滴滴出行联合创始人兼首席技术官张博、美团点评副总裁兼外卖事业部&配送事业部总经理王莆中、新达达联合创始人兼首席技术官杨骏等业内大咖一起展开了一场 LBS 行业高端对话，大数据和人工智能如何更好地应用于位置服务已成为行业发展的核心。

腾讯位置服务高级总监马辉介绍，腾讯每天提供 450 亿次的位置定位服务，覆盖人群达到 6.5 亿，腾讯位置服务已经形成了面向 O2O、物流、智能出行、警务安全和运动健康等行业的解决方案，并帮助更多合作伙伴实现管理效率的提升，未来腾讯将持续以开放、合作的姿态携手各方共建一个完整的 LBS 数据生态。

虽然不能和腾讯的海量数据相比，但 G7 平台上每天处理的数据量也达到 TB 级以上，和滴滴、美团等生活类服务不同，G7 是专业的物流数据服务公司，对于 G7 来说，位置服务只是最基本的信息，G7 以智能终端为基础，用数据连接每一辆货车、货主、运力主和司机，让运输全程可视化，帮助企业更好地管理车队。目前 G7 服务的客户数量已经超过 10000 家，连接货车总数超过 20 万辆，客户类型覆盖快递快运、生产制造、专业运输、合同物流等物流全领域[34]。

关于送货无人机，很多电商和物流企业都进行了尝试，但是至少中国离实际应用还有很长一段距离。目前国外亚马逊和国内的京东在无人机物流做了尝试，如图 1.16 所示。

图 1.16 无人机物流

1.3.6 城市共享单车

共享单车市场如今相当火爆，各大城市都能看到骑着共享单车穿梭在大街小巷的人群，最流行的当属摩拜、ofo 以及 bluegogo。尽管目前市场秩序、单车的停放维修等问题还有待完善，但不可否认的是，共享单车的确解决了人们出行时"最后一公里"的问题，打开 APP 就能搜索到附近停放的空车，非常方便。那么，你知道共享单车是如何定位的吗？对此，近日台湾芯片厂商联发科在官博以 bluegogo（见图 1.17）为例，进行相对详细的解释，原来竟然是通过高度集成的 MTK 芯片进行定位的。

图 1.17 bluegogo 单车

联发科称，bluegogo 每一辆小蓝单车里都内置了联发科技 MT2503 芯片，单车的位置信息可以通过 MT2503 进行定位、发送、传输。MT2503 是联发科在 2015 年年底推出的针对可穿戴设备设计的芯片，是一枚高度集成体积小巧的系统级封装物联网芯片，芯片尺寸仅为 5.4 mm×6.2 mm，内部是单核 ARM7EJS 设计，频率为 260 MHz。其最大特色在于支持 GPS、北斗多重卫星定位系统和全球卫星导航系统（GNSS），支持蓝牙 3.0，还集成了 2G 调制解调器。联发科解释称，MT2503 具备 GNSS 秒速定位功能和极低耗电精准轨迹追踪功能。北斗、GPS、GLONASS 等多星系定位支持让 MT2503 定位绝无死角，快速又准确。通过联发科的解释，其实很容易理解，就是通过一枚超微型超低功耗支持 GPS 和北斗的芯片，加上通信调制解调器进行定位。其实不止小蓝车，小橙车摩拜和小黄车 ofo 使用的也是联发科的方案，表面上是 Simcom 的 Sim800 模块，其实芯片就是 MTK，其中摩拜使用的是 MT6261 芯片，但 GPS 并非集成，所以 Simcom 最后封装了其他通信模块卖给摩拜和小黄车。下一代小黄车升级"北斗智能锁"之后，也考虑采用 MTK 芯片[35]。

1.3.7　社交娱乐

一种基于地理位置信息的移动互联网和互联网无缝衔接的社交网络服务，可以帮助用户寻找朋友位置和关联信息，同时激励用户分享位置等信息内容，是一种可以提供整合位置服务、社交网络和游戏元素的平台服务，在此基础上可创建聚合用户、软件开发者及广告主的产业链生态系统。

移动定位社交服务或移动社交服务（Location-Based Social Networking Service，LBSNS），俗称位置社交或移动社交。用户可以通过文本信息和手机客户端软件签到（Check in）所处位置信息，并且告知朋友。当签到信息发生变更的时候，用户可以方便快捷地与朋友分享更新内容。作为踩点位置信息的激励，用户将获取相应的积分或者虚拟徽章。此外，用户还可以因为踩点某处位置次数最多而成为这个位置（地盘）的"老大"、"市长"诸如此类的荣誉，该荣誉用户将享有位置关联企业给予的优惠券、免费产品服务等特殊回馈。

位置社交服务可以通过地理位置将用户和商家串联起来，给商家提供了一种全新的消费者沟通、品牌推广、市场营销通路。基于位置服务、融合社交网络，引入游戏元素，是位置社交服务的创新商业模式的基点。

2016 年最火的手游就属网易公司的"阴阳师"了，"阴阳师"手游是网易自主研发首款 3D 回合制+RPG 游戏和风手游，游戏从日本平安时代展开，讲述的是日本家喻户晓阴阳师安倍晴明游走于阴阳两界，捉妖解谜的故事。游戏玩法包括了卡牌收集、回合制、RPG、式神养成、位置社交、即时 PVP 等多重玩法（见图 1.18）。

在社交互动上，"阴阳师"手游是以大型社区的手笔去打造的，除了 PVP 结界玩法和 PVE 组队闯关的游戏社交外，"阴阳师"更创新地引入 LBS 社交，基于地理位置交互的 LBS 功能，衍生出了很多不同的玩法。玩家可以点开结界地图查看自己附近有哪些人，通过真实地域一起探索未知的阴阳师领地，原本互不相识的玩家可能因为结界在同一个地理片区而结为好友，甚至发展到线下见面。没有人喜欢孤独，即使沉迷二次元的人，也希望通过游戏能够寻找同好。而 LBS 则增强了他们的归属感，拉近了心理距离[36]。

图 1.18 "阴阳师"社交网络图

1.3.8 室内定位

定位导航给人们生活带来了诸多方便。随着各项相关技术的不断发展，导航新应用迭出，已有应用也在不断完善中。室外导航日益普及，室内导航也在期待突破。

室内导航是基于室内定位技术提供的搜索室内目标，并引导到达的技术。室内导航可以广泛运用于购物中心、机场、体育馆、展馆等大型建筑中，方便人们找人、找地点、找出口，等等。当人们进入陌生的大型室内建筑时，由于面积较大、室内布局复杂，常常会迷路，无法得知自身所处环境位置，室内导航可以解决这一问题（见图 1.19）。此外，在火灾等突发危险事件发生时，室内导航可以用于快速定位求助者的位置，方便一线救援人员在救援现场快速开展准确的搜救行动，大量缩短救援时间，抢救遇险者的生命。

室外导航采用的定位技术主要基于 GPS。由于 GPS 的卫星信号难以穿透建筑物，这种定位技术无法被直接用于室内定位。随着 Wi-Fi 在公共场所覆盖度的迅速提升，这项原本用于无线上网的技术客串"小雷达"角色，成为室内定位领域应用最广泛的技术。Wi-Fi 定位主要基于三边或多边算法，即通过测算移动设备与附近的三个或多个 AP 的距离来确定该移动设备所处的具体位置。和 GPS 定位相比，Wi-Fi 定位速度更快、精度更高，但室内空间相对狭小，对定位的精度要求比室外更高，即便是 5 m 的误差仍难以满足室内导航的要求，而复杂的室内环境和参差不齐的 Wi-Fi 覆盖率、信号强度等因素又限制着室内定位精度的提升。

图 1.19 购物中心室内定位导航

基于室内定位技术的导航的另一大关键因素是室内地图。大型建筑的平面图数据、影像数据及其他相关信息和由此衍生出的各项位置服务应用同样不可或缺。室内导航的优势在于其便利化、手机导航的普遍化和通信技术的强大支持，而其劣势则在于导航精准度、盈利模式和安全隐患。传统的室内导航主要用于保障人身、财产等的安全，在采矿、石油石化、物流、公安、安保、消防、监狱等领域都有重要应用。室内导航服务是移动位置服务下一阶段的发展重点，在人员安全管理、物品识别管理等方面有很大的商业价值和发展前景。

商场是室内导航的主要应用场景，以导航来导购。即便置身于大型商场，消费者仍能利用精确的定位功能快速确定自己的位置并找到想去的地方，如商场的停车位、卫生间、ATM 机和指定商家等，及自己想要的商品，随时随地发起团购；商家则可向用户推送精准的商品信息，建立线上商城。

近两年，室内定位技术发展迅速，效率和安全已有很大改观。尽管室内定位技术日益成熟，但由于建筑内环境、Wi-Fi 覆盖情况及应用场所的合作意愿等因素，室内定位在国内的应用还十分有限。与室外导航不同，室内导航并未随着智能手机的普及而迎来爆发。阻碍其爆发的因素主要是：室内地图的覆盖率不够高；地图的更新频率慢；室内定位的缺乏或不够精确影响了用户对于室内导航功能的使用，应用场所的态度也在一定程度上阻碍着这一领域的发展。

我国已将室内导航提升到国家战略层面，有关部门正积极引导相关技术的科研、推广，积极支持相关应用的发展，使室内定位技术成为智慧城市发展的重要基础，实现室内外定位的无缝衔接。

相信随着技术的突破、商业应用领域的构想和尝试，室内导航的发展方向会逐步清晰，成本小、用处大的应用更会成为室内导航发展的突破口，在保证安全的基础上，最大化地实现室内导航精准化。室内导航势必会成为位置服务领域的新战场，在消费领域，商家将有望通过室内定位技术与潜在客户良好互动、实现关键的差异化服务，在合适的时间和地点，向消费者发送正确的信息，最终把电子商务实时地带入现实世界。

1.3.9 室内定位应用案例

室内定位技术可以将真实世界中的人和物，与虚拟空间的丰富数据信息结合，令线下的人和物也能像线上信息一样被搜索、定位、连接，从而打破真实世界与虚拟世界的边界。由此，零售、物流、制造、医疗、急救等行业将获得与互联网深度结合的机会，大量的数据得以产生和积累，通过数据的挖掘和分析，将促进这些行业提升营销和运营效率，达到行业转型升级的目的。

目前市场对室内定位应用的认识还比较局限，大多还停留在室内导航应用上，认为室内定位是一项"非刚需"的趣味性应用；我们则认为，室内定位在消费级和企业级市场均有丰富的应用场景，能够促进各行各业加速拥抱物联网和大数据，带来实际价值，是消费和产业升级的"刚需"。

室内定位的应用场景主要分为两类：针对消费者的服务和针对企业客户的服务。前者主要包括商场导购、停车场反向寻车、家人防走散、LBS 交友、展厅自助导游等；后者则包括人流监控和分析、智慧仓储和物流、智能制造、紧急救援、人员资产管理和服务机器人等。（https://sanwen8.cn/p/14ekPG5.html）

1. 智慧生活

实体零售的消费体验，相比线上有一些明显劣势。实体零售商户众多、品类繁杂、商品数量庞大，但信息混乱无序、不够直观，用户很难随心所欲地查找、获取想要的信息；服务员的服务能力和意愿参差不齐；回溯之前逛过的商户、找到之前看过的商品，都很不方便；收银台数量有限，常常需要排长队；无法获得个性化服务。

室内定位技术提供的近距离精准营销能力，可解决以上问题。通过手机 App 可直观查看周围商品的完整信息，体验类似京东、亚马逊等在线购物网站，购物体验提升；可根据用户的兴趣、消费习惯等个性化特征，优先展示用户最需要的信息；直观方便地查找和比较相似商品；可快速找到所需商品的位置；通过 App 快捷地自助支付，省去排队埋单麻烦。

国内外巨头和创业公司纷纷尝试推出近距离营销服务，巨头方面有三星数字广场（Digital Plaza）、阿里喵街、腾讯微信 360°逛街、万达非凡电商；创业公司方面有国外的 Downtown、Tillster，国内的"找一下"、"虾逛"等。

2. 停车场

由于停车场空间巨大、视觉特征重复（见图 1.20），反向寻车难成为车主的一大痛点。目前绝大多数停车场尚未部署反向寻车系统，而目前主要的反向寻车系统，如视觉识别车牌、刷卡定位、二维码定位等，也普遍存在基础设施投资大、维护困难、用户操作烦琐等问题。

图 1.20　地下停车场

采用室内定位技术可以方便地实现反向寻车。应用室内定位技术的 App 如点道寻车等，可自动记录用户停车位置（惯性传感器判断或定位信标唤醒），无需用户任何操作；并在用户需要寻车时，自动在地图上标记最佳路线，使用直观、方便。除室内定位方案外，不需要额外的硬件投入或人工维护，成本和用户体验都较其他方案为好。

3．守护家人安全

双职工家庭增多、护理人员缺少，我国儿童和老人普遍缺乏看护，走失、丢失事件屡见报端。为解决这一问题，市面上出现了一些带有定位和位置汇报功能的可穿戴设备，以手环、手表、鞋子等形式出现。大多数产品内置了 GNSS 芯片和 SIM 卡，支持卫星和基站定位，在佩戴者离开指定安全区域时，向监护人的手机发出警报。由于缺乏室内定位能力，这些产品在佩戴者进入室内时工作失常，定位发生偏移，误差可能高达数千米。

采用室内定位技术，可在室内环境下保持位置汇报准确，帮助监护人更好地守护家人安全。目前 360、百度和振芯科技在这一领域做了尝试，将惯性导航和 Wi-Fi 热点地图等室内定位技术集成到可穿戴设备中，提供室内外无缝融合的定位能力。

4．助力智慧建筑

智慧建筑包括智慧办公和智慧家庭等场景，内涵包括电器智能控制、环境自动感知、智慧健康服务、场所安全监控等方面，通过理解建筑空间中人的需求，自动提供合适的服务。智慧建筑的一项核心能力，就是能够感知人的存在，并识别不同个体，比如感知到喜爱追剧的女主人在其经常看剧的时间进入客厅，电视机就自动打开，并切换到女主人最近在追的剧集、上次看到的时间点，开始播放。

现有语音和手机控制方案不合习惯。传统的智慧建筑解决方案常常使用语音控制和识别来达到这一目的，但是与厂商经常宣传的"语音控制符合人的日常习惯"不一致，人们并未养成使用语音控制设备的习惯，尤其是在有其他人存在的场合；而且语音控制需要人主动发起动作，事实上增加了操作流程，降低了流畅感。使用手机 App 取代遥控器控制家电，更是"为智能而智能"，并未带来太多便利。

使用室内定位技术，可以在人完全无操作的情况下实现对人的感知和识别，更自动、更智能，更加符合人的日常习惯。

据网易科技报道，苹果拟将自主研发的 iBeacon 设备与 HomeKit 智慧家居平台结合，思杰旗下的 OctoBlu 则整合了 Estimote 的室内定位方案，用于智慧家居、智慧办公、智慧学校等。（https://sanwen8.cn/p/206yoUB.html）

1.4 本章小结

本章对位置服务和定位技术做了概况，主要讲述了位置服务的起源、产生，以及位置服务的应用情况，通过位置服务的现状、发展和展望来了解位置服务。定位技术主要讲国内外的其发展历程，从古代的指南针到今天的卫星定位，以及室内定位技术。如今，定位无处不在，应用于各个领域，并且应用市场快速增长。

随着科技的不断进步，定位的方法已经出现了很多种类，不论是投入使用的还是正在研制的，对于不同的环境，每种定位技术都有其不同的使用效果。在未来的世界里，无论做什么都需要很好地利用各种科学技术来为我们服务，而导航定位的技术必然会贯穿于我们生活的各个方面。

参考文献

[1] 科技信息：动物的迁徙靠什么定向[EB/OL]. http://www.360doc.com/content/11/1111/10/8113819_163501548.shtml, [2017-3-2].

[2] 搜狗百科：北极燕鸥[EB/OL]. http://baike.sogou.com/v427301.htm, [2017-3-2].

[3] 三亿文库：迁徙过冬的动物[EB/OL]. http://3y.uu456.com/bp-s1dfcqcs842s4b3seefd34e0-1.html, [2017-3-2].

[4] 新东方在线：鸽子具有卓越的航行本领[EB/OL]. http://www.koolearn.com/shiti/st-1-1490539.html, [2017-3-2].

[5] 360 百科：动物罗盘[EB/OL]. https://baike.so.com/doc/6972981-7195669.html, [2017-3-2].

[6] 个人图书馆：神奇、壮观、有趣的三文鱼回游[EB/OL]. http://www.360doc.com/content/13/0113/09/190539_259861425.shtml, [2017-3-2].

[7] 互动百科：动物罗盘[EB/OL]．http://www.baike.com/wiki/动物罗盘, [2017-3-2].

[8] 唐业忠，陈其才，陈勤．动物特殊感知系统的研究进展[J]．科学通报，2016，61(23): 2557-2567．

[9] 百科：动物导航[EB/OL].http://baike.baidu.com/link?url=BIDUQ_wLKrg99LPEbs4NBBl_ EHvRVt5pjxL95YRWChPRDFQZvy3LN4sV3BepHDuV, [2017-3-2].

[10] 百科：声波分类[EB/OL]．http://baike.baidu.com/link?url=K_4ZxjIvEWPeqg MhZZoydxfSUUSBM4oMN_ShyuNqi8RAyOZs5DTsSZGQFLU-mF_48022x4skHNw8Jjj5WsV g9EJYxq8RODU0P0_mrEKC-xi，, [2017-3-2].

[11] 郭发滨，董立峰．次声波在海啸灾害预警中的应用探讨[J]．海岸工程，2007，26(1):29-32．

[12] 童娜．次声的特点及其应用[J]．声学技术，2003，22(3):199-202．

[13] 百科：次声波[EB/OL]．http://baike.baidu.com/link?url=ulejMToO2mV8dTH50Xyf5j CqZDSeaEauLVaW3pdQU8yDqBfwgQJHFmn4ZbZBb0Z5K3fej0Bx-rlIhSV1cBMfEGr8VW7w Guimb9huqnG7_MmurRsM1cP1HCo2639gOLE9, [2017-3-2].

[14] 华商报：俄最大输油管道漏油[EB/OL]．http://news.qq.com/a/20060801/000867.htm, [2017-3-2].

[15] 环境保护部宣传教育中心：柴油泄漏带来什么警示？[EB/OL]．http://www.chinaeol.net/news/view.asp?id=60232&cataid=12, [2017-3-2].

[16] 徐涛龙，姚安林，蒋宏业，等．油气管道第三方破坏风险评估关键性技术研究[J]．石油天然气学报，2011，33(2):150-154．

[17] 崔丽娟．输气管道泄漏监测及定位技术研究[D]．太原科技大学，2013．

[18] 科创三思：科创中心[EB/OL]．http://www.bjkcss.com/pro_more.php?id=1&cid=2，, [2017-3-2].

[19] C.T. Rodgers, Chemical magnetoreception in birds: The radical pair mechanism, Proc. Natl. Acad. Sci.USA, 2009, 106(2): 353-360．

[20] 赵钟伟．基于磁场信息的定位原理及应用[D]．浙江大学，2014．

[21] 百科：磁场定位[EB/OL]．http://baike.baidu.com/link?url=HTZGVmK2QYeAE3UoP 2vG90hPtB3x3Br5U-WynY9g3eKIXAc9U3hoctiOeQ1XedEbB1w89uxPPVKILo6LV-xpFK#4，[2017-3-2]．

[22] 维基百科：地磁场[EB/OL]．https://zh.wikipedia.org/wiki/%E5%9C%B0%E7% A3%81%E5%9C%BA, [2017-3-2]．

[23] 高社生，李华星．INS/SAR 组合导航定位技术与应用[M]．西安：西北工业大学出版社，2004: 33-42．

[24] 杨云涛，石志勇，关贞珍，等．地磁场在导航定位系统中的应用[J]．中国惯性技术学报，2007，15(6): 686-692．

[25] Jiang Y C., Wan S S. Design and implementation of digital campus based on LBS and WSN[C]//2010 International Conference on Computer and Information Application (ICCIA). Tianjin: IEEE Press, 2010: 418-421．

[26] 梁少刚．基于位置服务的三维虚拟校园系统的设计与实现[D]．重庆邮电大学，2015．

[27] 李德毅．位置服务——接地气的云计算[J]．电子学报，2014，42(4): 786-790．

[28] 云商网：中国位置服务（LBS）产业发展方向及前景价值评估报告[EB/OL]．http://www.ynshangji.com/c3000000171704255/, [2017-3-2]．

[29] 百科：美国联邦通信委员会[EB/OL]．http://baike.baidu.com/link?url= P8isb5vXT4QQ2jPYNaRqkEacZGmz7GCgmMotZ275S5SVuV31nt-JKF7r_mLd4DABT6pqxzrS qvOeZtuSEpXRnaSpdgHthKrXa-cFBBbOixxsKrgIpzW5eh8P0YTIpKBc0T9x22X0E0QaSAFco HC_Z1g1x1GtTO3o3ffsmSfqPILZS4JCUvjj48sOX42eRPIN, [2017-3-2]．

[30] Jensen C S., Christensen A F., Pedersen T B.. Location-Based services: A database perspective[C]. //2001 Proc. of the Scandinavian Research Conf. on Geographical Information Science. New York: ACM, 2001, 59-68．

[31] Murphy M, Meeker M. Top 10 mobile Internet trends.2011. https://www.linkedin.com/ pulse/top-10-mobile-takeaways-from-marry-meekers-internet-trends-sachdev, [2017-3-2]．

[32] 国家发展改革委，国家统计局，中国物流与采购联合会．2013 年全国物流运行情况通报[R]．http://www. stats. gov. cn/tjsj/zxfb/201403/t20140306_520357. html, [2017-3-2]．

[33] 张海堂．基于 GSM 的 GPS 移动目标监控调度系统软件设计与实现[D]．郑州：解放军信息工程大学，2001．

[34] 中国物流与采购网：物流信息化[EB/OL]．http://www.chinawuliu.com.cn/ information/ 201609/26/315676.shtml, [2017-3-2]．

[35] ITBEAR 科技通信，业界动态[EB/OL]．http://www.itbear.com.cn/html/ 2017-04/204943.html, [2017-3-2]．

[36] 任玩堂：游[EB/OL]．http://www.appgame.com/archives/573818.html, [2017-3-2]．

第2章 常用定位算法

伴随着对位置服务需求的不断增加和潜在用户数量的大幅增长，以及通信技术、计算机技术的高速发展，在军事、物流、交通等诸多领域，基于位置的服务已经被广泛地了解和应用。其中，最广为人知的位置服务便是起始于 1958 年的美国提出的 GPS 系统，在室外环境中，GPS 具有较高的定位精度。但是，在室内场景中，非视距（Non Line-of-Sight，NLOS）的因素，以及结构复杂多变的室内定位环境，使得 GPS 的定位精度很低，甚至出现定位失效的情况，远远无法达到室内定位的需求。因此，室内定位应用的实现迫切地需要其他技术的引进和支持。

从 1992 年开始，由 AT&T Laboratories Cambridge 开发的，利用红外线技术进行室内定位的定位系统 Active Badge[1,2]提出之后，又出现了很多适用于室内定位的无线技术，如射频（Radio Frequency，RF）技术、Wi-Fi 技术、BLE 技术、WSN 技术、超声波技术、UWB 技术、WLAN技术等。当然，由于不同无线技术对硬件的要求不同，涌现出很多不同的室内定位算法，其中包括了基于到达时间（Time of Arrival，TOA）的定位算法、到达时间差（Time Difference of Arrival，TDOA）的定位算法、基于信号飞行时间（Time of Flight，TOF）的定位算法、基于接收信号角度（Angle of Arrival，AOA）的定位算法、基于接收信号强度（Received Signal Strength Indicator，RSSI）的定位算法、基于信道状态信息[3]（Channel State Information，CSI）的定位算法等。

但这些定位算法的定位原理更多的是一种优化的位置计算方法，即根据直接从无线设备得到的已知数据来计算出待定位目标的位置坐标等信息，而室内环境中普遍存在的障碍物，以及人群的活动对无线信号传播的影响、多径效应、多普勒效应等一系列会严重影响定位精度，并且这些不良效应并没有得到很好的优化和相应的处理。因此，在上述定位技术和定位算法的基础上，又出现了很多优化了的定位机制和定位系统，诸如 Active Bat[4]、RADAR[5]、Cricket[6]、Easy Living[7]、SpotON[8]、HiBall Tracker[9]、Smart Floor[10]、AeroScout[11]、PinPoint 3D-iD[12]等，它们以无线技术等为基础，结合相应的优化定位算法，力求对室内目标进行精准定位。

2.1 定位评价标准

在评估室内定位系统或者室外定位系统的过程中，我们通常会采用一系列的量化指标去衡量一个定位系统的性能，其中一个最重要的量化指标就是定位精度，即定位系统的定位准确度。通俗来说，定位精度衡量了定位算法或者定位系统所估计的位置信息和真实的位置信息之间的接近程度，主要可以用以下几个指标去衡量定位精度。

- 均方误差（Mean Squared Error，MSE）；
- 均方根误差（Root Mean Square Error，RMSE）；
- 累积误差分布函数（Cumulated Density Function，CDF）；
- 最大定位误差（Maximum Positioning Error，MPE）；
- 几何精度因子（Geometric Dilution Precision，GDOP）；
- 圆误差概率（CEP）。

除了定位精度，定位算法或定位系统的定位鲁棒性，以及算法的时间开销、空间开销等也是衡量一个定位系统性能的重要指标[13,14,15,16,17]。

2.1.1　均方误差

均方误差（Mean Squared Error，MSE）[18]是衡量"平均误差"的一种较方便的方法，可以评价数据的变化程度。均方根误差是均方误差的算术平方根，适用在相同测量条件下进行的测量，也称为等精度测量。均方误差是衡量定位算法对于单个标签的一次定位结果的最常用指标，可以表示为

$$EE = \sqrt{(x'-x)^2 + (y'-y)^2} \tag{2.1}$$

式中，(x', y') 表示待定位标签的实际位置，(x, y) 表示算法在此次对待定位标签的估计位置。

2.1.2　均方根误差与克拉美罗下限

MSE 是用来衡量一组数自身的离散程度，而均方根误差（Root Mean Square Error，RMSE）用来衡量观测值同真值之间的偏差。在二维位置估计中，计算 MSE 的方法如式（2.1）所示。因此，均方根误差如式（2.2）所示。

$$RMSN = \sqrt{E[(x-\hat{x})^2 + (y-\hat{y})^2]} \tag{2.2}$$

通过将 MSE、RMSE 与理论界克拉美罗下限（Cramer-Rao Low Bound，CRLB）进行比较，可以估计定位的精确率。CRLB[19,20,21]是任何无偏参数估计器方差的下界，适用于平稳的高斯信号估计。对于非高斯和周期平稳的信号，可以采用替代法估计其性能。国内推导出的一般表达式为

$$\phi = c^2 (\boldsymbol{G}_t^T \boldsymbol{Q}^{-1} \boldsymbol{G}_t)^{-1} \tag{2.3}$$

式中，$\boldsymbol{G}_t$ 是在初始猜测位置 (x_0, y_0)，$\boldsymbol{Q}$ 标示估计器修正后的输入数据的协方差矩阵，c

代表电磁波在自由空间中的传播速度。因此，RMS 的定位估计误差为式（2.4）：

$$\text{RMS}_{\text{Limit}} = \sqrt{\text{Trace}(\boldsymbol{\phi})} \qquad (2.4)$$

式中，Trace($\boldsymbol{\phi}$)为矩阵$\boldsymbol{\phi}$的轨迹。

2.1.3　圆误差概率

圆误差概率（Circular Error Probability，CEP）是衡量导弹命中精度的一个尺度，又称为圆公算偏差。圆概率误差是这样得出的：在相同的条件下，向同一目标发射多枚导弹，由于制导系统误差、瞄准误差和气象条件等多种因素的影响，导弹的弹着点将在目标附近形成散布，其平均弹着点（散布中心）到瞄准点（一般为目标中心）的距离称为导弹的系统误差，每个弹着点到平均弹着点的距离称为随机误差。通常系统误差比随机误差小并且可以修正，因此又近似地把瞄准点作为平均弹着点。以瞄准点为中心，包含50%弹着点的圆的半径就叫做这种导弹的圆概率误差。这个半径愈小，说明导弹的命中精度愈高。

CEP 是用来度量定位估计准确率的一种操作简单、计量严格的方法，CEP 是定位估计器相对于其定位均值的不确定度量。在二维位置的坐标定位过程中，CEP 是包含了一半以均值为中心的随机矢量实现的圆半径；采用无偏差定位估计器时，CEP 为待测点相对其真实位置的不确定度量；如果采用的估计器有偏差且偏差以 B 为界，则对于 50%概率，MS 的估计位置在距离 $B+$CEP 内，此时 CEP 通常用其近似值表示。对于 TDOA 双曲线定位，CEP 近似表示为

$$\text{CEP} \approx 0.75\sqrt{\sigma_{\text{x}}^2 + \sigma_{\text{y}}^2} \qquad (2.5)$$

式中 σ_{x}^2、σ_{y}^2分别为二维估计位置的方差。

2.1.4　几何精度因子

几何精度因子（Geometric Dilution Precision，GDOP）是衡量定位精度的很重要的一个系数，它代表 GPS 测距误差造成的接收机与空间卫星间的距离矢量放大因子。实际上，GDOP 的数值越大，所代表的单位矢量形体体积越小，即接收机至空间卫星的角度十分相似导致的结果，此时的 GDOP 会导致定位精度变差。好的 GDOP，是指其数值小，代表大的单位矢量形体体积，导致高的定位精度。好的几何因子实际上是指卫星在空间分布不集中于一个区域，同时能在不同方位区域均匀分布。

通常，卫星信号的测距误差乘以适当的 GDOP 值，能估算出所得到的位置或时间误差。不同的 GDOP 值是由导航的协方差矩阵计算出来的。

GDOP 分量包括：

● 三维位置的几何精度因子（Position DOP，PDOP）；

- 水平几何精度因子（纬度/经度）（Horizontal DOP，HDOP）；
- 垂直几何精度因子（高度）（Vertical DOP，VDOP）；
- 时间几何精度因子（时间）（Time DOP，TDOP）。

第2章

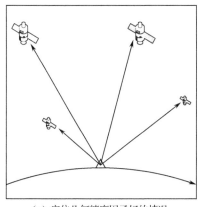 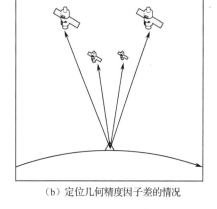

（a）定位几何精度因子好的情况　　　　　（b）定位几何精度因子差的情况

图 2.1　定位几何精度因子表现的不同情况

　　需要注意的是，好的 GDOP 不一定会有高的定位精度，如图 2.2 所示。虽然接收机与卫星分布间的几何图形很好，但由于接收机周围有地形、地物遮挡，使其可见性受到阻碍，收不到卫星信号。条件恶劣时，甚至收不到足够数量的卫星信号，无法实现定位。因此，好的 GDOP 碰上坏的可见性，则定位精度会受损。

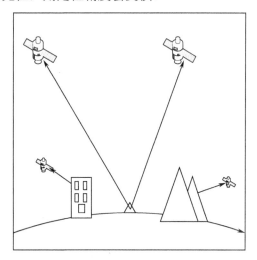

图 2.2　好的 GDOP 与坏的可见性情况

　　采用距离测量方法的定位系统定位时，其准确率在很大程度上取决于基站和待定位移动台 MS 之间的几何位置关系，几何位置对定位准确率的影响程度为 GDOP。GDOP 表征了由于移动台和基站之间几何位置关系的变化对测距误差的放大情况，对无偏差的估计器，GDOP 为

$$\text{GDOP} = \sqrt{\text{tr}[(\boldsymbol{A}^{\text{T}}\boldsymbol{A})^{-1}]} \tag{2.6}$$

式中，tr(.)表示对结果矩阵求迹，即求矩阵主对角线元素之和。A 为根据某特征值建立的线性方程组的系数矩阵，即

$$Y = AX \tag{2.7}$$

式中，基站位置 Y 是已知的 $M \times 1$ 维向量，MS 位置 X 是 2×1 维位置向量 $[x, y]^T$，A 为 $M \times 2$ 的矩阵。如果 $A^T A$ 是非奇异且 $M > 2$，则视为方程数大于未知量数目的超定方程组，故采用最小二乘算法获得移动台的估计位置，即

$$X = (A^T A)^{-1} A^T Y \tag{2.8}$$

对于无偏差的估计器及二维双曲线定位系统，GDOP 表示为

$$GDOP = \sqrt{\delta_x^2 + \delta_y^2} / \delta_2 \tag{2.9}$$

GDOP 与 CEP 有以下近似关系：

$$CEP \approx (0.75\delta_s) GDOP \tag{2.10}$$

应用中，需要从大量基站中选择所需定位基站时，GDOP 可以作为选取指标。具体地说，应选择 GDOP 最小的基站作为所需定位基站，还可在建立新系统过程中选择基站位置时作为参考。

定位算法的时间复杂度和空间复杂度分别表示定位算法的定位时间长短和所占系统内存的大小。一般而言，时间复杂度越低，定位时间开销越小，定位响应越迅速；空间复杂度越低，定位系统所需内存越小，定位能耗也越低。

2.2 影响定位的主要因素

在基于信号强度的定位方法中，定位的主要误差受无线接入点（Access Point，AP）与移动终端之间无线信号的传播环境影响，主要包括多径传播（Multipath Propagation）、非视距传播（Non Line of Sight，NLOS）、其他电子设备信号和人体干扰，以及移动终端定位时摆放的位置和方位所引起的信号接收误差。NLOS 引起的误差在所有误差中占比最高，但这可以通过合适的定位算法来减小这种误差的影响。

2.2.1 非视距传播

我们通常将无线通信系统的传播条件分成视距（Line of Sight，LOS）和非视距（Non Line of Sight，NLOS）两种环境。视距条件下，无线信号无遮挡地在发信端与接收端之间直线传播，如图 2.3 所示，这要求在第一菲涅尔区（First Fresnel Zone）内没有对无线电波造成遮挡的物体，如果条件不满足，信号强度就会明显下降。菲涅尔区的大小取决于无线电波的频率及收发信机间的距离。

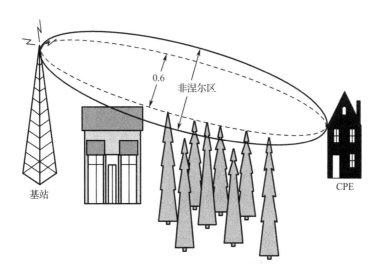

图 2.3　视距传播与第一菲涅尔区

而在有障碍物的情况下，无线信号只能通过反射、散射和衍射方式到达接收端，我们称之为非视距通信。此时的无线信号通过多种途径被接收，而多径效应会带来时延不同步、信号衰减、极化改变、链路不稳定等一系列问题。

当 AP 与移动终端之间的直射路径被一些障碍物阻挡后，无线电波只能在经过反射、衍射或散射后到达接收端，此时测量计算到的数据，如到达时间、到达时间差、入射角度、接收信号强度等，与真实距离所体现出来的这些数据会有一定的出入，在一定程度上会大于真实距离，而这种现象被称为非视距传播。非视距传播主要有以下几种。

1．反射（Reflection）

在传播过程中，当无线电波遇到一个大小远大于本身波长的表面平坦物体时，将会产生反射现象。反射通常会发生在地面、大型建筑物、桌椅和墙壁。反射物体在反射无线电波的同时，通常也会吸收部分无线电波的能量，这样就会导致到达移动终端的信号变弱，对定位结果产生影响。

2．衍射（Diffraction）

无线电波在传播时，如果被一个大小近似于或小于波长的物体阻挡，就绕过这个物体，继续进行，而如果通过一个大小近似于或小于波长的孔，则会以孔为中心，形成环形波向前传播，这种现象叫做衍射[22]。衍射是在 AP 与移动终端之间没有直线路径时，无线电波的传播现象。当传播路径被不可穿透的障碍物遮蔽时，衍射可以到达接收端，但是移动终端接收到的信号强度值肯定有异于真实值，这将会对定位结果产生影响。

3．散射（Scattering）

当无线电波遇到障碍物的大小与传播的无线电波波长差不多或小于波长时，对于无线电波来说障碍物就像是多面的反射体，使得无线电波的能量散射到各个方向，会产生散射现象。散射一般发生在有粗糙表面的障碍物上，同样散射会对定位结果产生不良的影响。

如何把多径传播的不利因素变化成有利因素，是实现非视距通信的关键。一种简单的方法就是提高发射功率，以使信号穿透障碍物，变非视距传播为准视距传播，但这不是真正的解决之道，只能在一定程度上解决问题。无线覆盖总是要受制于地理环境、空中损耗、链路预算等条件，某些情况要求无线传播条件一定是非视距的，如规划的要求、高度的限制，不允许天线安装在视距范围内等。小区连续覆盖时，频率复用要求很严格，降低天线高度可有效减少相邻小区的同频干扰。所以基站与终端经常是在非视距条件下通信，而视距通信环境中天线过高、过密反而会带来问题。

2.2.2　多径传播（Multipath Propagation）

移动通信的电波传播包括直射波、绕射波、散射波和反射波。当仅有直射波和一路反射波时，如果反射波路径变化，路程差变化，两路信号在接收点的相位也就发生变化。在陆地移动通信系统中，移动台往往工作在城市建筑群和其他地形、地物较为复杂的环境中。由于移动台天线高度较低，大部分时间都"淹没"在城市建筑物的高度之下，根本没有视线路径，所以基站和移动台之间的电波传播几乎没有直射波形式，而是出现了多条路径的反射信号，以致到达接收天线的信号是来自不同传播路径的各电波的合成波。

由于传播路径不同，反射体的性质不同，使得到达接收点的各反射波的幅度和相位都是随机的。可能存在的直射波和众多不同路径的反射波，在较小范围内不同位置的场强有时同相相加而变大，有时反相抵消而变小，形成驻波分布。而在移动通信环境中，即使周围环境不变，移动台在驻波场中的快速移动，也会造成接收天线接收的合成波的幅度快速和大范围的变化，这就形成了接收机所接收信号的多径快衰落现象。对于不同波段，不同传播方式，形成多径传播的机理不尽相同。

从发射机天线发射的无线电波，沿两个或多个路径到达接收机天线的传播，由于到达接收端的波时间不同，导致到达时波的相位不同，如果多径信号同相，则相加；如果反相，则抵消[22]，由此造成接收端信号的幅度变化，称为衰落。由于这种衰落是由多径引起的，因此称之为多径衰落。

2.2.3　其他电子设备信号干扰

IEEE 802.il 协议规定 Win 的工作频段为 2.4 GHz，但是由于微波炉、蓝牙、手机、电视机等电子设备产生的其他频段的电磁波也会干扰 2.4 GHz 频段的无线信号，使得移动终端接收到的信号强度值有所误差，造成定位结果的不准确，降低精度。

同时人体也是干扰无线信号的因素之一。人体 70%的部分是由水组成的，而水的共振频率恰为 2.4 GHz，与 Wi-Fi 的频段相同，因此人也是影响无线信号传播的因素之一。（参见 https://www.zybang.com/question/7a75c5796f0214ff8c1e11751856ae83.html）

2.2.4　移动终端定位时的位置

当接收端在同一地点接收同一个源 AP 传来的信号强度时，移动终端本身的方位不同也会使得测量到的信号强度有很大的差别。当接收端的天线面向 AP 时，测得的信号强度会最大，当天线侧面面向 AP 时，信号强度其次，而天线背面面向 AP 时，信号强度会有很大程度的衰弱，而且最大和最小相差幅度可达到 20%～25%。这是由于当移动终端天线背向 AP 时 AP 发射的无线电波必须穿透移动终端才能到达接收端的接收天线，对无线电波造成了很大的衰减。再者，由于多数 AP 天线是平行向周围发射无线电波的，当接收端与 AP 之间距离远大于 AP 摆放的高度时，接收端的收到的信号强度会大大下降，所以恰当的高度也是需要考虑的因素。当高度太低时，地面的反射和折射也会对接收端测量接收信号强度值时产生影响。

2.3　基于测距的定位算法

按照定位过程是否需要测量邻居节点间的距离来分，可以把算法分为两种：基于测距的定位算法和距离无关的定位算法。已知自己位置的节点叫做参考节点（Reference Node）或锚节点（Anchor Node），需要利用定位算法对自己位置进行确定的节点称为未知节点（Unknown Node）或盲节点（Blind Node）。基于测距技术的定位算法一般需要先测量锚节点与未知节点间的距离或方位信息，并以此信息作为参数去计算得到未知节点的位置。相反，与距离无关的定位算法一般只需要利用网络的连通度等信息来计算未知节点的相对位置信息。这是最常用的分类方法，本书也将以此分类来介绍各种定位算法。

基于的测距的定位算法通常分为三个阶段，即测距阶段、位置估算阶段及位置修正阶段。测距阶段分两步进行。

第一步：从观测点出发，测量到参考点的距离或者角度。

第二步：计算从观测点到参考点的距离或者角度。

在位置估算阶段，未知节点利用三边定位法、多边定位法或三角测量法计算出自己的坐标。

测距阶段就是未知节点利用某种测距方法测出它到射频覆盖范围内的锚节点之间的距离，未知节点要定位出自身的位置至少需要知道其与 3 个参考节点之间的距离。常用的测距方法有基于 RSSI 的测距方法、基于到达时间（Time of Arrival，TOA）的测距方法、基于 TDOA 的测距方法、基于 AOA 的测距方法等。定位阶段就是未知节点在测得其与锚节点之间的距离后利用三边测量法、极大似然估计法或 Min-Max 法对未知节点位置进行计算。循环求精可以对求得的结果进行修正、优化，提高节点定位准确度，减小定位误差。下面对常用的几种测距方法进行介绍。

2.3.1　基于 TOA 的定位

到达时间 TOA 估计技术是数字信号处理领域的一个非常重要的研究方向。在无线通信、定位和跟踪系统中，TOA 估计要求锚节点或者基站具有精确的时钟同步，与传统的时延估计理论一样，它因此也被称为传输时延估计。

目前，很多技术都是在时域上实现的，例如，基于时域信号相关的峰值追踪是基本的、使用的到达时间估计方法之一。这类方法相比于一些高级算法具有实现上的简便性，但由于其分辨率有限，最多只能达到信号带宽的倒数，因此对信号带宽要求较高。

基于 TOA 定位步骤如图 2.4 所示，其主要完成前面提到的两个步骤：首先测量未知节点到各锚节点的距离，这可以通过信号传播时延估计来获得；然后利用多组距离测量值建立圆周方程组，采用相关算法进行解算，即可估算未知节点坐标。

图 2.4　TOA 定位流程图

一旦取得了多个 TOA 测量值，就可得到未知节点和多个锚节点的距离，从而构成圆周方程组，求解该方程组就能得到移动目标的估计位置。

如何确定二维平面基于距离测量的目标位置，图 2.5 给出了一个简单示例。假设有三个锚节点，目标可以与它们进行通信。每个锚节点已知距离测量结果，未知节点位于以锚节点位置为圆心、距离为半径的距离圆上某点。通常两个距离圆相交于两点，形成目标位置估计的两个解。为了解决两个解的不确定性问题，需要第三个锚节点的距离测量结果形成的第三个距离圆。

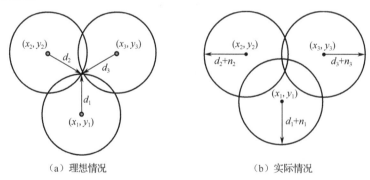

（a）理想情况　　　　　　　　　　　（b）实际情况

图 2.5　基于三锚节点的位置估计模型

通过测量从移动目标发出的信号到达锚节点 i 的时间为 t_i，可以得到移动目标与锚节点的距离为 $R=c×t_i$，其中，c 为电磁波在自由空间的传播速度。对于 $i=1$，2，3，可以得到方程组：

$$\begin{cases} (x_1 - x_0)^2 + (y_1 - y_0) = d_1^2 \\ (x_2 - x_0)^2 + (y_2 - y_0) = d_2^2 \\ (x_3 - x_0)^2 + (y_3 - y_0) = d_3^2 \end{cases} \tag{2.11}$$

实际情况中，三个圆几乎不存在交点，常用的方法为最小二乘估计法。为了保证定位精度，可以采用测量多个锚节点到未知节点的距离来进行最小二乘估计。

TOA 定位算法的位置估计算法主要还包括 Caffery 方法、Chan 算法、近似最大似然估计（Approximated Maximum Likelihood，AML）算法及 Taylor 级数等定位算法。

1. Caffery 方法

Caffery 在文献中[23]提出了一种新的线性位置线模型（Linear Line of Position，LLOP），是将现有的基于圆周方程的 TOA 定位算法的几何模型加以改进而扩展出的方法。

由 TOA 测量方程，得

$$\begin{cases} (x_1 - x_0)^2 + (y_1 - y_0) = d_1^2 \\ (x_2 - x_0)^2 + (y_2 - y_0) = d_2^2 \end{cases} \tag{2.12}$$

将上面的两个方程相减，得到两个圆周的相交线方程，即

$$(x_2 - x_1)x_0 + (y_2 - y_1)y_0 = \frac{1}{2}((x_2^2 + y_2^2) - (x_1^2 + y_1^2) + R_1^2 - R_2^2) \tag{2.13}$$

式（2.13）为关于（x_0，y_0）的线性方程，其几何意义如图 2.6 所示。三个 BS 可得到两个这样的线性方程，求解它们组成的方程组，即可求得 MS 坐标（x_0，y_0）。

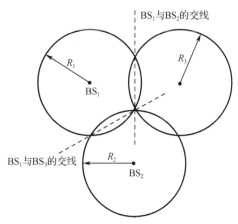

图 2.6　TOA 定位算法的 LLOP 模型

假设在二维平面上任意地分布着 N 个基站，移动台位置坐标 θ＝（x_0，y_0），第 i 个基站位置坐标为（x_i，y_i）。考虑到测量噪声，将第 i 个基站接收到包含测量噪声的距离测量值表

示为

$$R_i = ct_i = r+\varepsilon_i, \quad i=1, 2, \cdots, N \tag{2.14}$$

式中，r_i 为将第 i 个基站与移动台的真实距离，ε_i 为测量噪声，是零均值独立随机变量。由式（2.14）可得

$$r_i^2 = R_i^2 - 2r_i - \varepsilon_i^2 \tag{2.15}$$

式（2.15）在 $i=1$ 时有

$$2\boldsymbol{D}_0 = \boldsymbol{b} + \boldsymbol{\varphi} \tag{2.16}$$

式中，

$$\boldsymbol{D} = \begin{bmatrix} x_1 - x_2 & y_1 - y_2 \\ \vdots & \vdots \\ x_1 - x_N & y_1 - y_N \end{bmatrix} \tag{2.17}$$

$$\boldsymbol{b} = \begin{bmatrix} R_2^2 - R_1^2 - K_2 + K_1 \\ \vdots \\ R_N^2 - R_1^2 - K_N + K_1 \end{bmatrix} \tag{2.18}$$

$$\boldsymbol{\varphi} = \begin{bmatrix} \varepsilon_1^2 + 2r_1\varepsilon_1 - 2r_2\varepsilon_2 - \varepsilon_2^2 \\ \vdots \\ \varepsilon_1^2 + 2r_1\varepsilon_1 - 2r_N\varepsilon_N - \varepsilon_N^2 \end{bmatrix} \tag{2.19}$$

$$K_i = x_i^2 + y_i^2 \tag{2.20}$$

求式（2.16）的最小二乘解，得

$$\hat{\boldsymbol{\theta}} = \frac{1}{2}(\boldsymbol{D}^\mathrm{T}\boldsymbol{D})^{-1}\boldsymbol{D}^\mathrm{T}\boldsymbol{b} \tag{2.21}$$

将式（2.16）用式（2.21）替代，得

$$\hat{\boldsymbol{\theta}} = \boldsymbol{\theta} - \frac{1}{2}(\boldsymbol{D}^\mathrm{T}\boldsymbol{D})^{-1}\boldsymbol{D}^\mathrm{T}\boldsymbol{\varphi} \tag{2.22}$$

则 $\hat{\boldsymbol{\theta}}$ 的方差为

$$\mathrm{cov}(\hat{\boldsymbol{\theta}}) = E\{(\hat{\boldsymbol{\theta}} - \boldsymbol{\theta})(\hat{\boldsymbol{\theta}} - \boldsymbol{\theta})^\mathrm{T}\} = \frac{1}{4}(\boldsymbol{D}^\mathrm{T}\boldsymbol{D})^{-1}\boldsymbol{D}^\mathrm{T}E\{\boldsymbol{\varphi}\boldsymbol{\varphi}^\mathrm{T}\}\boldsymbol{D}(\boldsymbol{D}^\mathrm{T}\boldsymbol{D})^{-1} \tag{2.23}$$

从 LLOP 模型的推导过程可以看出，从图形及几何关系上考虑与从方程的变换形式上考虑是等价的。经变换得到的线性方程仍适用于一般的定位算法，所以既可以对原始的圆周测量方程做定位算法，也可以对原方程进行变形后再做定位算法。研究对原方程进行变

形和简化的新方法，也可能找到新的 TOA 定位模型。

2. Chan 算法

Chan 算法[24]是针对到达时间差 TDOA 的定位系统而提出的一种定位方法，它是一种非递归的具有封闭解的定位方法，在参数误差很小时能达到 CRLB。由于假设所有变量都是高斯统计量，加权最小二乘（Weighted Least Squares，WLS）准则和最大似然估计（Maximum-Likelihood Estimation，MLE）是等价的。

Chan 算法的核心思想为：引入一个中间变量，将非线性方程变为线性方程，并用加权

最小二乘方法对目标位置进行粗略估计；然后利用中间变量与目标位置变量的确定关系，再次用加权最小二乘方法对目标位置进行精确估计。本节将基于 Chan 的 TDOA 算法推广到 TOA 定位系统。

Chan 算法首先将初始非线性 TOA 方程组转换为线性方程组，然后采用 WLS 算法得到一个初始解，再利用第一次得到的估计位置坐标及附加变量等已知的约束条件进行第二次 WLS 估计，最后便能得到改进的估计位置。

假设在二维平面上任意地分布着 N 个接收机，从移动台位置（x_0，y_0）发射的信号到达基站 i 的 TOA 测量值为 t_i。当存在 LOS 传播情况下，有以下关系式：

$$R_i^2 = (x_i - x_0)^2 + (y_i - y_0)^2 = K_i - 2x_i x_0 - 2y_i y_0 + x_0^2 + y_0^2 \tag{2.24}$$

式中，$i=1$，2，$\cdots$，N，$K_i = x_i^2 + y_i^2$，$R_i = ct_i$ 是基站 i 与移动台的测量动态距离，c 为电磁波在空气中传播速度，即 $c=3\times10^8$ m/s。

由于平方项的存在，使得式（2.24）成为非线性方程，通过令 $R_0 = x_0^2 + y_0^2$，可以得到线性方程

$$R_i^2 - K_i = -2x_i x_0 - 2y_i y_0 + R_0, \qquad i = 1,2,\cdots,M \tag{2.25}$$

尽管 R_0 和（x_0，y_0）是相关的，但根据 Clan 的两步 WLS 方法可以将它们看成无关的变量，在求得它们的粗略估计值之后再用相关估计进行进一步处理[49]。于是，令

$$\boldsymbol{h} = \begin{bmatrix} R_1^2 - K_1 \\ R_2^2 - K_2 \\ \vdots \\ R_N^2 - K_N \end{bmatrix} \tag{2.26}$$

$$\boldsymbol{G}_{\mathrm{n}} = \begin{bmatrix} -2x_1 & -2y_1 & 1 \\ -2x_2 & -2y_2 & 1 \\ \vdots & \vdots & \vdots \\ -2x_N & -2y_N & 1 \end{bmatrix} \tag{2.27}$$

$$\boldsymbol{Z}_\alpha = \begin{bmatrix} x \\ y \\ R \end{bmatrix} \tag{2.28}$$

式中，x、y 和 R 分别是 x_0、y_0 和 R_0 的估计值，且应有

$$R = x^2 + y^2 \tag{2.29}$$

定义具有 TOA 噪声的误差向量为

$$\boldsymbol{\Psi} = \boldsymbol{h} - \boldsymbol{G}_\alpha \boldsymbol{Z}_\alpha \tag{2.30}$$

由于误差的引入主要是因为 TOA 估计的不准确性，当信噪比（Signal Noise Ratio，SNR）较高时，TOA 估计值通常为高斯数据，服从近似的正态分布，噪声向量 $\boldsymbol{n}$ 也服从近似的正态分布，所以误差向量统计上满足

$$\boldsymbol{\Psi} = 2c\boldsymbol{B}\boldsymbol{n} + c^2 \boldsymbol{n} \cdot \boldsymbol{n} \tag{2.31}$$

式中，

$$\boldsymbol{B} = \mathrm{diag} \{r_1, r_2, \cdots, r_N\} \tag{2.32}$$

式（2.31）中，代表 Schur 乘积。r_1，r_2，$\cdots$，r_N 是基站 i 与移动台的距离真实值，则有

$$R_i = r_i + cn_i \tag{2.33}$$

在实际中条件 $cn_i \ll r$ 通常可以满足，因而式（2.31）中第二项可以忽略，误差向量 $\boldsymbol{\Psi}$ 成为具有以下协方差矩阵的高斯随机向量。

$$\boldsymbol{\Phi} = E[\boldsymbol{\Psi}\boldsymbol{\Psi}^\mathrm{T}] \approx 4c^2 \boldsymbol{B}\boldsymbol{Q}\boldsymbol{B} \tag{2.34}$$

式中，

$$\boldsymbol{Q} = \mathrm{diag}\{\sigma_1^2, \sigma_2^2, \cdots, \sigma_N^2\} \tag{2.35}$$

是 TOA 协方差矩阵。

如果假定 $\boldsymbol{Z}_a$ 的元素间相互独立，用加权最小二乘法，得到

$$\boldsymbol{Z}_a = \mathrm{argmin}\{(\boldsymbol{h}_1 - \boldsymbol{G}_a\boldsymbol{Z}_a)^\mathrm{T} \boldsymbol{\Phi}^{-1}(\boldsymbol{h} - \boldsymbol{G}_a\boldsymbol{Z}_a)\} = (\boldsymbol{G}_a^\mathrm{T}\boldsymbol{\Phi}^{-1}\boldsymbol{G}_a)^{-1}\boldsymbol{G}_a^\mathrm{T}\boldsymbol{\Phi}^{-1}\boldsymbol{h} \tag{2.36}$$

该式是式（2.30）的 WLS 解，目前该式还不能解出，因为 $\boldsymbol{B}$ 中包含有 MS 与各基站之间的距离，故 $\boldsymbol{\Phi}$ 仍是个未知量。为此，需要做进一步近似。

当 MS 距离很远时，R_i 与 $r_i (i=1,2,\cdots,N)$ 接近，故在估计 $\boldsymbol{\Psi}$ 时，可以先用测量值 $\{R_1, R_2, \cdots, R_N\}$ 代替 $\boldsymbol{B} = \mathrm{diag}\{r_1, r_2, \cdots, r_N\}$ 中的真实值。由于 $\boldsymbol{\Psi}$ 的量纲没有什么影响，式（2.36）可近似为

$$Z_a \approx (G_a^T \Phi^{-1} G_a)^{-1} G_a^T Q^{-1} h \tag{2.37}$$

当 MS 距离较近时，利用上式可得到一初始解用于计算 B 矩阵，第一次 WLS 计算的结果可由式（2.36）得到。

为进行第二次 WLS 计算，首先需要计算估计位置 Z_a 的协方差矩阵，该矩阵可通过计算 Z_a 的期望值及 $Z_a Z_a^T$ 得到。由于 Z_a 含有随机量 R_i，直接计算很困难，该协方差矩阵可采用扰动方法计算，得

$$\text{cov}(Z_a) = E[\Delta Z_a \Delta Z_a^T] = (G_a^T \Phi^{-1} G_a)^{-1} \tag{2.38}$$

在上面过程中，把 R 和（x，y）看成无关的，但是根据定义，两者之间存在着平方和的关系，因此为了得到更为精确的定位，同时也为了在理论上更加准确，必须对上面得到的估计做相关处理。以下就是对两者做相关处理。

假设 x_0、y_0 和 R_0 为真实值，x、y 和 R 的估计误差分别是 e_1、e_2 和 e_3。则 Z_a 中的三个元素可以依次表示为

$$Z_a(1) = x_0 + e_1 \tag{2.39}$$

$$Z_a(2) = y_0 + e_2 \tag{2.40}$$

$$Z_a(3) = R_0 + e_3 \tag{2.41}$$

定义新的误差向量

$$\Psi' = h' - G_a' Z_p \tag{2.42}$$

式中，

$$h' = \begin{bmatrix} Z_a(1)^2 \\ Z_a(2)^2 \\ Z_a(3)^2 \end{bmatrix} \tag{2.43}$$

$$G_a' = \begin{bmatrix} 1 & 0 \\ 0 & 1 \\ 1 & 1 \end{bmatrix} \tag{2.44}$$

$$Z_p = \begin{bmatrix} x^2 \\ y^2 \end{bmatrix} \tag{2.45}$$

于是，当 e_1、e_2 和 e_3 非常小时，通过忽略两次项，可以得到误差向量各个元素分别为：

$$\Psi'(1) = 2x_0 e_1 + e_1^2 \approx 2x_0 e_1 \tag{2.46}$$

$$\Psi'(2) = 2y_0 e_2 + e_2^2 \approx 2y_0 e_2 \tag{2.47}$$

$$\boldsymbol{\Psi}'(3) = e_3 \tag{2.48}$$

这里的近似只有在误差 e_i 较小时才能成立，该过程是对最大似然估计的又一次近似。$\boldsymbol{\Psi}'$ 的协方差矩阵为：

$$\boldsymbol{\Phi}' = E[\boldsymbol{\Psi}'\ \boldsymbol{\Psi}'^{\mathrm{T}}] \approx 4c^2 \boldsymbol{B}' \mathrm{cov}(\boldsymbol{Z}_{\mathrm{a}}) \boldsymbol{B}' \tag{2.49}$$

式中，

$$\boldsymbol{B}' = \mathrm{diag}\{x_0, y_0, 0.5\} \approx \{\boldsymbol{Z}_{\mathrm{a}}(1), \boldsymbol{Z}_{\mathrm{a}}(2), 0.5\} \tag{2.50}$$

同样运用最大似然估计，得到

$$\begin{aligned}\boldsymbol{Z}_{\mathrm{p}} &= (\boldsymbol{G}_{\mathrm{a}}'^{\mathrm{T}} \boldsymbol{\Phi}'^{-1} \boldsymbol{G}_{\mathrm{a}}') \boldsymbol{G}_{\mathrm{a}}'^{\mathrm{T}} \boldsymbol{\Phi}'^{-1} \boldsymbol{h}' \\ &\approx (\boldsymbol{G}_{\mathrm{a}}'^{\mathrm{T}} \boldsymbol{B}'^{-1} \mathrm{cov}(\boldsymbol{Z}_{\mathrm{a}})^{-1} \boldsymbol{B}'^{-1} \boldsymbol{G}_{\mathrm{a}}')^{-1} \boldsymbol{G}_{\mathrm{a}}'^{\mathrm{T}} \boldsymbol{B}'^{-1} \mathrm{cov}(\boldsymbol{Z}_{\mathrm{a}})^{-1} \boldsymbol{B}'^{-1} \boldsymbol{h}'\end{aligned} \tag{2.51}$$

最后得到移动台位置的估计值，

$$\begin{pmatrix} \hat{x} \\ \hat{y} \end{pmatrix} = \begin{bmatrix} \mathrm{sgn}(\boldsymbol{Z}_{\mathrm{a}}(1)) \cdot \sqrt{\boldsymbol{Z}_{\mathrm{p}}(1)} \\ \mathrm{sgn}(\boldsymbol{Z}_{\mathrm{a}}(2)) \cdot \sqrt{\boldsymbol{Z}_{\mathrm{p}}(2)} \end{bmatrix} \tag{2.52}$$

3. AML 方法

Chan 在文献[25]中提出了另一种基于近似最大似然估计（AML）的定位方法，仿真结果验证了这个算法接近最优，在不同几何条件下得到理论上的方差下界均优于 Caffery 方法和 Chan 算法。

利用最大似然估计法进行 TOA 定位的基本思想是在已知观测数据 TOA 为条件下，使描述被估计位置向量概率的似然函数最大化。近似最大似然估计法从最大似然方程式出发，首先把它们转化为关于移动台未知坐标 (x, y) 的两个线性方程式，但方程式的系数仍依赖于 (x, y)。然后，由一定的初始值 (x, y)，用 AML 解线性方程组，得到新的 (x, y) 的值并更新方程式系数。经过几次迭代更新，AML 用每次更新后的 (x, y) 值计算最大似然代价函数，选择其中使代价函数最小的 (x, y) 值作为移动台定位结果。

令 (x, y) 为未知移动台的位置，第 i 个基站位置坐标为 (x_i, y_i)，TOA 测量值向量为

$$\boldsymbol{T} = [t_1 \quad \cdots \quad t_N]^{\mathrm{T}} = \boldsymbol{T}^0 + \boldsymbol{e} \tag{2.53}$$

式中，$\boldsymbol{T}^0$ 为 TOA 真实值向量，$\boldsymbol{e}$ 为测量误差向量，$\boldsymbol{e}$ 中的元素为独立零均值高斯随机变量，其协方差矩阵为

$$\boldsymbol{Q} = E\{\boldsymbol{e}\boldsymbol{e}^{\mathrm{T}}\} = \mathrm{diag}[\sigma^2 \quad \cdots \quad \sigma^2] \tag{2.54}$$

$$\boldsymbol{r} = [r_1 \quad \cdots \quad r_N]^{\mathrm{T}} = r(\boldsymbol{\theta}) \tag{2.55}$$

式中，r_i 是由 $\boldsymbol{\theta}$ 计算出的基站 i 与移动台之间的距离，$\boldsymbol{\theta} = [x, y]^{\mathrm{T}}$。则 $\boldsymbol{T}$ 关于 $\boldsymbol{\theta}$ 的概率密度函

数为

$$f(\boldsymbol{T} / \boldsymbol{\theta}) = (2\pi)^{N/2} (\det \boldsymbol{Q})^{1/2} \exp\left\{-\frac{\boldsymbol{J}}{2}\right\} \tag{2.56}$$

式中，

$$\boldsymbol{J} = \left[\boldsymbol{T} - \frac{r(\theta)}{c}\right] \boldsymbol{Q}^{-1} \left[\boldsymbol{T} - \frac{r(\theta)}{c}\right] \tag{2.57}$$

最大似然估计即找出使 $\boldsymbol{J}$ 最小的 $\boldsymbol{\theta}$ 值。令 $\boldsymbol{J}$ 对 $\boldsymbol{\theta}$ 求导等于零，得两个最大似然方程。

$$\begin{cases} \sum \dfrac{(r_i - R_i)(x - x_i)}{r_i} = 0 \\[3mm] \sum \dfrac{(r_i - R_i)(y - y_i)}{r_i} = 0 \end{cases} \tag{2.58}$$

式中，$R_i = ct_i$，是基站 i 与移动台的测量距离，c 为电磁波在空气中传播速度，即 $c=3\times10^8$ m/s。在式（2.58）中，除非特别说明，求和范围均为 $i=1$，2，$\cdots$，N，$R_i = ct_i$。

如果式（2.58）是线性方程组，则可以采用普通的最小二乘法求解。但是，这两个方程式均为非线性方程式，采用近似最大似然估计方法求解，过程如下所示。

显然，

$$r_i - R_i = \frac{r_i^2 - R_i^2}{r_1 + R_i} \tag{2.59}$$

将式（2.59）代入式（2.58）得

$$\begin{cases} \sum \dfrac{(r_i^2 - R_i^2)(x - x_i)}{r(r_i + R_i)} = 0 \\[3mm] \sum \dfrac{(r_i^2 - R_i^2)(y - y_i)}{r(r_i + R_i)} = 0 \end{cases} \tag{2.60}$$

将式（2.60）写成矩阵的形式，得

$$2\begin{bmatrix} \sum g_i x_i & \sum g_i y_i \\ \sum h_i y_i & \sum h_i y_i \end{bmatrix} \begin{bmatrix} x \\ y \end{bmatrix} = \begin{bmatrix} \sum g_i(s + K_i - R_i^2) \\ \sum h_i(s + K_i - R_i^2) \end{bmatrix} \tag{2.61}$$

式中，

$$s = x^2 + y^2 \tag{2.62}$$

$$K_i = x_i^2 + y_i^2 \tag{2.63}$$

$$g_i = \frac{x - x_i}{r_i(r_i + R_i)} \tag{2.64}$$

$$h_i = \frac{y - y_i}{r_i(r_i + R_i)} \tag{2.65}$$

移动台坐标 (x, y) 为未知值，但也包含在 g_i、h_i 和 s 中。近似最大似然估计方法把式（2.61）视为线性方程，从一定的初始值 (x, y) 开始，先计算 g_i、h_i，然后用最小二乘法，估计出（2.61）式中 (x, y) 关于 s 的表达式，并代入式（2.62）中，得到一个关于 s 的二次方程。解此方程，并利用根选择方法（Root Selection Routine，RSR）选择出需要的根，RSR 的步骤如下所示。

（1）如果只一个根为正数，则将这个根代入式（2.61）的最小二乘解中。

（2）如果两个根均为正，则选择式（2.57）中使 J 的值更小的一个根。

（3）如果两个根都为负数或虚数，则取其实部的绝对值，并选择式（2.57）中 J 的值更小的一个根。

通过更新后的 (x, y) 值重复以上步骤 q 次，则得到 q 个 J 值，从中选择使 J 最小的 (x, y) 值作为移动台估计位置。近似最大似然估计的迭代运算所需 (x, y) 初值可由前文中介绍的 Chan 算法给出。

在近似最大似然估计过程中，式（2.61）中的最大似然方程式是严格成立的，但是其求解过程是近似的。因为 g_i、h_i 都是未知数 (x, y) 的函数，也就是说它们也是未知的。算法首先通过 Chan 算法估计出 (x, y) 的初值，再迭代更新 g_i、h_i 和 s 的值，因此称为近似最大似然估计（AML）。

4．Taylor 级数定位法

Taylor 级数定位方法[26,27]是 W.H.Foy 提出的基于 Taylor 级数展开的加权最小二乘估计迭代算法，它对所有定位系统均适用，并且利用了所有的测量参量改善定位精度。其核心思想为：首先，在目标位置的初始估计点利用 Taylor 级数展开，并忽略二次及以上项，将非线性方程变为线性方程，并采用最小二乘法对偏移量进行估计；然后，利用估计的偏移量修正估计的目标位置，并不断迭代，使估计的目标位置逼近真实位置，从而得到对目标位置的最优估计。但由于该算法为递归算法，因此不能提供明确的表达式解，其计算复杂性也较高，并且需要一个与实际位置差距不太大的初始位置以保证算法的收敛，在实际应用中还需对不收敛的情况进行判断。

2.3.2　基于 TDOA 的定位

TDOA 定位方法从几何意义上看，其实质上是一种双曲线定位方法，其定位原理为：若信号在目标与各基站之间按直线传播，并且已经测得信号从目标到各个基站的传播距离与信号从目标到参考基站的传播距离之差，那么目标应位于分别以各基站（除去参考基站）和参考基站作为焦点的一组双曲线的交点上。TDOA 定位方法需要至少 3 个基站参与其中，才能实现对目标的定位，它是无源定位问题中应用非常普遍同时也是非常有效的一种定位方法。从其定位原理可以看出，利用 TDOA 测量值对目标的定位，要分成两步来进行。

第一步，先采用合适的技术确定出 TDOA 测量值。我们可以利用已有的时延估计技术，对不同基站的接收机之间的 TDOA 值进行精确的估计，然后利用估计出的 TDOA 值，根据信号传播距离与传播时间之间的关系，构造出一组包含目标位置的非线性方程组。

第二步，利用比较好的 TDOA 定位算法求解上一步中构造出的非线性方程组，得到目标位置的估计值。

定位过程如图 2.7 所示。

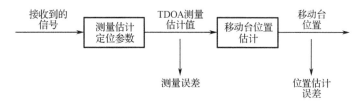

图 2.7　TDOA 基本定位过程

通常用于估计信号到达时间差 TDOA 的方法有两种：一是求两个基站的信号到达时间 TOA 之差值来获得 TDOA；另一种则是采用互相关技术，将一个基站接收机收到的信号与另一个基站接收机收到的信号进行相关处理，从而得到 TDOA 值。

第一种计算绝对到达时间差的方法的优点在于，当两个基站由于多径引起的误差因素有相同的反射体而具有相关性时，能够提高估计精度，但是该方法需要一个较精密的标准时钟源来作为时间基准，以确保绝对到达时间估计的准确性，这也要求基站和移动用户之间有精确的同步时钟。

采用相关技术的到达时间差估计，可以避免这种对系统较为苛刻的要求，从而使设备结构变得相对简单而且易于实现。在实际应用中，由于移动台通常缺乏参考时钟，因此，采用互相关技术来估计 TDOA 值被广泛采用。互相关技术估计 TDOA 的过程如图 2.8 所示。

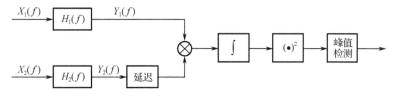

图 2.8　互相关法估计 TDOA 基本过程

TDOA 定位不再直接采用信号的到达时间，而是利用多个参考节点接收信号的时间差进行定位的，无须严格的时钟同步。基于到达时间差的定位需要获得 TDOA 的值，TDOA

值得获取方法有两种：一种是未知节点向同一个参考节点发送两种不同的信号，分别测量两种信号到达参考节点的时间，并计算其时间差，即 TDOA 值；另外一种是未知节点向两个参考节点发送同一种信号，分别测量信号到达参考节点的时间，并计算其时间差便可获得 TDOA 值。

在第一种获取 TDOA 值得方法中，未知节点向参考节点发送两种不同的信号，那么这就要求节点（包括参考节点和未知节点）配备两种信号（如超声波、无线电波）的收发器。通过测量两种信号到达同一参考节点的时间差，以此来计算两者之间的距离，如图 2.9 所示。

未知节点在 T_1 时刻、T_3 时刻分别发送无线电波与超电波，设无线电波的传播速度为 v_1，超声波的速度为 v_2。那么无线电波在 T_2 时刻到达参考节点，超声波在 T_4 时刻到达同一参考节点。那么就可以得到 TDOA 的值，未知节点与参考节点之间的距离 d_{UM} 就可以通过下列公式计算得到。

$$d_{UM}=(T_2-T_1)\times v_1 \tag{2.66}$$

$$d_{UM}=(T_4-T_3)\times v_2 \tag{2.67}$$

$$\text{TDOA}=(T_4-T_3)-(T_2-T_1) \tag{2.68}$$

$$d_{UM} = \text{TDOA} \times \frac{v_1 \times v_2}{v_1 - v_2} = [(T_4 - T_3) - (T_2 - T_1)] \times \frac{v_1 \times v_2}{v_1 - v_2} \tag{2.69}$$

另外一种获取 TDOA 的方法是未知节点发射同一种信号分别到达多个不同的参考节点，那么这样一来，节点仅需要配备一种信号的收发器，在一定程度降低了硬件成本，但同时也要求两个参考节点之间的时钟时刻严格同步，其工作原理如图 2.10 所示。

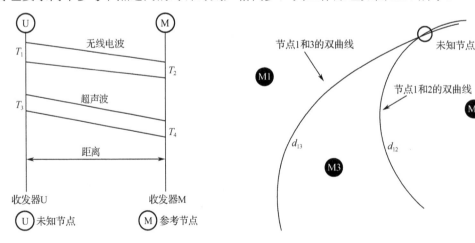

图 2.9　第一种 TDOA 定位　　　　　图 2.10　第二种 TDOA 定位

设发射信号的传播速度为 v，假设有 3 个参考节点 M_1、M_2、M_3，未知节点 U 发射信号到达这三个参考节点的时间分别为 t_1、t_2、t_3。则未知节点与参考节点之间的距离分别为

$$d_1 = v \times t_1, \quad d_2 = v \times t_2, \quad d_3 = v \times t_3$$

那么未知节点到达参考节点之间的距离差分别为

$$
\begin{aligned}
d_{12} &= d_1 - d_2 = v \times (t_1 - t_2) \\
d_{13} &= d_1 - d_3 = v \times (t_1 - t_3)
\end{aligned}
\tag{2.70}
$$

式中，d_{ij} 是未知节点到参考节点 i 与到参考节点 j 之间的距离差，i，j=1，2，$\cdots$，n。

参考节点 M_1、M_2、M_3 的坐标是已知的，分别为（x_1，y_1）、（x_2，y_2）、（x_3，y_3），假设未知节点 U 的坐标为（x_0，y_0），可以建立 TDOA 双曲线方程，那么两条曲线之间的交点就是未知节点。

$$
\begin{aligned}
d_{12} &= \sqrt{(x_1 - x_0)^2 + (y_1 - y_0)^2} - \sqrt{(x_2 - x_0)^2 + (y_2 - y_0)^2} \\
d_{13} &= \sqrt{(x_1 - x_0)^2 + (y_1 - y_0)^2} - \sqrt{(x_3 - x_0)^2 + (y_3 - y_0)^2}
\end{aligned}
\tag{2.71}
$$

通过数学方法对双曲线方程组进行求解，即可得到未知节点的位置。

常用的 TDOA 定位算法分析：假设（x，y）为移动台 MS 的待估计位置，（X_i，Y_j）为第 i 个基站发射机的已知位置，则 MS 和第 i 个基站发射机之间的距离为

$$
\begin{aligned}
R_i &= \sqrt{(X_i - x)^2 + (Y_i - y)^2} \\
R_i^2 &= (X_i - x)^2 + (Y_i - y)^2 = K_i - 2X_i x - 2Y_i y + x^2 + y^2
\end{aligned}
\tag{2.72}
$$

式中，$K_i = X_i^2 + Y_i^2$。

令 $R_{i,1}$ 表示 MS 与基站 i 和基站 1（服务基站）的距离差，则

$$
R_{i,1} = cd_{i,1} = R_i - R_1 = \sqrt{(X_i - x)^2 + (Y_i - y)^2} - \sqrt{(X_1 - x)^2 + (Y_1 - y)^2}
\tag{2.73}
$$

式中，c 为电波传播速度，$R_{i,1}$ 为 TDOA 测量值。为求解该非线性方程组可以优先进行线性化处理。又因为

$$
R_i^2 = (R_{i,1} + R_1)^2
\tag{2.74}
$$

则式（2.74）可以展开表示为

$$
R_{i,1}^2 + 2R_{i,1}R_1 + R_1^2 = K_i - 2X_i x - 2Y_1 y + x^2 + y^2
\tag{2.75}
$$

当 i=1 时，式（2.72）简化为

$$
R_1^2 = K_1 - 2X_1 x - 2Y_1 y + x^2 + y^2
\tag{2.76}
$$

式（2.75）与式（2.76）相减得到

$$
R_{i,1}^2 + 2R_{i,1}R_1 = K_i - 2X_{i,1}x - 2Y_{i,1}y - K_1
\tag{2.77}
$$

式中，$X_{i,1} = X_i - X_1$，$Y_{i,1} = Y_i - Y_1$。将 x、y_2、R_1 看成未知数，则式（2.77）成为线性方程组，求解该方程组可得到 MS 的坐标位置。

1. Fang 算法

Fang 算法[28]是利用 3 个基站对移动台进行二维位置估计的，为了简化计算，首先将三个基站置于一下坐标系统：基站 1 为（0，0），基站 2 为（x_2，0），基站 3 为（x_3，y_3），因此有

$$R_1 = \sqrt{(X_1 - x)^2 + (Y_1 - y)^2} = \sqrt{x^2 + y^2}$$
$$X_{i,1} = X_i - X_1 = X_i \tag{2.78}$$
$$Y_{i,1} = Y_i - Y_1 = Y_i$$

则式（2.77）可以简化为

$$\begin{cases} -2R_{2,1}R_1 = R_{2,1}^2 - X_2^2 + 2X_2 x \\ -2R_{3,1}R_1 = R_{3,1}^2 - (X_3^2 + Y_3^2) + 2X_3 x + 2Y_3 y \end{cases} \tag{2.79}$$

令式（2.79）中两式相减消去 R_1，可得到

$$\begin{cases} y = g \times x + h \\ g = \{(R_{3,1} X_2) / R_{2,1} - X_3\} / Y_3 \\ h = \{X_3^2 + Y_3^2 - R_{3,1}^2 + R_{3,1} \times R_{2,1}(1 - (X_2 / R_{2,1})^2)\} / 2Y_3 \end{cases} \tag{2.80}$$

将式（2.80）代入式（2.79）中的第一个方程，并利用关系 $R_1 = \sqrt{x^2 + y^2}$，可得

$$\begin{cases} d \times x^2 + e \times x + f = 0 \\ d = -\{1 - (X_2 / R_{2,1})^2 + g^2\} \\ e = X_2 \times \{1 - (X_2 / R_{2,1})^2\} - 2g \times h \\ f = (R_{2,1}^2 / 4) \times \{1 - (X_2 / R_{2,1})^2\}^2 - h^2 \end{cases} \tag{2.81}$$

解方程（2.81）可得到两个 x 值，利用相关先验信息取其一，再代入式（2.80）就能得到 MS 的坐标估计 y。在蜂窝网络中 Fang 算法的模糊性并不存在，一些研究报告和文献中指出由式（2.81）中的根 $(-e + \sqrt{e^2 - 4df}) / 2d$ 所确定的 MS 位置通常会超出服务小区，因此一般只取另外一个根。

$$x = \frac{-e - \sqrt{e^2 - 4df}}{2d} \tag{2.82}$$

将此根代入式（2.80）中即可得到 MS 的估计位置（x，y）。

2. Chan 算法

Chan 算法[28,29]是一种具有解析表达式解的非递归双曲线方程组解法，其优点是计算量

小，在噪声服从高斯分布的环境下定位精度高，但是在 NLOS 环境下，Chan 算法的定位精度会有明显的下降[31]。Chan 算法既适用于 3 个基站的定位，也适用于 4 个基站的定位，并且 4 个基站的定位性能更加优越，因此在这里对 4 个基站参与定位的算法进行分析。

当参与基站的数目为 4 个时所得到的 TDOA 测量数目会多于未知量的数目，因此初始非线性 TDOA 方程组，即式（2.77）应该首先转化为线性方程组，然后采用加权最小二乘法（WLS）得到一个初始解，再利用第一次得到的估计位置坐标及附加变量等已知的约束条件进行第二次 WLS 估计，最后就能得到改进的估计位置。

令 $\boldsymbol{Z}_a = [\boldsymbol{Z}_p^T, \boldsymbol{R}_1]^T$ 为已知矢量，$\boldsymbol{Z}_p = [x, y]^T$，从式（2.77）中可以求出具有 TDOA 噪声矢量。

$$\boldsymbol{\psi} = \boldsymbol{h} - \boldsymbol{G}_a \boldsymbol{Z}_a^0 \tag{2.83}$$

其中的未知量表达式是

$$\boldsymbol{h} = \frac{1}{2} \begin{bmatrix} R_{2,1}^2 - X_2^2 - Y_2^2 + X_1^2 + Y_1^2 \\ R_{3,1}^2 - X_3^2 - Y_3^2 + X_1^2 + Y_1^2 \\ M \\ R_{M,1}^2 - X_M^2 - Y_M^2 + X_1^2 + Y_1^2 \end{bmatrix} \tag{2.84}$$

$$\boldsymbol{G}_a = \begin{bmatrix} X_{2,1} & Y_{2,1} & R_{2,1} \\ X_{3,1} & Y_{3,1} & R_{3,1} \\ M & M & M \\ X_{M,1} & Y_{M,1} & R_{M,1} \end{bmatrix} \tag{2.85}$$

在此定义 $d_{i,j}$ 为信号到达基站 i, j 的测量时延差，$n_{i,j}$ 为相应的时延误差，c 为电磁波传播速率亦即光速，令无噪声时 $\{*\}$ 的表达式形式为 $\{*\}^0$，则有

$$d_{i,j} = d_{i,j}^0 + n_{i,j}, \qquad R_{i,j} = R_{i,1}^0 + c\, n_{i,1}$$

同时由于 $R_i^0 = R_{i,1}^0 + R_1^0$，因此噪声的误差矢量可以表示为

$$\boldsymbol{\psi} = \begin{bmatrix} cR_2^0 n_{2,1} + \dfrac{1}{2} c^2 n_{2,1}^2 \\ cR_3^0 n_{3,1} + \dfrac{1}{2} c^2 n_{3,1}^2 \\ M \\ cR_M^0 n_{M,1} + \dfrac{1}{2} c^2 n_{M,1}^2 \end{bmatrix} = c\boldsymbol{B}\boldsymbol{n} + \frac{1}{2} c^2 \boldsymbol{n} \,\Theta\, \boldsymbol{n} \tag{2.86}$$

$$\begin{aligned} \boldsymbol{B} &= \mathrm{diag}\{R_2^0, R_3^0, \Lambda\, R_M^0\} \\ \boldsymbol{n} &= [n_{2,1}, n_{3,1}, \Lambda\, n_{M,1}]^T \end{aligned} \tag{2.87}$$

式中，Θ 代表 Schur 乘积，当 SNR 高时，由广义互相关检测的 TDOA 测量值通常为高斯

数据，服从近似的正态分布，因此噪声矢量 n 也服从近似正态分布，误差矢量的协方差矩阵便可以计算出。因而在实际中通常有 $cn_{i,1} \ll R_i^0$，因此式（2.88）中 ψ 表达式中的第二项可以忽略，误差矢量 ψ 成为具有协方差矩阵的高斯随机矢量。

$$\psi = E[\psi\psi^{\mathrm{T}}] = c^2 \boldsymbol{BQB} \tag{2.88}$$

式中，$\boldsymbol{Q}$ 是 TDOA 协方差矩阵，$\boldsymbol{Z}_{\mathrm{a}}$ 中的 R_1 与表达式（2.78）有关，这说明了式（2.83）仍然是以 x 和 y 为变量的非线性方程组。

求解该非线性方程组时首先假定 x 和 y 之间无关，然后通过 WLS 算法进行第一次求解，最终结果可以通过将已知关系即式（2.72）再次代入第一次的结果中再进行一次 WLS 计算得到，这两步是对 MS 位置的最大似然 ML 估计的近似。

如果假定 $\boldsymbol{Z}_{\mathrm{a}}$ 的元素之间相互独立，$\boldsymbol{Z}_{\mathrm{a}}$ 的 ML 估计则为

$$\begin{aligned}
\boldsymbol{Z}_{\mathrm{a}} &= \arg\min\{(\boldsymbol{h} - \boldsymbol{G}_{\mathrm{a}}\boldsymbol{Z}_{\mathrm{a}})^{\mathrm{T}}\boldsymbol{\varPsi}^{-1}(\boldsymbol{h} - \boldsymbol{G}_{\mathrm{a}}\boldsymbol{Z}_{\mathrm{a}})\} \\
&= (\boldsymbol{G}_{\mathrm{a}}^{\mathrm{T}}\boldsymbol{\varPsi}^{-1}\boldsymbol{G}_{\mathrm{a}})^{-1}\boldsymbol{G}_{\mathrm{a}}^{\mathrm{T}}\boldsymbol{\varPsi}^{-1}\boldsymbol{h}
\end{aligned} \tag{2.89}$$

这一表达式是式（2.83）的 WLS 解，目前还无法计算其结果，因为 $\boldsymbol{B}$ 中含有 MS 与各个基站发射机之间的距离，因此 $\boldsymbol{\varPsi}$ 仍然是未知量，需要做进一步的近似。

（1）当 MS 距离很远时，$R_i^0 (i=2,3,\varLambda,M)$ 与 R^0（定义距离）接近，因此有 $B \approx R^0 I$，I 为 $(M-1) \times (M-1)$ 的单位矩阵，由于 $\boldsymbol{\varPsi}$ 得量纲没有什么影响，式（2.89）可以近似表示成：

$$\boldsymbol{Z}_{\mathrm{a}} = (\boldsymbol{G}_{\mathrm{a}}^{\mathrm{T}}\boldsymbol{Q}^{-1}\boldsymbol{G}_{\mathrm{a}})^{-1}\boldsymbol{G}_{\mathrm{a}}^{\mathrm{T}}\boldsymbol{Q}^{-1}\boldsymbol{h} \tag{2.90}$$

（2）当 MS 距离较近，利用式（2.90）可以得到一个用于计算 $\boldsymbol{B}$ 矩阵的初始解，第一次 WLS 计算的结果可以根据（2.89）得到。

为第二次 WLS 计算，需要首先计算估计值 $\boldsymbol{Z}_{\mathrm{a}}$ 的协方差矩阵，该矩阵可以通过计算 $\boldsymbol{Z}_{\mathrm{a}}$ 的期望值与 $\boldsymbol{Z}_{\mathrm{a}}\boldsymbol{Z}_{\mathrm{a}}^{\mathrm{T}}$ 得到，由于 $\boldsymbol{G}_{\mathrm{a}}$ 含有随机量 $R_{i,1}$，直接计算比较困难，因此可以采用扰动方法[21,22]计算，再有噪声情况下：

$$\begin{aligned}
R_{i,1} &= R_{i,1}^0 + cn_{i,1} \\
\boldsymbol{G}_{\mathrm{a}} &= \boldsymbol{G}_{\mathrm{a}}^0 + \Delta\boldsymbol{G}_{\mathrm{a}}, \qquad \boldsymbol{h} = h^0 + \Delta h
\end{aligned} \tag{2.91}$$

由于 $\boldsymbol{G}_{\mathrm{a}}^0 \boldsymbol{Z}_{\mathrm{a}}^0 = h^0$，则式（2.91）可表示为

$$\psi = \Delta h - \Delta\boldsymbol{G}_{\mathrm{a}}\boldsymbol{Z}_{\mathrm{a}}^0 \tag{2.92}$$

令 $\boldsymbol{Z}_{\mathrm{a}} = \boldsymbol{Z}_{\mathrm{a}}^0 + \Delta\boldsymbol{Z}_{\mathrm{a}}$，由式（2.89）可得

$$(\boldsymbol{G}_{\mathrm{a}}^{0\mathrm{T}} + \Delta\boldsymbol{G}_{\mathrm{a}}^{\mathrm{T}})\boldsymbol{\varPsi}^{-1}(\boldsymbol{G}_{\mathrm{a}}^0 + \Delta\boldsymbol{G}_{\mathrm{a}})(\boldsymbol{Z}_{\mathrm{a}}^0 + \Delta\boldsymbol{Z}_{\mathrm{a}}) = (\boldsymbol{G}_{\mathrm{a}}^{0\mathrm{T}} + \Delta\boldsymbol{G}_{\mathrm{a}}^{\mathrm{T}})\boldsymbol{\varPsi}^{-1}(\boldsymbol{h} + \Delta h) \tag{2.93}$$

保留线性扰动分量，再利用式（2.87）和式（2.92），$\Delta\boldsymbol{Z}_{\mathrm{a}}$ 及其协方差矩阵为

$$\Delta \boldsymbol{Z}_a = c(\boldsymbol{G}_a^{0T}\boldsymbol{\Psi}^{-1}\boldsymbol{G}_a^0)^{-1}\boldsymbol{G}_a^{0T}\boldsymbol{\Psi}^{-1}\boldsymbol{B}\boldsymbol{n}$$

$$\mathrm{cov}(\boldsymbol{Z}_a) = E[\Delta \boldsymbol{Z}_a \Delta \boldsymbol{Z}_a^T] = (\boldsymbol{G}_a^{0T}\boldsymbol{\Psi}^{-1}\boldsymbol{G}_a^0)^{-1} \tag{2.94}$$

其中忽略了式（2.87）的平方项，式（2.94）用于计算 $\mathrm{cov}(\boldsymbol{Z}_a)$。

上述有关 $\boldsymbol{Z}_a$ 的计算过程假定 x、y 和 R_1 之间是相互独立的，事实上根据式（2.72）表面上它们是相关的，因此可以利用这种关系来改进定位估计。当 TDOA 测量误差较小时这种偏差可以忽略，矢量 $\boldsymbol{Z}_a$ 的均值即实际值，协方差矩阵可由式（2.82）确定，因此 $\boldsymbol{Z}_a$ 得元素可以表示为

$$Z_{a,1} = x^0 + e_1, \qquad Z_{a,2} = y^0 + e_2, \qquad Z_{a,3} = R_1^0 + e_3 \tag{2.95}$$

式中，e_1，e_2，e_3 为 $\boldsymbol{Z}_a$ 的估计值，$\boldsymbol{Z}_a$ 的前两个元素减去 X_1，Y_1，再对各元素求平方可得到另一方程组。

$$\boldsymbol{\psi}' = \boldsymbol{h}' - \boldsymbol{G}_a \boldsymbol{Z}_a'$$

$$\boldsymbol{h}' = \begin{bmatrix} (Z_{a,1} - x_1)^2 \\ (Z_{a,2} - y_1)^2 \\ Z_{a,3}^2 \end{bmatrix}, \qquad \boldsymbol{G}' = \begin{bmatrix} 1 & 0 \\ 0 & 1 \\ 1 & 1 \end{bmatrix}, \qquad \boldsymbol{Z}_a' = \begin{bmatrix} (x - x_1)^2 \\ (y - y_1)^2 \end{bmatrix} \tag{2.96}$$

这里定义 $\boldsymbol{\psi}'$ 为 $\boldsymbol{Z}_a$ 的误差矢量，将式（2.95）代入式（2.96）得到：

$$\psi_1' = 2(x^0 - X_1)e_1 + e_2 \approx 2(x^0 - X_1)e_1$$

$$\psi_2' = 2(y^0 - Y_1)e_1 + e_2 \approx 2(y^0 - Y_1)e_2 \tag{2.97}$$

$$\psi_3' = 2R_1^0 e_3 + e_3^2 \approx 2R_1^0 e_3$$

这里的近似只有在 e_i 较小时才成立，该过程是对 ML 估计的又一次近似。$\boldsymbol{\psi}'$ 的协方差矩阵表达式为

$$\boldsymbol{\psi}' = E\left[\boldsymbol{\psi}'\boldsymbol{\psi}^T\right] = 4\boldsymbol{B}' \mathrm{cov}(\boldsymbol{Z}_a)\boldsymbol{B}'$$

$$\boldsymbol{B}' = \mathrm{diag}\{x^0 - X_1, y^0 - Y_1, R_1^0\} \tag{2.98}$$

由于 $\boldsymbol{\psi}$ 为高斯分布，因此 $\boldsymbol{\psi}'$ 也是高斯分布，$\boldsymbol{Z}_a'$ 的 ML 估计为

$$\boldsymbol{Z}_a' = (\boldsymbol{G}_a'^T \boldsymbol{\Psi}'^{-1} \boldsymbol{G}_a')^{-1} \boldsymbol{G}_a'^T \boldsymbol{\Psi}'^{-1} \boldsymbol{h}' \tag{2.99}$$

由于矩阵 $\boldsymbol{\psi}'$ 含有 MS 真实位置，因此为一未知量，不过 $\boldsymbol{B}'$ 能通过使用 $\boldsymbol{Z}_a$ 值计算出，式（2.94）用 $\boldsymbol{G}_a$ 近似，式（2.88）与式（2.90）的计算结果进行近似，如果 MS 在较远的距离，$\boldsymbol{Z}_a$ 协方差矩阵可以近似表示成：

$$\mathrm{cov}(\boldsymbol{Z}_a) \approx c^2 R^{0^2} (\boldsymbol{G}_a^{0T} \boldsymbol{Q}^{-1} \boldsymbol{G}_a^0)^{-1} \tag{2.100}$$

将式（2.99）化简得到：

$$\boldsymbol{z}_a' \approx (\boldsymbol{G}_a^T \boldsymbol{B}'^{-1} \boldsymbol{G}_a \boldsymbol{Q}^{-1} \boldsymbol{G}_a \boldsymbol{B}'^{-1} \boldsymbol{G}_a')^{-1} (\boldsymbol{G}_a^T \boldsymbol{B}'^{-1} \boldsymbol{G}_a \boldsymbol{Q}^{-1} \boldsymbol{G}_a \boldsymbol{B}'^{-1} \boldsymbol{G}_a') \boldsymbol{h}' \tag{2.101}$$

矩阵 G'_a 为一常量，代入 Z'_a 和 $Z'_a Z'^T_a$ 后，Z'_a 的协方差矩阵就变成

$$\text{cov}(Z_a) = (G'^T_a \Psi' G'_a)^{-1} \tag{2.102}$$

于是最后的 MS 定位结果为

$$Z_p = \sqrt{Z'_a} + \begin{bmatrix} X_1 \\ Y_1 \end{bmatrix} \quad \text{或} \quad Z_p = -\sqrt{Z'_a} + \begin{bmatrix} X_1 \\ Y_1 \end{bmatrix} \tag{2.103}$$

选择位于定位区域内的 Z_p 作为问题的解，如果 Z'_a 得某个坐标接近于零，式（2.103）中的平方根为虚数，这种情况下可以将其设为零，定位估计协方差矩阵可有式（2.96）中的 Z'_a 加上 $x = x^0 + e_x$，$y = y^0 + e_y$ 得到：

$$z'_{a,1} - (x^0 - X_1)^2 = 2(x^0 - X_1)e_x + e_x^2$$
$$z'_{a,2} - (y^0 - Y_1)^2 = 2(y^0 - Y_1)e_y + e_y^2 \tag{2.104}$$

而 e_x，e_y 与 x^0，y^0 相比很小，可以忽略 e_x^2，e_y^2，利用式（2.88）、式（2.94）、式（2.98）和式（2.103）进行定位估计，估计值 Z_p 的协方差矩阵为

$$\Phi = \text{cov}(Z_p) = \frac{1}{4} B''^{-1} \text{cov}(Z'_a) B''^{-1}$$
$$= c^2 (B'' G^T_a B'^{-1} G^{0T}_a B^{-1} Q^{-1} B^{-1} G^0_a B'^{-1} G'_a B'')^{-1} \tag{2.105}$$
$$B'' = \begin{bmatrix} (x^0 - X_1) & 0 \\ 0 & (y^0 - Y_1) \end{bmatrix}$$

Chan 算法能够利用蜂窝网络提供的所有 TDOA 测量值，因此能降低个别较大的随机测量误差的影响，取得较好的定位结果。该算法进行了两次 WLS 估计，是对最大似然（ML）估计器的近似，能得到明确的表达式解，在 TDOA 测量噪声为零均值的高斯随机变量时其解能达到 CRLB。但是，多基站情况下该算法需要提供 TDOA 测量值误差的先验信息，这在实际应用中往往具有一定的难度。此外，算法的推导过程都是基于 TDOA 噪声为零的高斯随机变量这一前提，当实际信道环境中 TDOA 噪声为非高斯随机变量或均值不为零时，该算法的性能将会显著下降。

3. Friedlander 算法

Friedlander 算法[31,32]主要是利用最小二乘 LS 和加权最小二乘 WLS 的误差判决来求解定位问题，假设基站的二位坐标为（0，0），则有

$$X_{i,1} = X_i - X_1 = X_i, \quad Y_{i,1} = Y_i - Y_1 = Y_i, \quad R_1 = \sqrt{x^2 + y^2}, \quad K = 0 \tag{2.106}$$

则式（2.77）可以简化为

$$X_i x + Y_i y = \frac{1}{2}(K_i - R_{i,1}^2) - R_{i,1} R_1, \quad i = 2,3,\cdots, M \tag{2.107}$$

将式（2.108）可以化简为

$$S\bar{x} = u - R_1 p$$

$$S = \begin{bmatrix} X_2 & Y_2 \\ X_M & Y_M \end{bmatrix}, \qquad u = \frac{1}{2} \begin{bmatrix} K_2 - R_{2,1}^2 \\ M \\ K_M - R_{M,1}^2 \end{bmatrix} \tag{2.108}$$

$$\bar{x} = [x, y]^T, \qquad p = [R_{2,1}, R_{3,1}, \cdots, R_{M,1}]^T$$

为消除上式中含有未知量 R_1 的第二项，将式（2.108）两边同时乘以矩阵 N，N 定义为

$$N = (I - Z)D$$

$$D = (\text{diag}(P))^{-1} = \begin{bmatrix} R_{2,1} & & & 0 \\ & R_{3,1} & & \\ & & 0 & \\ & & & R_{M,1} \end{bmatrix}^{-1} \tag{2.109}$$

$$Z = \begin{bmatrix} 0 & 1 & 0 & \\ & 0 & 0 & \\ & & 0 & 1 \\ 1 & & & 0 \end{bmatrix}$$

式中，I 为单位矩阵，$(I-Z)$ 采用奇异值分解 SVD 就能够消除位置参数 R_1，$(I-Z)$ 的奇异值分解为

$$(I - Z) = [U_k, u_k] \begin{bmatrix} \eta_1^k & & 0 \\ & \eta_{M-2}^k & \\ 0 & & 0 \end{bmatrix} [V_k, V_k^T] \tag{2.110}$$

式中，$\{\eta_1^k, \cdots, \eta_{M-2}^k\}$ 为非奇异值，采用消除式（2.108）第二项的矩阵为

$$N = V_k^T D \tag{2.111}$$

MS 的二维坐标可以根据下式求解得到

$$NS\bar{x} = Nu \tag{2.112}$$

式（2.112）是一个关于二维坐标 (x, y) 的具有 $M-2$ 个线性方程的方程组，采用 LS 算法求解得到其解的表达式为

$$\bar{x} = (S^T N^T N S)^{-1} S^T N^T N u \tag{2.113}$$

而采用 WLS 求解则能处理距离差噪声为零均值，但具有不同方程的随机变量的情况，得到 MS 位置坐标的 ML 估计，其优化加权矩阵为

$$W = \{N(\text{diag}\{p\} + R_1 I)Q(\text{diag}\{p\} + R_1 I)N^{\mathrm{T}}\}^{-1} \tag{2.114}$$

式中，Q 为距离差方程组的协方差矩阵，加权矩阵 W 为未知量 R_1 的函数，R_1 可以通过下面的表达式计算。

$$R_1 = \frac{p^{\mathrm{T}} P u}{p^{\mathrm{T}} P p} \tag{2.115}$$

$$P = I - S(S^{\mathrm{T}} S)^{-1} S$$

在经过 WLS 处理后式（2.114）简化为

$$W^{\frac{1}{2}} N S \overline{x} = W^{\frac{1}{2}} N u \tag{2.116}$$

求解上式即可得到 MS 的位置坐标：

$$\overline{x} = (S^{\mathrm{T}} N W N^{\mathrm{T}} S)^{-1} S^{\mathrm{T}} N W N^{\mathrm{T}} u \tag{2.117}$$

仿真结果表明，当参与定位的基站数量不多于 4 个时，采用 LS 与采用 WLS 得到的结果是一致的，而当参与定位的基站数目多于 4 个时，采用 WLS 得到的结果优于 LS。

4．Taylor 算法

Taylor 序列展开法[33]是需要一初始估计位置的递归算法，在每一次递归中通过求解 TDOA 测量误差的局部最小二乘解（LS）来改进估计位置[34]。对于一组 TDOA 测量值，该算法首先将式（2.73）在选定移动台位置 (x_0, y_0) 进行 Taylor 展开，忽略二阶以上分量，式（2.73）转化为

$$\Psi = h_{\mathrm{t}} - G_{\mathrm{t}} \delta \tag{2.118}$$

式中，

$$\delta = \begin{bmatrix} \Delta x \\ \Delta y \end{bmatrix} \qquad h_{\mathrm{t}} = \begin{bmatrix} R_{2,1} - (R_2 - R_1) \\ R_{3,1} - (R_3 - R_1) \\ M \\ R_{M,1} - (R_M - R_1) \end{bmatrix} \tag{2.119}$$

$$G_{\mathrm{t}} = \begin{bmatrix} [(X_1 - x_0)/R_1] - [(X_2 - x_0)/R_2] & [(Y_1 - y_0)/R_1] - [(Y_2 - y_0)/R_2] \\ [(X_1 - x_0)/R_1] - [(X_3 - x_0)/R_3] & [(Y_1 - y_0)/R_1] - [(Y_3 - y_0)/R_3] \\ M & M \\ [(X_1 - x_0)/R_1] - [(X_M - x_0)/R_M] & [(Y_1 - y_0)/R_1] - [(Y_M - y_0)/R_M] \end{bmatrix} \tag{2.120}$$

式中，$R_i, i = 1, 2, \cdots, M$ 为初始位置 (x_0, y_0) 与各基站之间的距离，式（2.118）的加权最

小二乘解为

$$\delta = \begin{bmatrix} \Delta x \\ \Delta y \end{bmatrix} = (\boldsymbol{G}_t^T \boldsymbol{Q}^{-1} \boldsymbol{G}_t)^{-1} \boldsymbol{G}_t^T \boldsymbol{Q}^{-1} \boldsymbol{h}_t \qquad (2.121)$$

式中，$\boldsymbol{Q}$ 是 TDOA 测量值的协方差矩阵，$R_i, i = 1, 2, \cdots, M$ 可以由式（2.78）令 $x = x_0$，$y = y_0$ 计算得到，在下一次递归中，令

$$x_0' = x_0 + \Delta x, \quad y_0' = y_0 + \Delta y \qquad (2.122)$$

重复上述过程，直到 Δx，Δy 足够小，满足一定的门限。

$$|\Delta x + \Delta y| < \varepsilon \qquad (2.123)$$

满足上式条件的 (x_0', y_0') 即为 MS 的位置 (x_0, y_0)。

Taylor 级数展开算法具有较为广泛的适应性，在多数情况下都能得到较准确的计算结果。但该算法的收敛特性无法预知，在定位站的布局不理想时（如近似线性排列）会出现较多的不收敛情况[35]。另外，算法的正常工作需要提供相对准确的初始位置估计作为迭代的启动条件，迭代运算在实效性和系统资源需求方面存在一定的劣势。

TOA 算法与 TDOA 算法都是基于电波传播时间的定位方法。同时也都是三基站定位方法，二者的定位都需要同时有 3 个位置已知的基站合作才能进行。

如图 2.11 所示，TOA/DTOA 定位方法都是通过三对[Position，T_i]（$i = 1$，2，3）来确定设备的位置 Location。二者的不同只是 GetLocation()函数的具体算法上的不同。

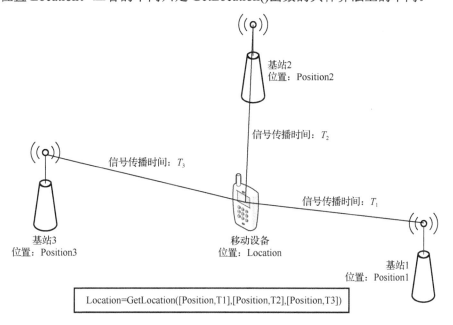

图 2.11　定位方式

2.3.3 基于 RSSI 的定位

原理：利用已知发射信号强度和接收节点收到的信号强度，计算在传输过程的损耗，使用信号模型将损耗转化为待定位标签与已知位置阅读器之间的距离。待定标签的位置在以阅读器为圆心估算距离为半径的圆上，多个阅读器的圆之交点就是目标标签的位置。

由于室内环境复杂多变，无线信号在室内环境的传播过程中容易受到多径干扰、障碍物等多种因素的影响，导致信号强度随着传播距离增加而衰减。信号强度室内传播衰减模型如图 2.12 所示。

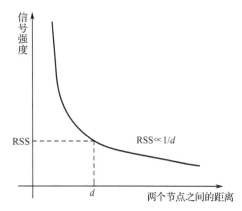

图 2.12　信号强度 RSS 衰减模型

假设信号发射信号强度是已知的，待测节点根据接收到信号的强度，利用传播模型[37,38]，如式（2.124），即可将传播损耗换算成距离信息，进而通过距离信息计算待测目标的位置坐标。

$$PL(d) = PL(d_0) - 10n\lg\left(\frac{d}{d_0}\right) + \zeta \qquad (2.124)$$

式中，n 是指环境因子，与建筑物的结构和材料有关，它表示路径长度和路径耗损间的比例指数，其取值范围通常取 2～4；$PL(d)$ 是距离发射信号 d 处接收信的强度，$PL(d_0)$ 表示距离为 d_0 时接收信号强度（通常 d_0 取 1 m），以 dB 为单位；ζ 为衰减因子，与传播距离无关。

2.3.4 三边定位法

三边定位[38]是通过测量待测目标与其他参考点之间的距离来计算待测目标的位置的定位方法。二维平面上，如果待测目标与三个不共线的参考点之间的距离，就可以利用三角形的相关计算方法计算出待测目标的位置。无线局域网中，通常采用接收信号强度（Received Signal Strength，RSS）作为信号的特征参数，通过无线电波的传播模型将接收到 RSS 转化成距离，就可以得到所需的距离，也可以采用 TOA/TDOA 等测距方式获取距离信息。三边定位原理如图 2.13 所示。

参考节点的位置是已知的，那么在二维平面上的

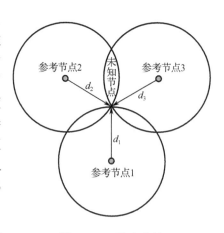

图 2.13　三边定位法

坐标也是已知的。参考节点 1 的坐标为 $(x_1，y_1)$，参考节点 2 的坐标为 $(x_2，y_2)$，参考节点 3 的坐标为 $(x_3，y_3)$，待测目标的坐标设为 $(x，y)$，那么未知节点到三个参考节点之间的距离为 d_1、d_2、d_3。

$$\begin{cases} d_1^2 = (x_1 - x)^2 + (y_1 - y)^2 \\ d_2^2 = (x_2 - x)^2 + (y_2 - y)^2 \\ d_3^2 = (x_3 - x)^2 + (y_3 - y)^2 \end{cases} \tag{2.125}$$

在这个方程有解的情况下，求解这个方程，这个方程组就是位置节点的坐标。

$$\begin{bmatrix} x \\ y \end{bmatrix} = \frac{1}{2} \begin{bmatrix} x_1 - x_3 & y_1 - y_3 \\ x_2 - x_3 & y_2 - y_3 \end{bmatrix}^{-1} \begin{bmatrix} x_1^2 - x_3^2 + y_1^2 - y_3^2 + d_1^2 - d_3^2 \\ x_2^2 - x_3^2 + y_2^2 - y_3^2 + d_2^2 - d_3^2 \end{bmatrix} \tag{2.126}$$

2.3.5 三角定位法

在二维平面中，采用几何法估计待测目标的位置比较简便，除了三边定位方法以外，还有三角定位法。三角定位法，顾名思义，是利用到达角度 AOA 来定位的。在三角定位中，参考节点的位置信息是预先设定的，未知节点到达参考节点的角度是可以实际测量的，借助一定的方法就可以定位出未知节点的位置。三角定位的原理如图 2.14 所示。

基于 AOA 的定位方法早已经应用在飞机导航等室外定位服务，如 E911 系统。但是在室内定位方面，基于 AOA 的定位系统比较少见。基于 AOA 的 VOR（VHF Omni-directional Ranging）室内定位系统是一种基于地面传输信号的发射器，采用 AOA 的测距方法能够重复广播两种信号脉冲；VOR 系统不依赖于信号采样的密度或者说信号强度地图，只需要使用 802.11 标准的旋转定向天线，获取 AOA 值，便可进一步估计位置信息。此外基于 AOA 的定位算法可以利用阵列天线[39]，在同一个方向上测量阵列天线的 RSSI 并记录其角度，利用这些 RSSI 以及角度的分布信息，进一步定位出待测目标的位置。这种方法不仅提高了定位的准确度，同时可以减少定位时需要的 AP 数目。

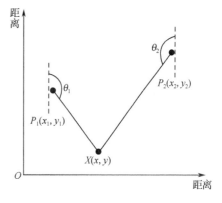

图 2.14 三角定位原理

2.3.6 最大似然法

假设室内环境中预设了 k 个 AP（$k > 3$），各个 AP 的位置分别为 $(x_1，y_1)$、$(x_2，y_2)$、$(x_3，y_3)$、…、$(x_k，y_k)$。假设定位目标的位置为 $(x，y)$，并且通过测定定位目标与各个 AP 之间的距离为 d_1、d_2、…、d_k，如图 2.15 所示。

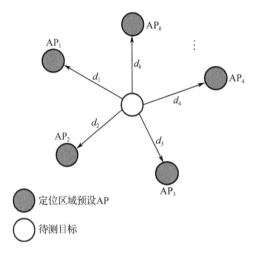

图 2.15　最大似然定位示意图

根据上图提及的最大似然估计法的测距方程，可以得到以下方程。

$$\begin{cases} d_1^2 = (x_1 - x)^2 + (y_1 - y)^2 \\ d_2^2 = (x_2 - x)^2 + (y_2 - y)^2 \\ \qquad \cdots\cdots \\ d_k^2 = (x_k - x)^2 + (y_k - y)^2 \end{cases} \qquad (2.127)$$

将这个线性方程组表示成 $\boldsymbol{Ax=b}$ 的形式，其中，

$$\boldsymbol{A} = \begin{bmatrix} (x_1 - x_k) & (y_1 - y_k) \\ (x_2 - x_k) & (y_2 - y_k) \\ & \cdots\cdots \\ (x_{k-1} - x_k) & (y_{k-1} - y_k) \end{bmatrix}, \quad \boldsymbol{x} = \begin{bmatrix} x \\ y \end{bmatrix}, \quad \boldsymbol{b} = \begin{bmatrix} x_k^2 - x_1^2 + y_k^2 - y_1^2 + d_1^2 - d_k^2 \\ x_k^2 - x_2^2 + y_k^2 - y_2^2 + d_2^2 - d_3^2 \\ \cdots\cdots \\ x_k^2 - x_{k-1}^2 + y_k^2 - y_{k-1}^2 + d_{k-1}^2 - d_k^2 \end{bmatrix} \qquad (2.128)$$

由于在实际测量中存在测量误差，假设测量误差 $e(x)$，根据最小二乘原理得到

$$e(\boldsymbol{x}) = \| \boldsymbol{b} - \boldsymbol{Ax} \|^2 \qquad (2.129)$$

对测量误差 $e(\boldsymbol{x})$ 求导，得到 $\boldsymbol{x}$ 的最小值。

$$\frac{\mathrm{d}e(\boldsymbol{x})}{\mathrm{d}\boldsymbol{x}} = 2\boldsymbol{AA}^\mathrm{T}\boldsymbol{x} - 2\boldsymbol{Ab} = 0 \qquad (2.130)$$

假设方程有解，那么所得 $\boldsymbol{x} = (\boldsymbol{AA}^\mathrm{T})^{-1}\boldsymbol{Ab}$ 就是定位目标的位置，这就是最大似然估计法的定位执行过程[40]。

2.4 基于非测距的定位算法

无须测距的定位算法不需要测距阶段，与基于测距的定位算法相比，降低了硬件要求，但是定位误差会有所增加。但在某些对精度要求不高的应用场景下，无须测距的定位算法比较适用。在室内环境中，无须测距定位算法有近似法、位置指纹算法等。

2.4.1 近似法

近似法的原理是通过物理接触或者其他感知的方式，当发现待测目标靠近某一个已知的位置或者距离已知位置的特定范围之内，用已知的位置来估计待测目标的位置。近似法的估计原理如图 2.16 所示，其中 L_1、L_2、L_3 是已知的未知区域，当未知节点进入到 L_1 区域之后，就可以用 L_1 中的已知位置进行感知未知节点的位置。

在无线局域网中，接入点是连接用户从无线通信到有线通信的桥梁，每个接入点都有一定的信号覆盖范围，进入这一信号区域的无线用户都可以通过与它的连接实现网络通信。所以，在无线局域网里，近似法定位技术的实现是通过接入点的位置来确定移动用户位置的。近似法实现简单，无须额外的硬件设备，在很大程度上算法性能依赖于 AP 的连接性能与 AP 的位置信息的准确性。

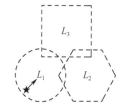

图 2.16　近似法估计原理

2.4.2 Centroid（质心定位）算法

质心算法[41]是南加州大学的 Nirupama Bulusu 等提出的一种仅基于网络连通性的室外定位算法。该算法的核心思想是：锚节点每隔一段时间，向邻居节点广播一个信标信号，信号中包含自身 ID 和位置信息；当未知节点接收到来自不同锚节点的信标信号数量超过某一个预设门限或接收一定时间后，该节点就确定自身位置为这些锚节点所组成的多边形的质心。仿真显示，大约有 90% 的未知节点定位精度小于锚节点间距的 1/3。显然，该算法仅能实现粗粒度定位，需要较高的锚节点密度；但它非常简单，完全基于网络连通性，无须锚节点和未知节点间协调。

质心定位[41]算法是一个相当简单，并且能在信标节点布署均匀和充足的情形下，提供精确的定位。其主要的实现方法为：未知节点搜集附近信标节点传送的位置信息，通过所搜集到各个信标节点的坐标位置取其重心，得到坐标位置。其原理图如图 2.17 所示。

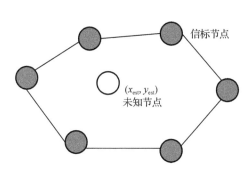

图 2.17　质心定位算法原理图

图 2.17 中，未知节点（x_{est}，y_{est}）周围分布着若干个信标节点，信标节点广播自己的位置信息，未知节点接收到各个信标节点的位置信息后进行计算自身坐标的计算，未知节点坐标的计算公式为

$$(x_{set}, y_{est}) = \left(\frac{\sum_{i=0}^{N} x_i}{N}, \frac{\sum_{i=0}^{N} y_i}{N} \right) \tag{2.131}$$

式中，N 是未知节点附近信标节点的个数，N 越大，计算出的未知节点坐标误差越小[42]。

质心定位算法虽然简单，但是传感器节点受到能量等问题的制约，N 取值往往比较小，因此产生的定位误差较大，在很多场合不能满足实际应用的要求。为了提高定位精度，使用加权质心定位算法。用权值来修正节点之间的距离，计算方法如式（2.132）所示。加权定位算法的定位精度在于权值的选择，未知节点和信标节点的权值的准确性将影响系统的定位精度。

$$(x_{set}, y_{est}) = \left(\frac{\sum_{i=0}^{N} x_i w_i}{\sum_{i=0}^{N} w_i}, \frac{\sum_{i=0}^{N} y_i w_i}{\sum_{i=0}^{N} w_i} \right) \tag{2.132}$$

改进加权质心定位算法研究比较多，其核心是利用未知节点和信标节点的距离修正权值。

质心定位算法的缺点是：信标节点分布情况和分布的密度决定质心算法的精度。为了达到一定的定位精度，可以通过增加信标节点的数量，但是这样会造成更多的传感器节点之间的通信，将大大增加传感器的能耗。如果传感器节点周围的信标节点分布均匀，那么定位精度会比较高；相反，若传感器节点周围的信标节点分布不均匀，则定位精度较低。信标节点和未知节点的不同分布情况如图 2.18 所示。

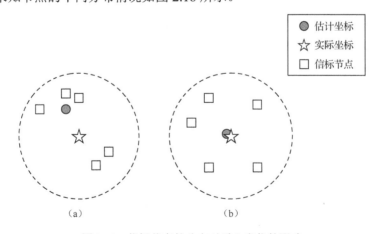

图 2.18 信标节点的分布对质心定位的影响

图 2.18 中，中心的五角星表示需要定位的未知节点，虚线圆表示传感器未知节点有效的通信半径，正方形表示用于定位的信标节点，圆圈表示由信标节点根据质心算法计算出的坐标位置。图 2.18（b）中，由于未知节点周围的信标节点分布均匀，定位比图 2.18（a）准确，所以质心定位算法的缺陷是信标节点的分布和数量将影响算法定位的精度。

2.4.3 APIT 算法

近似三角形内点测试法（APIT）[43]本质上来看对质心算法的一种改进，该算法的关键是需要测试未知节点是否包含于三角形。

APIT 算法的内核是 PIT 测试法，其实就是内点测试最佳三角形。PIT 测试原理是：在未知节点能构成一个三角形的前提下，提前设定一个方向，这个方向是任意的，但是未知节点的移动方向如果向提前设定的方向移动，在这个过程中，如果以相同的方向远离或接近目标节点，确定是同一时间同时移动，那么可以判定这个节点在这个三角形的外部，反之亦然。原理如图 2.19 所示。

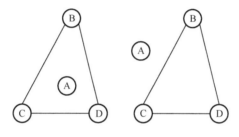

图 2.19　APIT 定位算法

APIT 算法应用不广泛，现实中很少见，主要是该算法的计算复杂度很高，若信标节点数目为 n，则共有 C_n^3 种三角形组合方式，而且最复杂也难以解决的是目前没有什么有效的方法可以确定测试是否包含于某三角形中。

2.4.4 凸规划算法

加州大学伯克利分校的 Doherty 等人将节点间点到点的通信连接视为节点位置的几何约束，把整个网络模型化为一个凸集，从而将节点定位问题转化为凸约束优化问题，然后使用半定规划和线性规划方法得到一个全局优化的解决方案，确定节点位置。同时也给出了一种计算未知节点有可能存在的矩形区域的方法。如图 2.20 所示，根据未知节点与锚节点之间的通信连接和节点无线射程，计算出未知节点可能存在的区域（图中阴影部分），并得到相应矩形区域，

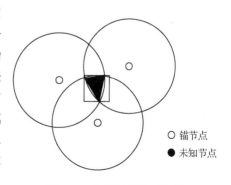

○ 锚节点
● 未知节点

图 2.20　凸规划算法示意图

然后以矩形的质心作为未知节点的位置。

凸规划是一种集中式定位算法，在锚节点比例为 10% 的条件下，定位精度大约为 100%。为了高效工作，锚节点必须部署在网络边缘，否则节点的位置估算会向网络中心偏移。

2.4.5 APS 定位算法

美国 Rutgers University 的 Dragos Niculescu 等人利用距离矢量路由（Distance Vector Outing，DVO）和 GPS 定位的原理，提出了六种分布式定位算法，合称为 APS[47,48]（Ad hoc Positioning System）定位算法，包括 DV-Hop、DV-Distance、Euclidean、DV-coordinate、DV-Bearing 和 DV-Radial，以及 MDS-MAP，下面分别对其进行分析。

1. DV-Hop 算法

DV-Hop 算法的定位机制类似于网络的距离矢量路由机制，由三个阶段组成。首先，使用典型的距离矢量交换协议，使网络中的未知节点获得与锚节点的跳数；然后，在获得其他锚节点位置和相隔跳数之后，锚节点计算网络平均每跳的距离；最后将其作为一个校正值（即平均每跳距离）广播到整个网络中。为了确定绝大多数节点从最近的锚节点接收校正值，校正值采用可控洪泛法在网络中传播。当未知节点接收到校正值后，节点根据跳数计算与锚节点间的距离。当未知节点获得 3 个或更多锚节点的距离后，便可通过三边定位算法或最大似然估计算法进行自身定位。

如图 2.21 所示，P_1、P_2、P_3 为锚节点，其他为未知节点。锚节点 P_2 获知了与其余两个锚节点 P_1、P_2 之间的距离和跳数，计算得到校正值为 $(40+75)/(2+5)=16.42$。假设未知节点 A 首先从 P_2 处获得了校正值，则它与 P_1、P_2、P_3 三个锚节点之间的距离分别为 $3×16.42$、$2×16.42$、$3×16.42$，然后使用三边测量法等可确定未知节点 A 的位置。

DV-Hop 算法获取距离估计值的定位方案在网络平均连通度为 10、锚节点比例为 10% 的各向同性网络中的定位精度约为 33%。该算法的缺点是，只有在各向同性的密集网络中，利用校正值才能比较合理地估算出平均每跳的距离。

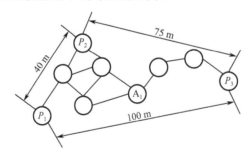

图 2.21 DV-Hop 定位算法

2. DV-Distance 算法

DV-Distance 算法类似于 DV-Hop 算法，所不同的是相邻节点之间使用 RSSI 法测量节点之间的距离，然后使用类似于距离矢量路由的方法传播与锚节点之间的累计距离。当未知节点获得与 3 个或更多锚节点的距离后，可使用三边定位算法进行定位。DV-Distance 算法也仅适用于各向同性的密集网络。实验结果显示，在网络平均连通度为 9、锚节点比例为 10%、测距误差小于 10% 时，该算法的定位精度为 20%；但随着测距误差的增大，定位误差也急剧增大。

3. Euclidean 定位算法

Euclidean 算法给出了计算未知节点与相隔两跳跳距的锚节点之间的距离的方法。如图 2.22 所示，假设节点拥有 RSSI 测距能力，A、B、C 为相邻的未知节点，B、C 在锚节点 D 的通信范围内，A 不在锚节点 D 的通信范围内，B 与 C 间距离已知或可通过 RSSI 测量获得。对于四边形 $ABCD$，所有连线和对角线 BC 的长度已知，根据三角形的性质可计算出 AD 的长度，当未知节点获得与 3 个或更多个锚节点之间的距离后，可使用三边定位算法进行自身定位。

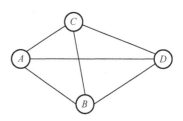

图 2.22　Euclidean 定位算法

4. DV-Coordinate 算法

在 DV-Coordinate 算法中，每个节点首先利用 Euclidean 算法计算两跳跳距以内的邻居节点的距离，建立以自身位置为原点的局部坐标系统。然后，相邻节点交换信息，假如一个节点从邻居节点外接收到锚节点的信息，并将其转化为自身坐标系统中的坐标后，可使用以下两种方法进行自身定位。

（1）在自身坐标系统中计算出距离，并使用这些距离进行三边定位。

（2）将自身坐标系统转换为全局坐标系统。

实验结果显示，这两种方法具有相同的性能。

Euclidean 和 DV-Coordinate 定位算法虽然不受网络各向异性的影响，但受测距精度、锚节点密度、网络密度的影响。实验结果显示，在网络平均连通度为 9、锚节点比例为 20%、测距误差小于 10% 时，定位误差分别为 20% 和 80%。

5. DV-Bearing 定位算法和 DV-Radial 定位算法

DV-Bearing 定位算法和 DV-Radial 定位算法都以逐跳（Hop by Hop）方式，跨越两跳甚至三跳来计算与锚节点之间的相对角度。当未知节点获得与 3 个或更多个锚节点之间的相对角度后，可使用三角定位算法来实现定位。两者的区别在于：DV-Radial 定位算法中所有节点都安装有指南针，从而可以获取绝对角度信息，并达到减少通信量和提高定位精度的目的。实验结果显示，在网络平均连通度为 10.5、锚节点比例为 20%、AOA 测量误差小于 5° 时，90% 以上的节点可以实现 DV-Bearing 定位和 DV-Radial 定位，定位精度分别为 40% 和 25%。

6．MDS-MAP 算法

MDS-MAP定位算法是美国密苏里大学哥伦比亚分校的 Yi Shang 等人提出的一种集中式定位算法，不仅可分别实现 Range-free 和 Range-based 两种情况下的定位，而且根据需要，可以实现相对定位和绝对定位。在实现 Range-free 的定位时，只依靠节点之间的连通度信息建立相对坐标系统。MDS-MAP 基于多维定标（Multidimensional Scaling）技术，通过分析一组对象的相互关系，能找到这组对象的几何结构，并用几何空间中的点来表示这组对象。因此，MDS 被用来解决 WSN 的节点定位问题，在获得节点间的距离或跳数信息后，利用 MDS 找到一个几何结构，此几何结构中的每个坐标点对应于一个节点。

MDS-MAP 定位算法将多维定标分析方法应用到节点定位中，由下述三个步骤组成：

（1）首先从全局角度生成网络拓扑连通图，并为图中每条边赋予权值。当节点具有测距能力（即 Range-based 定位）时，该权值为测距值；当仅使用连通性信息（即 Range-free 定位）时，所有边赋值为 1；然后使用最短路径算法，如 Dijkstra 或 Floyd 算法，生成节点距离矩阵。

（2）对节点距离矩阵应用 MDS 技术，将其中具有最大特征值对应的两个或三个特征向量保留下来，生成整个网络的二维或三维相对坐标系统。

（3）在拥有足够的已知绝对位置信息的锚节点的条件下，通过锚节点（二维最少 3 个，三维最少 4 个）绝对坐标，将相对坐标系统转化为绝对坐标系统。

MDS-MAP 定位算法适用于节点密度较大的区域，能基本实现高精度的节点定位，但该算法涉及很多复杂的矩阵运算。当节点数据较多时，计算复杂度为 $O(n^3)$，计算量非常大。在区域内节点密度较小、连通度不够的情况下，MDS-MAP 定位算法的定位误差急剧增大，显著削弱了其应用性。

2.4.6　位置指纹算法

基于位置指纹的室内定位算法原理如图 2.23 所示，分为数据库建立阶段和位置估计阶段。位置指纹算法的主要部分是数据库和定位算法，数据库的建立利用已有的 Wi-Fi 基础设施检测 Wi-Fi 信号强度，选取合适的定位区域，在定位区域中，选取多个采样点，每个采样点的位置已知，在每个采样点可以检测 Wi-Fi 信号，获得其信号强度序列并保存为数据库中的指纹。在 Wi-Fi 环境下，选择信号强度 RSSI 作为定位信息的特征参数，位置指纹库也就是由系列的 RSSI 序列组成的，每一个指纹对应唯一的位置信息。

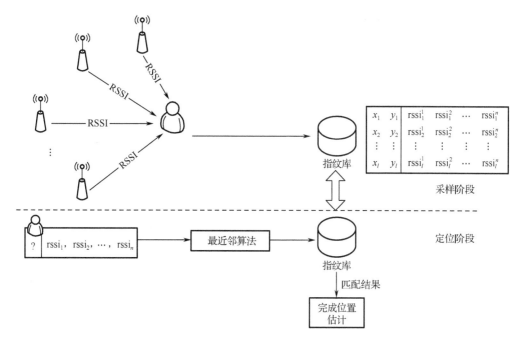

图2.23　位置指纹定位算法原理

1. 位置指纹库

在选定的定位区域中，假设有 l 个采样点，可以获得 n 个 AP 的 RSSI，那么在每一个采样点可以采集到的 n 个 RSSI 值作为一个指纹，遍历所有采样点便可得到1个指纹，保存入库，如式（2.133）所示。

$$FP = \begin{bmatrix} rssi_1^1 & rssi_1^2 & ... & rssi_1^n \\ rssi_2^1 & rssi_2^2 & ... & rssi_2^n \\ \vdots & \vdots & \vdots & \vdots \\ rssi_i^1 & rssi_l^2 & ... & rssi_l^n \end{bmatrix} \quad (2.133)$$

式中，$rssi_i^j$ 表示在第 i 个采样点测得第 j 个 AP 的 RSSI 值，即

$$FP_i = (rssi_i^1 \quad rssi_i^2 \quad \cdots \quad rssi_i^n)$$

是指纹库的一个指纹。每一个指纹对应唯一的位置，位置用二元坐标 (x, y) 表示，那么每个指纹对应的位置信息如式（2.134）所示。

$$Loc = \begin{bmatrix} x_1 & y_1 \\ x_2 & y_2 \\ ... & ... \\ x_l & y_l \end{bmatrix} \quad (2.134)$$

那么，位置指纹库数据库（Location Fingerprint Database）LFDB=[L_{oc} FP]。

2. 位置指纹算法的位置估计算法

根据位置指纹表示方式的不同，位置指纹算法可以分为确定性定位算法和基于概率的定位算法。确定性的定位算法通常采用最近邻算法（Nearest Neighbor in Signal Space，NNSS）或者 K 近邻算法（K-Nearest Neighbor in Signal Space，KNNSS）等；基于概率的定位算法通常采用贝叶斯理论的推理技术进行估计位置信息。位置指纹的定位算法的具体分类如图 2.24 所示。

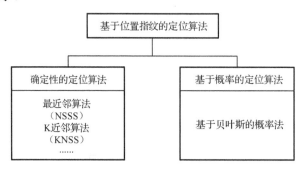

图 2.24　基于位置指纹的定位算法分类

（1）最近邻算法。在定位阶段，定位算法的选取至关重要。在位置指纹算法中，通常采用最近邻算法[45]当待测目标进入定位区域，便可以获得一个指纹 l_f=(rssi$_1$, rssi$_2$, $\cdots$, rssi$_n$)，将这个实测指纹与指纹库中的指纹数据进行匹配，相似度最大的那个指纹对应的位置信息便可以作为待测目标的位置估计信息。

$$d(l_f, \mathrm{FP}_i) = \sqrt{\sum_{j=1}^{n} (\mathrm{rssi}_j - \mathrm{rssi}_i^j)^2} \tag{2.135}$$

则待测目标的估计信息就是 $\min(d(l_f, \mathrm{FP}_i))$ 对应的位置信息，其中 i=1，2，$\cdots$，l。

最近邻算法优势在于部署简单，容易实现，缺点在于选择最近邻居参考点比较单一，容易产生定位误差。

（2）基于概率的位置估计算法。基于概率的定位算法[44]使用条件概率对指纹进行训练，建立基于概率的指纹库，在定位阶段采用贝叶斯的推理技术进行位置估计。在这个过程中，前提条件是用户位置的概率分布与每个位置上的 RSSI 概率分布是已知的。

在初始条件下，每一个位置 l 都有一个先验概率 $p(l)$，通常在没有更多的约束条件下，位置集合 L_{oc} 中的位置具有相同的先验概率。于是基于概率的定位算法就可以采用贝叶斯准则获取位置的后验概率，即在已知指纹 l_f 的情况下，位置 l 的条件概率为

$$P(l \mid l_f) = \frac{P(l_f \mid l)P(l)}{P(l_f)} = \frac{P(l_f \mid l)P(l)}{\sum_{l_k \in L_{oc}} P(l_f \mid l_k)P(l_k)} \tag{2.136}$$

概率估计方法对位置的估计就是通过位置信息的后验概率估计，后验概率最大的位置

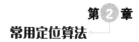

信息就是所估计的位置，即估计位置：

$$L = \arg\max_{l_k \in L_{oc}} P(l_k \mid l_f) = \arg\max_{l_k \in L_{oc}} P(l_f \mid l_k) P(l_k) \qquad (2.137)$$

式中，$\arg\max_{l_k \in L_{oc}} P(l_k \mid l_f)$ 表示 $l_k \in L_{oc}$ 并且使得 $P(l_k \mid l_f)$ 最大的 l_k 的值。

由于基于概率的位置估计算法增加了概率分布的统计信息而具有较高的性能，但是要建立一个高精度的条件概率分布，概率方法需要一个巨大的 RSSI 观测值作为指纹进行训练。指纹库的指纹数量大虽然能提高定位精度，但是实现起来相对困难。

2.5 本章小结

本章所提到的算法基本是按照基于测距的定位算法和非测距的定位算法划分的，前者需要测量邻近节点之间的距离或方位，利用节点之间的测量距离来计算未知节点的位置；后者无须测量节点之间的距离或方位，只利用节点之间的连通性、多跳路由、信号强度等信息来估计节点的位置。

通常，基于测距的定位算法能够获得比较高的定位精度，但对硬件成本和能耗有一定的要求。定位算法中常用的测距技术（RSSI、TOA、TDOA 等），其中 RSSI 虽然符合低功率、低成本的要求，但通常测距误差也较大；TOA、TDOA 等技术都对硬件有一定要求，将增加传感器节点的成本，且 TOA 和 TDOA 需要节点间精确的时间同步，无法用于松散耦合定位系统[65]。非测距定位算法所需能耗较少，对硬件要求也比较低，节点无须装配测距或测角设备，但相对基于测距的定位算法而言定位精度稍差。对于大多数如路由和目标追踪等对定位精度要求不高的应用，非测距的定位算法具有明显的成本优势。如何设计高精度的非测距定位算法是目前的一个研究热点，当前典型的非测距的定位算法包括质心算法（Centroid Algorithm）、DV-Hop（Distance Vector Hop）算法[50]和 MDS-MAP 算法等[51,52]。

参考文献

[1] Want R, Hopper A, Falcao V, et al. The active badge location system[J]. ACM Transactions on Information System (TOIS), 1992, 10(1): 91-102.

[2] Barshan B, Kuc R, A bat-like sonar system for obstacle localization[J]. IEEE Transactions on Systems, Man and Cybernetics, 1992, 22(4): 636-646.

[3] Priyantha N B, Chakraborty A, Balakrishnan H. The cricket location-support system[C]// Proc of the 6th Annual International Conference on Mobile Computing and Networking, New York, NY: ACM, 2000: 32-43.

[4] Orr R J, Abowd G D. The smart floor: a mechanism for natural user identification and tracking[C]// Proc of the Conference on Human Factors in Computing System, Hague, Netherlands: ACM, 2000: 275-276.

[5] Krumm J, Harris S, Meyers B, et al. Multi-camera multi-person tracking for easyliving[C]// Proc of the 3rd IEEE International Workshop on Visual Surveillance, Dublin, Ireland: IEEE, 2000: 3-10.

[6] Bahl P, Padmanabhan V N. RADAR: An in-building RF-based user location and tracking system[C]// INFOCOM 2000. Proc of the 19th Annual Joint Conference of the IEEE Computer and Communications Societies, Tel, Aviv: IEEE, 2000, 2: 775-784.

[7] Gwon Y, Jain R, Kawahara T. Robust indoor location estimation of stationary and mobile users[C]// INFOCOM 2004. Proc of the 23th Annual Joint Conference of the IEEE Computer and Communications Societies, Los Alamitos, CA: IEEE, 2004, 2: 1032-1043.

[8] Hightower J, Want R, Borriello G. SpotON: an indoor 3D location sensing technology based on RF signal strength[R]. Seattle, WA: University of Washington, Department of Computer Science and Engineering, 2000, 1.

[9] Emilsson E, Rydell J. CHAMELEON on fire - thermal infrared indoor positioning[C]// Proc of the Position, Location and Navigation Symposium, Monterey, CA: IEEE, 2014: 637-644.

[10] Hawkinson W, Samanant P, McCroskey R, et al. GLANSER: geospatial location, accountability, and navigation system for emergency responders - system concept and performance assessment[C]// Proc of the Position, Location and Navigation Symposium, Myrtle Beach, SC: IEEE, 2012: 98-105.

[11] Cavanaugh A, Lowe M, Cyganski D, et al. WPI precision personnel locator: inverse synthetic array reconciliation tomography performance[C]// Proc of the Position, Location and Navigation Symposium, Myrtle Beach, SC: IEEE, 2012: 1189-1194.

[12] Shen G, Chen Z, Zhang P, et al. Walkie-markie: indoor pathway mapping made easy[C]// Proc of the 10th USENIX conference on Networked Systems Design and Implementation, Berkeley, CA: USENIX Association, 2013: 85-98.

[13] Caffery J J. Wireless Location in CDMA Cellular Radio Systems[M]. Kluwer Academic Pubishers, 2000.

[14] Caffery J J, Stuber G L. Overview of Radio Location in CDMA cellular Systems[J]. IEEE Communication Magazine, 2002, 36(4): 38-45.

[15]   Chen P C. Location estimation in CDMA systems: Enhanced measurement on pilot channels[C]// 1999 IEEE International Conference on Communications, Vancouver, Canada: IEEE, 1999, 3: 1784-1788.

[16] Rappaport T S, Reed J H, Woerner B D. Position location using wireless communications on highways of the future[J]. IEEE communications Magazine, 1996, 34(10): 33-41.

[17] Reed J H, Krizman K J, Woerner B D, et al. An overview of the challenges and progress in meeting the E-911 requirement for location service[J]. IEEE Communications Magazine, 1998, 36(4): 30-37.

[18] Saamisaari H. TLS-ESPRIT in a time delay estimation[C]// Proc of 47th IEEE Vehicular Technology Conference(VTC), Phoenix, Arizona: IEEE, 1997, 3: 1619-1623.

[19] Patwari N, Hero A O, Perkins M. Relative location estimation in wireless sensor networks[J]. IEEE Transactions on Signal Processing, 2003, 51(8): 2137-2148.

[20] Larsson E G. Cramer-Rao bound analysis of distributed positioning in sensor networks[J]. IEEE Signal Processing Letters, 2004, 11(3): 334-337.

[21] Miao H, Yu K, Juntti M. Positioning for NLOS propagation: algorithm derivation and Cramer-Rao bounds[J]. IEEE Transactions on Vehicular Technology, 2007, 56(5): 2568-2580.

[22] 凡高娟. 基于 RSSI 的无线传感器网络环境参数分析与修正方案[J]. 南京邮电大学学报（自然科学版）, 2009, 29(6): 54-57.

[23] Caffery J J. A new approach to the geometry of TOA location[C]// Vehicular Technology Conference, 2000. Boston, MA: IEEE, 2000, 4: 1943-1949.

[24] 范平志，邓平，刘林，等. 蜂窝网无线定位[M]. 电子工业出版社，2002.

[25] Chan Y T, Hang H Y C, Ching P. Exact and approximate maximum likelihood localization algorithms[J]. IEEE Transactions on Vehicular Technology, 2006, 55(1): 10-16.

[26] Foy W H. Position-location solutions by Taylor-series estimation[J]. IEEE Transactions on Aerospace and Electronic Systems, 1976(2): 187-194.

[27] 熊瑾煜，王巍，朱中梁. 基于最小二乘和泰勒级数展开的蜂窝定位新算法[J]. 移动通信, 2003, 27(11B): 101-104.

[28] Fang B T. Simple solutions for hyperbolic and related position fixes[J]. IEEE transactions on aerospace and electronic systems, 1990, 26(5): 748-753.

[29] Chan Y T, Ho K C. A simple and efficient estimator for hyperbolic location[J]. IEEE Transactions on signal processing, 1994, 42(8): 1905-1915.

[30] 邓平，范平志. 蜂窝系统无线定位原理及应用[J]. 移动通信, 2000, 24(5): 19-22.

[31] Delosme J M, Morf M, Friedlander B. A Linear Equation Approach to Locating Sources from Time-difference-of-arrival Measurements[C]// Proc of IEEE International Conference on Acoustis, Speech and Signal Processing, Denver, Colorado, 1980: 818-824.

[32] Friedlander B. A passive localization algorithm and its accuracy analysis[J]. IEEE Journal of Oceanic engineering, 1987, 12(1): 234-245.

[33] Foy W H. Position-location solutions by Taylor-series estimation[J]. IEEE Transactions on Aerospace and Electronic Systems, 1976 (2): 187-194.

[34] McGuire M, Plataniotis K N, Venetsanopoulos A N. Location of mobile terminals using time measurements and survey points[C]// 2001 IEEE Pacific Rim Conference on Communications, Computers and signal Processing, Victoria, Canada: IEEE, 2001, 2: 635-638.

[35] Stantchev B, Fettweis G. Burst synchronization for OFDM-based cellular systems with separate signaling channel[C]// 48th IEEE Vehicular Technology Conference, Ottawa, Canada: IEEE, 1998, 2: 758-762.

[36] Cox D C, Murray R R, Norris A W. 800-MHz attenuation measured in and around suburban houses[J]. AT&T Bell Laboratories technical journal, 1984, 63(6): 921-954.

[37] Bernhardt R C. Macroscopic Diversity in Frequency Reuse Radio Systems[J]. IEEE Journal on Selected Areas in Communications, 1987, 5(5):862-870.

[38] 任福君，张秀华，姜永成，等． 改进 UKF 算法在移动机器人定位系统中的应用[J]．哈尔滨工程大学学报，2012, 33(10): 1289-1294．

[39] Sayrafian-Pour K, Kaspar D. Indoor positioning using spatial power spectrum[C]// IEEE 16th International Symposium on Personal, Indoor and Mobile Radio Communications, Berlin, Germany: IEEE, 2005, 4: 2722-2726.

[40] Chen J C, Hudson R E, Yao K. Maximum-likehood source localization algorithm for wireless sensor network[C]// International Conference on Communications and Mobile Computing(CMC), Kunming, China, 2009, 2: 142-146．

[41] Bulusu N, Heidemann J, Estrin D. GPS-less low-cost outdoor localization for very small devices[J]. IEEE personal communications, 2000, 7(5): 28-34.

[42] 何艳丽. 无线传感器网络质心定位算法研究[J]. 计算机仿真, 2011(5): 163-166．

[43] He T, Huang C, Blum B M, et al. Range-free localization schemes for large scale sensor networks[C]// Proceedings of the 9th annual international conference on Mobile computing and networking, San Diego, CA: ACM, 2003: 81-95．

[44] 梁久祯. 无线定位系统[M]. 电子工业出版社, 2013．

[45] 周武，赵春霞，张浩锋. 动态联合最近邻算法[J]. 电子学报，2012，38(2): 359-365.

[46] Falsi C, Dardari D, Mucchi L, et al. Time of Arrival Estimation for UWB Localizers inRealistic Environments[J]. EURASIP Journal on Applied Signal Processing, 2006(1): 1-13.

[47] Niculescu D, Nath B. DV Based Positioning in Ad Hoc Networks[J]. Telecommunication Systems, 2003, 22(1-4): 267-280.

[48] Shang Y, Ruml W, Zhang Y, et al. Localization from Mere Connectivity[C]// Proceedings of the 4th ACM International Symposium on Mobile ad hoc Networking and Computing, Annapolis, MD: ACM, 2003:201-212.

[49] Shang Y, Ruml W. Improved MDS-based Localization[C]// Proceedings of Twenty-third Annual Joint Conference of the IEEE Computer and Communications Societies, Hong Kong, China: IEEE, 2004, 4: 2640-2651.

第
2
章

第3章

室外定位技术

3.1 定位场景

早在 15 世纪，人类开始探索海洋的时候，定位技术也随之催生，主要的定位方法是运用当时的航海图和星象图，确定自己的位置。

随着社会和科技的不断发展，对导航定位的需求已不仅仅局限于传统的航海、航空、航天和测绘领域。GPS 作为常见的导航定位系统已经逐渐进入社会的各个角落，尤其在军事领域，对导航定位提出了更高的要求。导航定位的方法从早期的陆基无线电导航系统到现在常用的卫星导航系统，经历了 80 多年的发展，从少数的几种精度差、设备较庞大的陆基系统到现在多种导航定位手段共存，设备日趋小型化的发展阶段，在技术手段、导航定位精度、可用性等方面均取得质的飞跃。

正是由于全球卫星定位系统具有全天候、高精度、自动化、高效益等显著特点，赢得广大测绘工作者的信赖，并成功地应用于大地测量、工程测量、航空摄影测量、运载工具导航和管制、地壳运动监测、工程建设、市政规划、海洋开发、资源勘察、地球动力学等多种学科。目前，导航定位技术已经渗透到国民经济建设、国防建设、科学研究和人民生活等方方面面[1-3]。

1. 国家大型测绘项目领域

我国先后于 1992 年、1996 年建立了由 28 个点组成的国家 A 级卫星定位控制网和由 730 个点组成的国家 B 级卫星定位控制网，首次整合和统一平差后形成了 2000 个国家卫星定位大地控制网，并于 2004 年完成与天文大地网的平差，成为我国现代测绘的基本框架。图 3.1 即为卫星在国家某大型测绘项目领域的应用。

进入 21 世纪，GPS 定位技术已完全取代了用测角、测距手段建立大地控制网的常规大地测量方法。我们一般将应用 GPS 卫星定位技术建立的控制网称为 GPS 网。与此同时，建成了连续运行的卫星定位观测站 30 多个，其中 7 个纳入国际 GIS（地理信息系统）网站，国家 A 级和 B 级 GPS 大地控制网的建成，标志着我国具有分米级绝对精度的三维大地控制坐标系统已基本建立，它将成为我国空间技术和空间基础数据、动态实时定位等技术提供一个精确可靠的参考系。此外，我国 A 级和 B 级 GPS 大地控制网中大部分点位，均用水准进行了联测，以确定它们的正常高。同时不少网点也和原有的用经典方法测定的大地点和沿海的验潮站等进行了联测。所有这些将为我国地壳运动监测，中国局部大地水准面的求定，新老大地网的拼接和转换，以及全球变化中海平面上升的监测提供基础数据，为 21 世纪前期的中国经济和社会持续发展做出贡献，从根本上解决我国使用参考框架的问题。

图 3.1　国家某大型测绘项目

2. 资源探测领域

在地质调查和找矿工作中，导航定位技术的应用提高了野外地质调查和找矿工作的定位精度和自动化程度。它与地理信息系统（Geographical Information System，GIS）、遥感（Remote Sense，RS）及计算机等技术相结合，为基础地质研究、地质找矿提供了地球化学依据。差分卫星导航定位技术已被用于海洋物探定位和海洋石油钻井平台定位，为发现海底储油构造和实施监测平台的安全可靠性发挥关键性作用。在土地资源调查中，有关部门成功研制了被称为"调查之星"的土地资源信息采集与处理技术系统，土地资源调查工作实现了质的飞跃。图 3.2 为卫星在资源探测领域的应用。

矿产资源勘查、矿区范围的划定、矿体规模的测定等都需要进行定点测量。以往的地质测量工作主利用传统手段如经纬仪、全站仪等测量仪器进行人工测量，然后在室内整理计算得到最终结果。这样做不但工作量大，浪费大量的人力、物力，且测量结果精度还较低，时间周期也长，不能及时反映矿产资源的实际现状。黑龙江省国土资源厅在哈尔滨市、大庆市、佳木斯市进行了试验性工作，建立和使用 GPS2000 系统，开展各市的矿产资源勘察动态管理工作，减少矿区范围界限定位误差，提高对地矿资源的有效管理，取得了较好的成果。

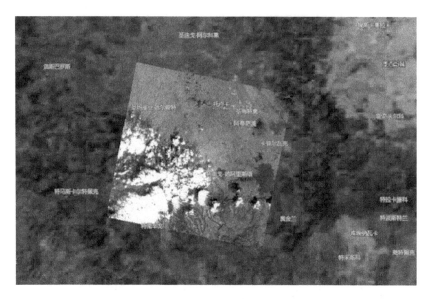

图 3.2　资源探测

3．大坝、桥梁、高层建筑等变形监测领域

在三峡工程等大坝变形检测中，卫星导航定位监测精度达到了毫米级。在滑坡检测时，卫星导航定位测量与常规的外观测量相比，在精度、监测速度、时效性、效益等方面都有明显的优势。滑坡变形监测方法很多，但大体上可分为两种类型：一种是采用特殊变形观测专用仪器，如应变仪，倾斜仪，流体静力水准仪等，直接测定斜坡的地应力变化、斜坡倾斜以及垂直位移；另一种就是采用精密大地测量方法测定坡体的水平与垂直位移，应用GPS定位技术检测滑坡变形，属于精密大地测量方法。与常规大地测量方法相比，GPS定位技术用于监测滑坡体水平和垂直位移不仅可以达到和常规大地测量相媲美的精度，还有更利于直接分析滑坡体的位移情况，更准确地分析滑坡体的空间唯一规律，更节省人力、物力，又可保证观测精度的均匀可靠。图 3.3 为卫星在桥梁变形监测领域的应用。

图 3.3　桥梁变形监测

在监测和控制地面沉降方面，GPS 也得到了广泛应用，上海市在世界上率先建立了包括卫星定位系统在内的健全的地面沉降监测网络，监测和控制地面沉降工作取得了举世瞩目的成绩。上海 GPS 地面沉降监测网分多级布设，GPS 固定站由白鹤、外高桥、地质大厦与崇明岛四点组成，基准网由 34 个网点组成，平均边长 24 km，作为监测上海市地面沉降的基本框架。监测网附和在基准网上，布点密度根据对外环线内、外的不同分辨率要求，适当进行加密。网中国家 GPS A 级网点（上海跟踪站）、小闸基岩标、白鹤与外高桥，可构成监测网的参考基准。

4. 路线勘测方面

线路勘测是铁路、交通、输电、通信等工程建设中重要的工作。以往大多采用传统的控制测量、工程测量方法进行控制网建立及施测，由于该类测量控制网大多以狭长形式布设，并且周围已知控制点很少，使得传统测量方法在网形布设、误差控制等多方面带来很大问题。同时传统方法作业时间也比较长，直接影响了工程建设的正常进展。目前，GPS 技术已广泛应用于线路控制测量和路线放样，它具有常规测量技术不可比拟的技术优势，如速度快、精度高、不必要求点间通视。在线路初测时一般应采用静态 GPS 定位技术建立首级控制，建立实时动态定位（Real Time Kinematic，RTK）作业的基准站网络，然后进行道路定测。

目前的 RTK 技术产品一般都具有坐标放样、直线及圆曲线测设等功能，因此能够进行定线工作。首先应在室内根据设计数据计算出各待定点的坐标，包括整桩、曲线主点、桥位等加桩，然后将这些数据送到手持机中，有了坐标以后在实测前还应进行坐标转换参数的计算，以便把 GPS 测量结果转换到工程采用的坐标系统，有了转换参数便可在野外进行测设工作。图 3.4 为卫星在路线勘测领域的应用。

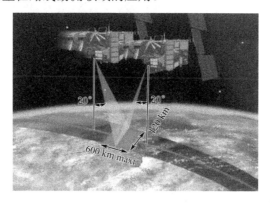

图 3.4　路线勘测

5. 交通运输方面

卫星导航定位等相关集成技术已能够营建智能交通系统和监控系统并得到广泛应用。卫星导航定位技术已普遍应用于公安、银行、医疗、消防等部门的紧急救援或报警，部分用于汽车、船舶的导航、监控，广泛应用于物流配送中心，并在车载导航方面取得重大发展。在不同的航路段和不同的应用场合，对导航系统的精度、完备性、可用性、服务连续性的要求不尽相同，但都要求保证飞机飞行安全和有效利用空域。目前我国自己制造的远洋船舶不断增加，世界各国的船舶也大量驶入，因此，这些船舶进出港口的导航安全就十分重要，特别是在航道狭窄和能见度很低的气象条件下，更显得重要。在当今港口建设中，建立差分 GPS 导航和引航系统是十分重要的。

在 20 世纪 90 年代兴起的智能运输系统，正日益受到人们的关注，并已逐步应用到交通、测绘、导航、公安等众多领域。美国 RockWell 公司正将 GPS 技术应用到交通电子产品中。该公司还利用 GPS 开发了 PLO200SL 车载通信系统、FLEETMASTER 自动车辆定位系统（AVLS）。采用 FLEETMASTER 自动车辆定位系统装备的车辆能获得道路信息、路况信息与实时交通控制。北美、日本和欧洲是智能交通管理发展较早、较快的地区，开发了相应的汽车自动定位导航系统，如自动系统、顾问导航系统、库存系统、车队管理系统、便携式系统。图 3.5 为卫星在交通运输领域的应用。

图 3.5　交通运输

6. 电信、网络、摄影测量与遥感技术方面

与移动通信、电脑、卫星导航技术结合的各类移动信息终端日益普及，为位置信息相关服务（LBS）方面的应用提供了巨大的发展平台，其中的应用产品把导航从车载向个人终端迈进。

摄影测量与遥感中的定位问题，通常可采取两种不同的途径实现。一种是通过各种直接测量的方法求定摄影机和传感器的空间位置和姿态，并由此测量出相片上任意一点的坐标；另一种是借助若干已知空间坐标的地面控制点在相片上的影像，先求出相片的外方位元素，进而确定相片上任意目标的空间位置。GPS 快速、高精度、易操作等优点，使其在摄影测量与遥感领域中有广泛的应用前景。就目前看来，GPS 在摄影测量与遥感领域中主要用于测定航片和卫片上的地面控制点、航摄飞机的实时导航、进行由 GPS 辅助的空中三角测量、直接测定摄影机和传感器的空间位置和动态方面。图 3.6 为卫星在遥感技术领域的应用。

图 3.6　卫星遥感技术

7. 导航定位在管线检测维护上的应用

目前管线检测应用的软件有 Hypack Max 6.2。Hypack 是美国 Hypack Inc 公司出品的测量疏浚软件，是目前世界上应用最广泛的专业测量疏浚软件。硬件是：NR103、THALES 3011 及 MX575 差分 GPS，NR103 DGPS 或 NR108 DGPS 系统是由法国 SERCEL 公司生产的，在差分状态下定位精度优于 2 m，THALES 3011 及 MX575 DGPS 系统是由美国泰雷兹公司生产的，在差分状态下定位精度优于 2 m。以上差分 GPS 系统的差分信号是接收来自南汇导航台或信标站（如大矾山）提供的信号。

8. 城市综合服务及农业领域方面

北京、上海、深圳、成都、昆明、天津等城市的卫星定位服务系统和香港特别行政区卫星定位参考网已先后建成，可分别满足城市规划、城市建设、城市管理、灾害监测、科学研究等多方面的需求。电力、有线电视、城市地下管道已采用卫星导航技术布设线路。

随着 GPS 技术的出现，GPS 技术在土地资源调查中也获得了广泛的应用。如目前根据土地资源调查的目的与精度要求，经常将 RTK 测量技术应用于土地资源调查。此时只要在基准站上安置一台 GPS 接收机，流动站仅需一人背着仪器在待测的碎步点上停留 1～2 s 并同时输入特征编码，通过电子手簿、PDA 或便携机记录，在点位精度合乎要求的情况下，则可将某一个区域内的地形地物点位通过专业绘图软件绘制成地图形。在土地资源调查精度要求不太高时，也可采用手持 GPS 接收机直接进行测量。图 3.7 为卫星在农业领域的应用。

图 3.7　农业领域

9. 航海、航空方面

欧洲的 GSNS 导航系统，它与 GPS 配合起来，可以大大提高导航卫星的可用性，使单一的 GPS 市区可用性从 55%提高到 GPS/GSNS 共用时的 95%。GPS 技术建立广域增强系统（WAAS）逐步代替原先的微波着陆/仪表着陆系统。美国的 WAAS 系统在 2003 年下半年运营，地面改正数据可以通过静地卫星转发给飞机。卫星导航接收机广泛地用于海上行驶的各类船只，DGPS 则广泛地用于沿岸与进港，以及内河行驶的船只，精度可达到 2～3 m。在卫星导航接收机与无线通信手段集成后，该系统便成为一个位置报告系统和紧急救援系统。许多渔船将 GPS 与雷达、鱼探器结合在一起，产生明显的经济效益。图 3.8 为卫星在航海航空领域的应用。

图 3.8　航海航空领域

3.2 定位技术

随着对卫星定位和导航技术研究的不断深入，人们对基于位置的服务（Location Based Service，LBS）已不再陌生，其中最为人所熟知的 LBS 就是基于全球定位系统（Global Positioning System，GPS）的定位和导航服务。近十年来，无线通信技术、互联网技术及微电子技术的飞速发展使得智能手机、平板电脑等移动智能终端得到了广泛的普及，基于 LBS 的应用也呈现了多样化发展的趋势。

在室外定位中，根据定位系统所采用的技术不同，主要可以分为三类：卫星定位技术、移动定位技术和混合定位技术。

3.2.1 卫星定位技术

卫星定位在军事领域里使用较多，例如用来给导弹、飞机等导航等，很多国家都花了大量的人力、物力搞自己的卫星定位系统。其中有美国的全球定位系统、前苏联的全球导航卫星系统、欧洲的伽利略卫星定位系统，以及我国的北斗星双星定位和开始筹建的北斗二代等。这么多国家热衷于此，可见卫星定位的重要性。近来，卫星定位技术使用越来越广泛，随着该技术的不断成熟和发展，卫星定位的应用领域已经迅速扩大，下面将对这四种重要的卫星定位系统进行总结。

1. GPS 系统

（1）GPS 定位系统简介。GPS[4-6]是 20 世纪 70 年代由美国陆海空三军联合研制的新一代空间卫星导航定位系统，其主要目的是为陆、海、空三大领域提供实时、全天候和全球性的导航服务，并用于情报收集、核爆监测和应急通信等一些军事目的，是美国全球战略的重要组成之一。

（2）GPS 定位系统组成结构。GPS 系统主要由空间卫星部分、地面控制系统和用户设备三大部分组成[6,7]，系统组成结构图如图 3.9 所示[7,8]。

① 空间卫星部分。GPS 的空间卫星部分是由 21 颗工作卫星组成，它位于距地表 20200 km 的上空，均匀分布在 6 个轨道面上（每个轨道面 4 颗），轨道倾角为 55°。此外，还有 3 颗有源备份卫星在轨运行。卫星的分布使得在全球任何地方、任何时间都可观测到 4 颗以上的卫星，并能在卫星中预存导航的信息。GPS 的卫星因为大气摩擦等问题，随着时间的推移，导航精度会逐渐降低。

② 地面控制系统。地面控制系统由监测站（Monitor Station）、主控制站（Master Monitor Station）、地面天线（Ground Antenna）组成，主控制站位于美国科罗拉多州春田市（Colorado Spring field）。地面控制系统负责收集由卫星传回的信息，并计算卫星星历、相对距离、大气校正等数据。

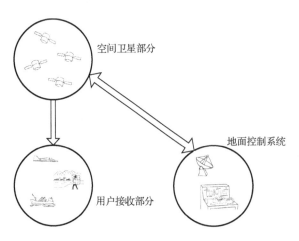

图 3.9　GPS 系统组成结构图

③ 用户设备部分。用户设备部分即 GPS 信号接收机，其功能主要是能够捕获到按一定卫星截止角所选择的待测卫星，并跟踪这些卫星的运行。当接收机捕获到跟踪的卫星信号后，就可测量出接收天线至卫星的伪距离和距离的变化率，解调出卫星轨道参数等数据。根据这些数据，接收机中的微处理计算机就可按定位解算方法进行定位计算，计算出用户所在地理位置的经纬度、高度、速度、时间等信息。

接收机硬件和机内软件，以及 GPS 数据的后处理软件包构成完整的 GPS 用户设备。GPS 接收机的结构分为天线单元和接收单元两部分。接收机一般采用机内和机外两种直流电源，设置机内电源的目的在于更换外电源时可以不中断连续观测。在用机外电源时机内电池自动充电。关机后，机内电池为 RAM 存储器供电，以防数据丢失。目前各种类型的接收机体积越来越小，重量越来越轻，便于野外观测使用。接收器现有单频与双频两种，但由于价格因素，一般使用者所购买的多为单频接收器。

（3）GPS 导航系统基本原理。GPS 导航系统的基本原理[9,10]是测量出已知位置的卫星到用户接收机之间的距离，然后综合多颗卫星的数据就可知道接收机的具体位置。要达到这一目的，卫星的位置可以根据星载时钟所记录的时间在卫星星历中查出。而用户到卫星的距离则通过记录卫星信号传播到用户所经历的时间，再将其乘以光速即可得到。由于大气层电离层的干扰，这一距离并不是用户与卫星之间的真实距离，而是伪距（PR）。当 GPS 卫星正常工作时，会不断地用 1 和 0 二进制码元组成的伪随机码（简称伪码）发射导航电文。GPS 系统使用的伪码一共有两种，分别是民用的 C/A 码和军用的 P（Y）码。C/A 码频率为 1.023 MHz，重复周期为 1 ms，码间距为 1 μs，相当于 300 m；P 码频率为 10.23 MHz，重复周期为 266.4 天，码间距为 0.1 μs，相当于 30 m。而 Y 码是在 P 码的基础上形成的，保密性能更佳。导航电文包括卫星星历、工作状况、时钟改正、电离层时延修正、大气折射修正等信息。它是从卫星信号中解调制出来的，以 50 bps 调制在载频上发射。导航电文每个主帧中包含 5 个子帧，每个子帧长为 6 s。前三子帧各 10 个字码；每 30 s 重复一次，每小时更新一次。后两子帧共 15000 b。导航电文中的内容主要有遥测码、转换码、第 1、2、3 数据块，其中最重要的则为星历数据。当用户接收到导航电文时，提取出卫星时间，将其与自己的时钟做对比便可得知卫星与用户的距离，再利用导航电文中的卫星星历数据即可推算出卫星发射电文时所处位置。

（4）GPS 系统的主要特点。

① 定位精度高。应用实践已经证明，GPS 相对定位精度在 50 km 以内可达 10^{-6}，100～500 km 可达 10^{-7}，1000 km 可达 10^{-9}。在 300～1500 m 工程精密定位中，1 小时以上观测的解其平面其平面位置误差小于 1 mm，与 ME-5000 电磁波测距仪测定的边长比较，其边长校差最大为 0.5 mm，校差中误差为 0.3 mm。

② 观测时间短。随着 GPS 系统的不断完善，软件的不断更新，目前，20 km 以内相对静态定位，仅需 15～20 min；快速静态相对定位测量时，当每个流动站与基准站相距在 15 km 以内时，流动站观测时间只需 1～2 min，然后可随时定位，每站观测只需几秒。

③ 测站间无须通视。GPS 测量不要求测站之间互相通视，只需测站上空开阔即可，因此可节省大量的费用。由于无须点间通视，点位位置可根据需要设置，使选点的工作甚为灵活，也可省去经典大地网中的传算点、过渡点的测量工作。

④ 可提供三维坐标。经典大地测量对平面与高程采用不同方法分别施测，GPS 可同时精确测定测站点的三维坐标。目前 GPS 水准可满足四等水准测量的精度。

⑤ 操作简便。随着 GPS 接收机不断改进，自动化程度越来越高；接收机的体积越来越小，重量越来越轻，极大地减轻测量工作者的工作紧张程度和劳动强度。

⑥ 全天候作业。目前 GPS 观测可在一天 24 小时内的任何时间进行，不受阴天黑夜、起雾刮风、下雨下雪等气候的影响。

⑦ 功能多、应用广。GPS 系统不仅可用于测量、导航，还可用于测速、测时。测速的精度可达 0.1 m/s，测时的精度可达几十毫微秒，其应用领域不断扩大。

（5）GPS 定位服务。联邦无线电导航计划中规定的 GPS 定位服务包括精密定位服务（PPS）和标准定位服务（SPS）。

① PPS。授权的精密定位系统用户需要密码设备和特殊的接收机，包括美国军队、某些政府机构，以及批准的民用用户。PPS 的预测精度水平为 22 m，垂直为 27 m，时间精度为 100 ns。

② SPS。对于普通民用用户，美国政府对于定位精度实施控制，仅提供 SPS 服务。SPS 服务可供全世界用户免费、无限制地使用，现有的多数接收机都能够接收和使用 SPS 信号。美国国防部通过所谓的选择可用性（SA）方法有意将 SPS 的精度降低。SPS 可预测的精度为水平 100 m，垂直 156 m。时间精度为 340 ns。

（6）GPS 应用案例。

① 黑龙江省文物保护部门应用卫星定位技术对三江平原地区古遗址进行全面勘测。黑

龙江省文物保护部门于 2004 年首次应用卫星定位技术对三江平原地区古遗址进行全面勘测，已在集贤县完成了 60 余处古遗址的勘测。据悉，这样大范围地应用高新技术进行古遗址勘测在黑龙江省尚属首次。有关测量成果已被省科技厅列为重点发展项目，并得到省考古界专家的认可和好评。

黑龙江省三江平原地区的汉魏遗址较多，是我国东北地区满族先祖的聚居址。这里的城址、祭坛址、瞭望台址等均保存较好，遗址中的半地穴式房址等遗迹清晰可见。而以往的遗址勘测通常只进行遗址平面图的测绘，测绘误差较大、精度较低，难以准确反映遗址的全貌。

黑龙江省文物保护部门此次利用 GPS 全球卫星定位技术，接收卫星信号，精确定位遗址位置，并用全站仪将遗址地形匹配信息、数据参数输入计算机中，形成遗址群的彩色平面图系。整个测量过程不受气候等因素影响，既节省了人力、物力，又使测量数据更加准确可靠。

黑龙江省文物管理局的人士介绍说，三江平原地区古遗址勘测除包括汉魏遗址勘测外，还将包括渤海、辽金城址勘测及渤海长城、金界壕边堡勘测等多项内容。通过勘测将搞清三江平原地区重要古遗址的数量、位置、规模范围和分布规律，反映遗址的文化内涵及面貌，进而研究黑龙江古代城址的产生、演变、发展过程。

② 美国带到伊拉克战争中的秘密武器[2,3]。伊拉克战争中美军以一系列新战法为指导，用较少的兵力，以较快的速度和较小的伤亡，实现了既定战争目标，给世人留下了较深的印象。美副总统切尼评价伊战胜利是美军事高科技的胜利。纵观冷战后，伊拉克战争就是"数字化战场"的灵验，而美军在这场"数字化战场"中巧妙而成功地使用了秘密武器——GPS。

俄著名军事分析家弗拉基米尔·斯利普琴科认为美在伊战中演练了全新的战法就是美国建立了强大的 GPS 全球定位系统，GPS 系统有极高的准确性，可以使武器准确命中目标。除了 GPS 系统的卫星，在近地轨道上还有 60 个航天器——通信、侦察、气象、制图和指挥航天器。

这些航天器向盟国指挥部提供有关战场情况的全套信息，还能指挥部队，直至每个士兵。"震慑"行动有利于演练在战斗中详细地使用这种轨道系统。以后这种卫星可能增加到200 颗，所以美伊战争有"天战"一说。

美军在伊拉克战争中使用最多的"杀手锏"是精确制导武器，而精确制导武器离不开卫星的侦察、定位。美军空袭几乎全部使用 GPS 辅助制导的精确制导武器，使美军可以在夜晚和沙尘暴气象条件下对伊拉克发起攻击。

自海湾战争中，美军第一次将卫星大规模、成系统地用于实战以来，卫星在其作战系统中发挥着越来越重要的作用。伊拉克战争中，美军充分地使用卫星资源，极大地提高了武器装备的信息化水平和作战效能。拿美军指挥官的话来讲，离开了卫星，美军根本就不可能取得战场上的胜利。

③ GPS 在农业、林业领域中的应用[2,3]。农业生产中，增加产量和提高效益是根本目的。要达到增产高效的目的，除了适时种植高产作物，加强田间管理等技术措施外，弄清土壤性质，检测农作物产量、分布、合理施肥，以及播种和喷洒农药等也是农业生产中重要的管理技术。尤其是现代农业生产走向大农业和机械化道路，大量采用飞机撒播和喷药，为降低投资成本，如何引导飞机作业做到准确投放，也是十分重要的。

利用 GPS 技术，配合遥感技术（RS）和地理信息系统（GIS），能够监测农作物产量分布、土壤成分和性质分布，做到合理施肥、播种和喷洒农药，节约费用、降低成本，达到增加产量、提高效益的目的。

GPS 技术在确定林区面积，估算木材量，计算可采伐木材面积，确定原始森林、道路位置，对森林火灾周边测量，寻找水源和测定地区界线等方面可以发挥其独特的重要的作用。在森林中进行常规测量相当困难，而 GPS 定位技术可以发挥它的优越性，精确测定森林位置和面积，绘制精确的森林分布图。

美国林业局是根据林区的面积和区内树木的密度来销售木材的，对所售木材面积的测量闭合差必须小于 1%。在一块用经纬仪测量过面积的林区，采用 GPS 沿林区周边及拐角处进行了 GPS 定位测量并进行偏差纠正，得到的结果与已测面积误差为 0.03%。这一实验证明了测量人员只要利用GPS技术和相应的软件沿林区周边使用直升机就可以对林区的面积进行测量。过去测定所出售木材的面积要求用测定面积的各拐角和沿周边测量两种方法计算面积，使用 GPS 进行测量时，沿周边每点上都进行了测量，而且测量的精度很高很可靠。传统的方法将被淘汰。

利用实时差分 GPS 技术，美国林业局与加利福尼亚的喷气推进器实验室共同制定了"FRIREFLY"计划。它是在飞机的环动仪上安装热红外系统和 GPS 接收机，使用这些机载设备来确定火灾位置，并迅速向地面站报告。另一计划是使用直升机或轻型固定翼飞机沿火灾周边飞行并记录位置数据，在飞机降落后对数据进行处理并把火灾的周边绘成图形，以便进一步采取消除森林火灾的措施.

2. GLONASS 系统

（1）GLONASS 系统简介。全球导航卫星系统（Global Navigation Satellite System，GLONASS）[11,12]最早开发于苏联时期，后由俄罗斯继续该计划。俄罗斯于 1993 年开始独自建立本国的全球卫星导航系统，该系统于 2007 年开始运营，当时只开放俄罗斯境内卫星定位及导航服务；到 2011 年，其服务范围已经拓展到全球。该系统主要服务内容包括确定陆地、海上及空中目标的坐标及运动速度信息等。"格洛纳斯"导航系统目前在轨运行的卫星已达 33 颗。

（2）GLONASS 系统组成结构。GLONASS 的系统组成结构与 GPS 系统十分相似，也分为空间卫星部分、地面监控部分和用户设备部分[11]，如图 3.10 所示。

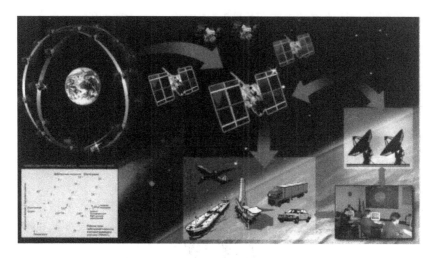

图 3.10　GLONASS 系统组成结构图

① 空间卫星部分。空间卫星部分由 24 颗 GLONASS 卫星组成，其中工作卫星 21 颗，在轨备用卫星 3 颗，均匀地分布在 3 个轨道面上。3 个轨道面互成 120°夹角，每个轨道上均匀分布 8 颗卫星，轨道高度约 19100 km，轨道偏心率为 0.01，轨道倾角为 64.8°。这样的分布可以保证地球上任何地方、任一时刻都能收到至少 4 颗卫星的导航信息，为用户的导航定位提供保障。每颗 GLONASS 卫星上都装备稳定的铯原子钟，并接收地面控制站的导航信息和控制指令，星载计算机对其中的导航信息进行处理，生成导航电文向用户广播，控制信息用于控制卫星在空间的运行。

② 地面监控部分。地面监控部分实现对 GLONASS 卫星的整体维护和控制，它包括系统控制中心（位于莫斯科的戈利岑诺）和分散在俄罗斯整个领土上的跟踪控制站网。地面控制设备负责搜集、处理 GLONASS 卫星的轨道和信号信息，并向每颗卫星发射控制指令和导航信息。

③ 用户设备部分。用户通过 GLONASS 接收机接收卫星信号，并测量其伪距或载波相位，同时结合卫星星历进行必要的处理，便可得到用户的三维坐标、速度和时间。

（3）GLONASS 系统功能[11]。GLONASS 系统的主要作用是实现全球、全天候的实时导航与定位；另外，还可以用于全球时间传递。

GLONASS 卫星导航首先是在军事需求的推动下发展起来的，与 GPS 一样可为全球海陆空，以及近地空间的各种用户提供全天候、连续提供高精度的各种三维位置、三维速度和时间信息（PVT 信息），这样不仅为海军舰船、空军飞机、陆军坦克、装甲车、炮车等提供精确导航，也在精密导弹制导、C3I 精密敌我态势产生、部队准确的机动和配合、武器系统的精确瞄准等方面广泛应用。另外，卫星导航在大地和海洋测绘、邮电通信、地质勘探、石油开发、地震预报、地面交通管理等各种国民经济领域有越来越多的应用。GLONASS 的出现，打破了美国对卫星导航独家垄断的地位，消除了美国利用 GPS 施以主权威慑给用户带来的后顾之忧，GPS、GLONASS 兼容使用可以提供更好的精度几何因子，消除 GPS

的 SA 影响，从而提高定位精度。

GLONASS 系统工作时，由地面控制设备负责搜索、处理卫星的轨道和信号信息，并向每颗卫星发射控制指令和导航信息。用户通过 GLONASS 接收机接收卫星信号，并测量其伪距（单程无线电测时测距时，由于辐射源和接收机时钟相互独立，所测得的距离（时间）包含有与两时钟钟差相当的距误差）或载波相位，同时结合卫星星历进行必要的处理，便可得到用户的三维坐标、速度和时间。

（4）GLONASS 系统定位原理。GLONASS 定位的原理是距离交会。GLONASS 卫星在任一时刻的位置可以通过卫星星历计算出来，理论上，只要知道用户到 3 颗卫星的距离，便可计算出用户的位置，但这要求卫星与用户以及卫星之间的时间同步精度极高，目前还不能完全满足，只好引入一个时间参数。由于多了一个未知量，因此，实际定位时要至少接收 4 颗卫星的信号。GLONASS 卫星同时发射粗码（C/A 码）和精码（P 码），C/A 码用于向民间提供标准定位，而 P 码用于俄罗斯军方高精度定位或科学研究。

（5）GLONASS 应用案例。

① 航空应用。国际民航组织的未来航行系统专门委员会（International Civil Aviation Organization/Future Air Navigation Systems，ICAO/FANS）早已提出包含 GLONASS 和通信卫星在内的航空导航完整性的研究，利用 GPS+GLONASS 的可能性研究，欧洲安全航行局（EUROCONTROL）、欧洲宇宙组织（ESA）提出 GNSS 在航空使用的三个阶段。

实验阶段（近期）：GPS 许诺 10 年内免费提供使用，民用精度为 100 m。由于 GPS 单一系统在完整性、可用性没有充分保障，随着 GLONASS 的建成使用，因此 EUROCONTROL 和 ESA 提出 GPS+GLONASS 联合使用的试验阶段。

中期阶段：也就是发展 GNSS 的第一阶段 GNSS1，依赖 GLONASS 的支持，实现 GPS+GLONASS+本地增强，同时考虑利用 INMAESAT-3 静止卫星导航重叠或发射若干增强卫星作为 GNSS 系统的过渡阶段。

世界民间共用系统（远期）：组成民间共用 GNSS 星座——GNSS2，这项任务由欧洲安全航行局、欧洲联盟（European Union，EU）、欧洲空间局三位一体联合共同努力承担。但 GNSS2 的民间卫星定位系统的计划还没有具体化。与 GNSS1 阶段有关的 INMARSAT-3 从 1996 年 3 月至 1997 年 6 月 3 日连续发射了 4 颗，本应为民间导航提供服务，但因美国的阻挠而不能圆满地实现。日本计划在 1999 年发射多目的、多用途的 MTSAT 卫星实现本地增强系统，又因美国的阻挠而停止。

但 ICAO 认为未来的全球导航卫星系统（GNSS）是一种多成分组成的系统。首先 GPS 和 GLONASS 是不可缺少的主要系统，再加上 INMARSAT-3 静止卫星的民间导航重叠部分，逐步从现在星座发展到未来星座，综合发展和扩大民间成分，最终民间系统处成一体。ICAO 的计划是分 5 个阶段，与欧洲三位一体的计划基本吻合。

目前 GPS 和 GLONASS 的独立使用这阶段基本实现。此外 GPS 和 GLONASS 形成组合机，以提高精度、可靠性、可用性、完整性。同时利用 GPS 和/或 GLONASS+INMARSAT-3 静止卫星导航重叠，此阶段随着 INMARSAT-3 的发射成功而逐步实现。GPS+GLONASS+ 若干民用 GNSS 卫星在 2000 年后逐步开始实施，并建立完全民用的 GNSS 星座。

② 在航海和陆上的运用。关于 GLONASS 在船舶及陆上交通等运用，在 1995 年 9 月国际海事组织（International Maritime Organization，IMO）成立。为保证船舶航行安全及保证航行可靠，努力开展 GPS+GLONASS 组合机的研制。在海上，目前世界上不管军用、民用、近海或远洋，甚至于渔船都安装有 GPS 接收机为之导航定位。在陆上军用战车及城市汽车、运输车、公安车等也都安装了 GPS 接收机。由于当时 GLONASS 星座刚刚建立，接收机的研制及商品化还有一段进程，所以虽然系统有较快发展，但系统应用不如 GPS 广泛。

3. 北斗卫星导航系统

（1）北斗卫星导航系统简介。北斗卫星导航系统（BeiDou Navigation Satellite System，BDS）[13,14] 是中国自行研制的全球卫星导航系统，是继 GPS、GLONASS 之后第三个成熟的卫星导航系统。系统由空间端、地面端和用户端组成，可在全球范围内全天候、全天时为各类用户提供高精度、高可靠定位、导航、授时服务，并具短报文通信能力，已经初步具备区域导航、定位和授时能力，定位精度优于 20 m，授时精度优于 100 ns。2012 年 12 月 27 日，北斗系统空间信号接口控制文件正式版正式公布，北斗导航业务正式对亚太地区提供无源定位、导航、授时服务。

（2）BDS 系统组成结构。与 GPS 系统和 GLONASS 系统相似，BDS 系统是由空间星座、地面控制系统和用户终端三部分组成[14]，如图 3.11 所示。

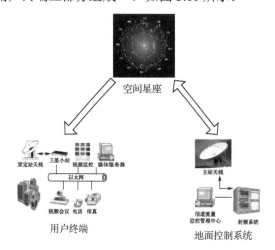

图 3.11　BDS 系统组成结构

① 空间星座。北斗卫星导航系统的空间段计划由 35 颗卫星组成，包括 5 颗静止轨道卫星、27 颗中地球轨道卫星、3 颗倾斜同步轨道卫星，其中，5 颗静止轨道卫星定点位置为东经 58.75°、80°、110.5°、140°、160°；中地球轨道卫星运行在 3 个轨道面上，

轨道面之间为相隔 120° 均匀分布。至 2012 年年底北斗亚太区域导航正式开通时，已为正式系统发射了 16 颗卫星，其中 14 颗组网并提供服务，分别为 5 颗静止轨道卫星，5 颗倾斜地球同步轨道卫星（均在倾角 55° 的轨道面上），4 颗中地球轨道卫星（均在倾角 55° 的轨道面上）。

北斗卫星导航系统的空间段由 5 颗静止轨道卫星和 30 颗非静止轨道卫星组成，2012 年前后，北斗系统覆盖亚太地区，计划到 2020 年前后覆盖全球。中国正在进行北斗卫星导航系统建设，已成功发射 16 颗北斗导航卫星。根据系统建设总体规划，2012 年前后，系统已具备覆盖亚太地区的定位、导航和授时以及短报文通信服务能力；2020 年前后，将建成覆盖全球的北斗卫星导航系统。

② 地面控制系统。包括主控站、注入站和监测站等若干个地面站。

③ 用户设备。用户端由北斗用户终端，以及与 GPS、GLONASS、GSNS 等其他卫星导航系统兼容的终端组成。

（3）BDS 系统工作原理[14,15]。北斗卫星定位系统由 2 颗地球静止卫星（800E 和 1400E）、1 颗在轨备份卫星（110.50E）、中心控制系统、标校系统和各类用户机等部分组成。

系统的工作过程是：首先由中心控制系统向卫星 I 和卫星 II 同时发送询问信号，经卫星转发器向服务区内的用户广播。用户响应其中一颗卫星的询问信号，并同时向两颗卫星发送响应信号，经卫星转发回中心控制系统。中心控制系统接收并解调用户发来的信号，然后根据用户的申请服务内容进行相应的数据处理。对定位申请，中心控制系统测出两个时间延迟，即从中心控制系统发出询问信号，经某一颗卫星转发到达用户后，用户发出定位响应信号，经同一颗卫星转发回中心控制系统的延迟；和从中心控制发出询问信号，经上述同一卫星到达用户，用户发出响应信号，经另一颗卫星转发回中心控制系统的延迟。由于中心控制系统和两颗卫星的位置均是已知的，因此由上面两个延迟量可以算出用户到第一颗卫星的距离，以及用户到两颗卫星距离之和，从而知道用户处于一个以第一颗卫星为球心的一个球面，和以两颗卫星为焦点的椭球面之间的交线上。另外，中心控制系统从存储在计算机内的数字化地形图查寻到用户的高程值，又可知道用户处于某一与地球基准椭球面平行的椭球面上。从而中心控制系统可最终计算出用户所在点的三维坐标，这个坐标经加密后由出站信号发送给用户。

（4）BDS 系统主要功能[15]。

① 短报文通信：北斗系统用户终端具有双向报文通信功能，用户可以一次发送 40～60 个汉字的短报文信息，现在可以一次发送多达 120 个汉字的信息。这在远洋航行中有重要的应用价值。

② 精密授时：北斗系统具有精密授时功能，可向用户提供 20～100 ns 时间同步精度。

③ 系统容纳的最大用户数：540000 户/小时。

④ 快速定位：为服务区域内的用户提供全天候、实时定位服务，定位精度与 GPS 相

当，即水平精度为 100 m（1σ），设立标校站（类似差分状态）之后为 20 m，工作频率为 2491.75 MHz。

（5）BDS 应用案例。

① 汶川地震救援。汶川地震救援中，在通信中断情况下，北斗导航试验系统在导航定位方面发挥了重要的作用，救灾部队携带的北斗系统正在陆续发回各种灾情和救援信息。北斗导航试验系统监测到，一支携带了北斗导航试验系统终端机的救援人员，从中午 12 时开始，沿着马尔康、黑水、理县到汶川的 317 国道，以每小时 6 km 左右的速度一路急进。6 个小时前进了近 40 km，已经进入汶川县境内，离县城还有 40 km 左右的路程。由于通信受阻碍，位于北京的卫星导航定位指控中心初步判断该部队隶属四川武警总队。北斗卫星导航系统为抗震救灾赢得了宝贵时间。

② 为北京奥运会保驾护航。2008 年北京奥运会期间，在交通、场馆安全的定位监控方面，BDS 和已有的 GPS 卫星定位系统一起，发挥"双保险"作用。

③ 行业产业化发展[14]。BDS 专项启动了近 20 个行业/区域示范应用，涵盖交通、气象、渔业、公安、民政减灾、国土监测等行业，以及珠三角、长三角、湖南、陕西、贵州、北京等区域。示范项目的实施为 BDS 基础产品应用培育了初期市场。

交通领域，完成了全国重点运输车辆监控平台建设，全国在 50 余万辆长途客车、旅游包车、危险品运输车等重点运输车辆上安装了 BDS 兼容终端。2014 年 1 月，交通运输部、公安部、国家安全生产监督管理（安监总局）联合发布《道路运输车辆动态监督管理办法》，要求道路运输车辆安装和使用卫星定位装置，目前已有数百万台营运车辆加装 BDS 兼容终端。

渔业领域，BDS 可提供远海及近海船舶的位置监控，BDS 短信与手机短信可互连互通，为渔船提供及时精准的气象和海况信息。目前 BDS 船舶入网用户 3 万余个，伴随手机用户 10 万余个。

气象领域，BDS/GNSS 探空仪已完成定型，武汉、阳江、海口、锡林浩特等 BDS 探空站已纳入气象业务运行；湖北省、广东省 BDS/GNSS 水汽监测系统开始示范运行；在 2013 年"飞燕"、"尤特"登陆时，首次利用 BDS 海上反射信号成功监测到台风，显示了 BDS 对气象预报的应用潜力。广东省借助珠三角地区卫星导航产业体系完备的优势，打造了基于 BDS 的公共运营服务平台，开展了城市应急管理、智能交通、综合执法、人身安全保障服务、公务用车监管等 BDS 应用示范。

上海市结合智慧城市建设，构建了基于 BDS 的长三角位置服务公共平台和基础设施，开展了车辆监管服务、大众位置服务和高精度定位服务等 BDS 应用示范。

此外，在民政减灾、公安、海上搜救等领域，湖南、陕西、北京、贵州等区域的示范项目已启动实施；在国土资源、旅游、电力等领域，江苏、新疆、湖北、云南、成渝地区等区域的示范项目正在论证。

4．GSNS 系统

（1）GSNS 系统简介。GSNS 卫星导航系统[16-18]是由欧盟研制和建立的全球卫星导航定位系统，该计划于 1999 年 2 月由欧洲委员会公布，欧洲委员会和欧空局共同负责。系统由轨道高度为 23616 km 的 30 颗卫星组成，其中 27 颗工作星，3 颗备份星。卫星轨道高度约 24000 km，位于 3 个倾角为 56°的轨道平面内。2014 年 8 月，GSNS 第二批一颗卫星成功发射升空，太空中已有的 6 颗正式的卫星，可以组成网络，初步发挥地面精确定位的功能。

（2）GSNS 系统体系结构[17,18]。

① 星座。GSNS 系统的卫星星座由分布在 3 个轨道上的 30 颗中等高度轨道卫星（MEO）构成，具体参数如下：

● 每条轨道卫星个数 10（9 颗工作，1 颗备用）；
● 卫星分布轨道面数 3；
● 轨道倾斜角 56°；
● 轨道高度 24000 km；
● 运行周期 14 小时 4 分；
● 卫星寿命 20 年；
● 卫星重量 625 kg；
● 电量供应 1.5 kW；
● 射电频率 1202.025 MHz、1278.750 MHz、1561.098 MHz、1589.742 MHz。

卫星个数与卫星的布置和美国 GPS 系统的星座有一定的相似之处。GSNS 系统的工作寿命为 20 年，中等高度轨道卫星（MEO）星座工作寿命设计为 15 年。这些卫星能够被直接发送到运行轨道上正常工作，每一个 MEO 卫星在初始升空定位时，其位置都可以稍微偏离正常工作位置。

② 有效荷载。中等轨道卫星装有的导航有效载荷包括：

● GSNS 系统所载时钟有 2 种类型：铷钟和被动氢脉塞时钟。在正常工作状况下，氢脉塞时钟被用作主要振荡器，铷钟也同时运行作为备用，并时刻监视被动氢脉塞时钟的运行情况。
● 天线设计基于多层平面技术，包括螺旋天线和平面天线 2 种，直径为 1.5 m，可以保证低于 1.2 GHz 和高于 1.5 GHz 频率的波段顺利发送和接收。
● GSNS 系统利用太阳能供电，用电池存储能量，并且采用了太阳能帆板技术，可以调整太阳能板的角度，保证吸收足够阳光，既减轻卫星对电池的要求，也便于卫星对能量的管理。
● 射频部分通过 50～60 W 的射频放大器将 4 种导航信号放大，传递给卫星天线。

③ 地面部分。地面部分主要完成两个功能：导航控制和星座管理功能，以及完好性数据检测和分发功能。

导航控制和星座管理功能由地面控制部分（GCS）完成，主要由导航系统控制中心（NSCC）、OSS 工作站和遥测遥控中心（TCC）3 部分构成；其中，OSS 工作站共 15 个，无人监管并且只能接收星座发出的导航电文和星座运行环境数据，并把数据传送到导航系统控制中心，由导航系统控制中心检测和处理；分布在 4 点的遥测遥控系统接收导航系统控制中心中卫星控制设备（SCF）提供的导航数据信息，并上传到星座。

完好性数据检测和分发功能主要由欧洲完好性决策系统（EIDS）完成，EIDS 主要由完好性监视站（IMS）、完好性注入站（IULS）和完好性控制中心（ICC）三部分组成。其中，无人照管的 IMS 网络接收来自星座的 L 波段、用来计算 GALILEO 系统完好性的原始卫星测量数据；ICC 包括完好性控制设备、完好性处理设备和完好性服务接口，用来接收 IMS 的数据，并发送数据到 IULS，由 IULS 将数据以 S 波段发送到星座上。GCS 和 EIDS 之间，通过 ICC 和 NSCC 可进行数据通信。

（3）GSNS 系统特点[18]。GSNS 系统可以实现与 GPS、GLONASS 的兼容，其接收机可以采集各个系统的数据或者通过各个系统数据的组合来满足定位导航的要求。

GSNS 系统确定目标位置的误差将控制在 1 m 之内，明显好于现在使用的 GPS II 提供的 3 m 的定位精度，比俄罗斯的 GLONASS 提供的 10 m 的军民两用信号更优，与未来建设的 GPS III 技指标接近。GSNS 系统仅用于民用，并且为地面用户提供 3 种信号：免费使用的信号、加密且需要交费使用的信号、加密并且需满足更高要求的信号。免费服务信号与 GPS 民用信号相似，收费信号主要指为民航和涉及生命安全保障的用户服务。

按照"GSNS 计划"的最初设想，系统的定位精度将达到厘米级。GSNS 系统由于采用了许多较 GPS 和 GLONASS 更高的新技术，使得系统更加灵活、全面、可靠，并且可以提供完整、准确、实时的数据信号。GSNS 系统的卫星发射信号功率较 GPS 的大，所以在一些 GPS 系统不能实现定位的区域，GSNS 系统可以很容易地克服干扰并接收信号，例如高纬度地区、中亚及黑海等地区。

（4）GSNS 系统服务方式。

① 公开服务。GSNS 系统的公开服务能够免费提供用户使用的定位、导航和时间信号。此服务对于大众化应用，比如车载导航和移动电话定位，是很适合的。当用户处在一个固定的地方时，此服务也能提供精确时间服务（UTC）。

② 商业服务。商业服务相对于公开服务提供了附加的功能，大部分与以下内容相关联：分发在开放服务中的加密附加数据；非常精确的局部微分应用，使用开放信号覆盖 PRS 信号 E6；支持 GSNS 系统定位应用和无线通信网络的良好性导航信号。

③ 生命保险服务。生命保险服务的有效性超过 99.9%，GSNS 系统和当前的 GPS 系统相结合，将能满足更高的要求，包括船舶进港、机车控制、交通工具控制、机器人技术等。

④ 公众控制服务。公众控制服务将以专用的频率向欧共体提供更广泛的连续性服务，

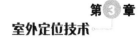

主要有：用于欧洲国家安全，如一些紧急服务、GMES、其他政府行为和执行法律；一些控制或紧急救援，运输和电信应用；对欧洲有战略意义的经济和工业活动。

⑤ 局部组件提供的导航服务。局部组件能对单频用户提供微分修正，使其定位偏差在 ±1 m 内，利用 TCAR 技术可使用户定位的偏差在±10 cm 以下；公开服务提供的导航信号，能增强无线电信定位网络在恶劣条件下的服务能力。

⑥ 寻找救援服务。GSNS 系统寻找救援服务应该和已经存在的 Cospas-Sarsat 服务对等，和 GMDSS 及贯穿欧洲运输网络方针相符。GSNS 系统将会提高目前的寻找救援工作的定位精度和确定时间。

（5）GSNS 应用案例[19]。

① 导航应用。在任何天气条件下，船只航行的任一阶段，包括海上、岸区、入港和港口调度都可用伽利略系统实现导航。

近海导航：GSNS/GPS 接收机的高精度与信号可用性是海上导航的理想工具，此外，伽利略信号中的完善性信息将增加船舶定位计算的可信度。对于受国际海事组织管制的船只，伽利略将是运行自动识别系统（AIS）和船舶交通管理系统的辅助手段，以增强海上安全和避碰。AIS 依赖于卫星导航，GSNS 将改善其可靠性，从而提高航行安全和船只跟踪能力。

海港作业：进港和港口调度是非常重要的操作，特别是天气条件恶劣时，局域辅助卫星导航是各种港口操作和准确入坞的基本工具。在一些能见度不好的环境中，卫星可用性的加强将改善卫星导航的性能。港口的局域设施与通信设施的连接，可给出船只的准确位置。伽利略的局域设施将改善导航服务的精度和可用性，以满足港口运作的特殊需求。

内河航运：卫星可为内河航运提供精确的导航信息，特别是在地理环境和气象条件较差时，包括河流和运河的航运。导航数据的精度与完善性是保证在狭窄水路实现自动、准确调度的基本保证。GSNS 将提高卫星导航的可用性，并通过其完善性服务，为可靠、安全地运用自动船舶导航和交通管理提供保障。

② 海上搜救。GSNS 系统支持国际搜救卫星系统计划（The International Cospas-Sarsat Programme，Cospas-Sarsat），增强 Cospas-Sarsat 系统的性能。目前 Cospas-Sarsat 系统的精度很差（一般为几千米），而且不能实时报警。在 GSNS 的支持下，将大大减少报警时间，遇险信标的位置可确定在几米的范围内，可通知救援中心确认遇险信息，从而增大遇险者的生还可能性，并减少现有系统的错误报警次数。

③ 科学研究。GSNS 为科学与环境研究、潮汐及水流观测等提供了有力的工具，利用移动的浮标报告其位置，可帮助科学家将得到的信息与由其他方式（如大地遥测）获得的数据相结合，以更为全面和综合的方法研究海洋。

④ 商业海事应用。GSNS 为一些商业海事活动提供辅助服务，如捕鱼时可帮助渔网定位、优化船队管理、货物监测，以及装卸进度，甚至可确定集装箱的位置。卫星导航已用

于驳船的自动领航，现在正在考虑在海港建立一个信息服务系统为每艘船找到一个合适的位置。

3.2.2　基站定位技术

基站定位一般应用于手机等移动终端用户，移动基站定位服务又叫做移动位置服务，它是通过电信移动运营商的网络（如 GSM 网）获取移动终端用户的位置信息，在电子地图平台的支持下，为用户提供相应服务的一种增值业务，例如，目前中国移动通信动感地带提供的动感位置查询服务等。

根据定位方式的不同，基站定位技术可以分为基于网络的定位技术和基于终端的定位技术[21]。基于网络的定位技术是指网络根据测量数据计算出移动终端所处的位置，基于终端的定位技术是指由移动终端计算出自己所处的位置。

1. 基于移动网络的定位技术

（1）蜂窝小区定位法。蜂窝小区定位法（Cell of Origin，COO）[20,22]是各种定位方法中最简单的一种定位方法，它基于 Cell-ID 定位技术。它的基本原理是根据移动终端所处的小区 ID 号来确定移动终端的位置。每个蜂窝小区都有一个唯一的小区 ID 号，移动终端所处的小区 ID 号是网络中已有的信息，当移动终端在某个小区注册后，在系统的数据库中就会将移动终端与该小区 ID 号对应起来，我们只需要知道该小区基站所处的中心位置和小区的覆盖半径，就能够知道移动终端所处的大致范围，所以 COO 定位法的定位精度是小区的覆盖半径。

在用户比较少的地方，覆盖半径大约 400 m；在话务量密集的地方，如商业街、写字楼，采用微微蜂窝，覆盖半径能达到 100 m；在繁华的商业区，一个移动终端至少可以处于一个微微小区的覆盖，定位精度不超过 100 m，有时定位精度可以达到 50 m 甚至更小。在郊区和农村，由于话务量小，基站密度较低，覆盖半径也较大，采用 COO 定位法一般只能获得 1~2 km 的定位精度。

COO 定位法的优点是实现简单，只需要建立关于小区中心位置和覆盖半径的数据库，定位时间仅为查询数据库所需的时间，不用对现有的移动终端和网络进行改造。其缺点为定位精度差，特别不适合在基站密度低、覆盖半径大的地区使用。Cell-ID 定位原理如图 3.12 所示。

CDMA 网络中，用户所在基站扇区的 Cell-ID 将会在执行移动端的相关操作过程中被传送到移动交换中心，从而获得位置信息。这种方法终端不需要做任何软硬件的修改，网络层不需要增加新的网络实体。根据使用场合的不同有一定的使用价值，但无法实现高级别的应用。要想得到较好的推广，必须联合专门的定位策略。

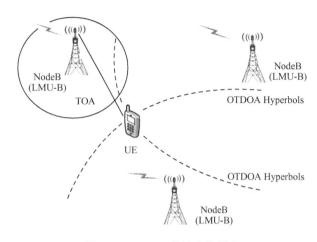

图 3.12　Cell-ID 基站定位原理

2011 年 8 月，Google 通过官方博客表示，每月通过各种移动设备访问谷歌地图移动版（Google Maps for Mobile）服务的用户超过 1 亿。由于谷歌在 Android 平台上发布了导航服务——谷歌地图（Google Maps），以及谷歌地图越来越依赖应用开发者，因此谷歌地图移动版的用户呈指数级数增长并不让人感到意外。而在谷歌地图移动版中所采用的定位技术就是 COO 定位技术。

（2）TOA 和 TDOA 技术。TOA 定位法[21-25]用于移动网络中，可以通过测量移动终端发射信号的到达时间，并且在发射信号中包含发射时间标记以接收基站确定发射信号所传播的距离，该方法要求移动终端和基站的时间精确同步。为了测量移动终端的发射信号的到达时间，需要在每个基站处设置一个位置测量单元。为了避免定位点的模糊性，该方法至少需要 3 个位置测量单元或基站参与测量。TOA 定位法利用移动终端与 3 个不同基站之间的信号传播时间来定位。电波传播速度已知为 c，假设某基站和移动终端之间的信号传播时间为 t，则移动终端位于以基站位置为中心，以 ct 为半径的圆上。若有 3 个基站接收到移动终端发出的同一信号，即可产生 3 个这样的圆，而移动终端位于 3 个圆的交点上，如图 3.13 所示，TOA 估算值可通过对接收信号进行相关运算得到。

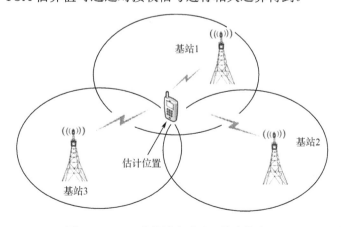

图 3.13　TOA 定位法在移动网络中的应用

TOA 定位法也是一种基于网络的定位技术。该方法的优点在于对现有的移动终端无须做任何改造，定位精度较高并且可以单独优化，定位精度与位置测量单元的时钟精度密切相关；该方法的缺点在于每个基站都必须增加一个位置测量单元并且要做到时间同步，移动终端也需要与基站同步，整个网络的初期投资将会很高。

TDOA 定位法[26-28]则通过测量移动终端发射信号的到达不同基站的时间差，该方法不需要移动终端和基站的时间精确同步，但是各个基站的时间必须同步。为了测量移动终端的发射信号的到达时间差，需要在每个基站处设置一个位置测量单元。为了确定移动终端的位置，必须至少有两条相交的双曲线，因此最少用三个基站才可以确定移动终端的位置。由于这种定位技术不要求手机和基站之间的同步，因此在误差环境下性能相对优越。该方案的优点是精度较高、实现容易，缺点是为了保证定时精度，需要改造基站设备。

TDOA 定位法根据 TOA 值的差来确定移动终端的位置，由移动终端与 2 个不同基站之间的 TOA 差值可以建立以 2 个基站位置为焦点的双曲线方程，若有 3 个不同的基站，则可建立两个双曲线方程，求解双曲线的交点即可得知移动终端的位置，如图 3.14 所示。TDOA 定位法不需要像 TOA 那样要求基站和移动终端之间保持同步，降低了同步要求，还可以消除或减少在所有接收机上由于信道产生的共同误差，因此可获得比 TOA 更高的定位精度。现今的基于时间的定位系统也多采用 TDOA 定位法。

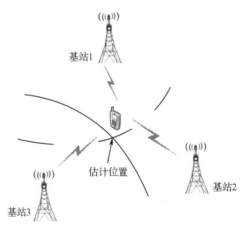

图 3.14　TDOA 定位法在移动网络中的应用

（3）E-OTD 技术。增强型观察时间差（Enhanced Observed Time Difference，E-OTD）[20,25]技术在移动通信网络中的多个基站上放置位置接收器或参考点，并把这些参考点作为位置测量单元（LMU）。每个参考点都有一个精确的定时源，当具有 E-OTD 功能的移动终端收到来自至少 3 个 LMU 的信号时，每个 LMU 到达移动终端的时间差就可以计算出来，利用这些时间差值产生的交叉双曲线就可以估计出移动终端的位置。

与 E-OTD 相关的基本量有三个：观察时间差（OTD）、真实时间差（RTD）和地理位置时间差（GTD）。OTD 是移动终端实际观察到的两个 BTS 信号到达的时间差；RTD 是两个 BTS 之间的系统时间差；GTD 是两个 BTS 到移动终端由于距离差而引起的传输时间差。

设 d_{ij} 为 BTSI 与 MS 之间的距离，d_2 为与 BTS$_2$ 之间的距离，则 GTD=$|d_2 - d_1|/v$，式中的 v 为无线电波的传播速度。上述三个量之间关系为：OTD=RTD+GTD。当 BTS 都同步时，则 RTD=0。

E-OTD 要取得正确的定位结果，必须具备至少 3 个分别位于不同地理位置的 BTS；另外，参与定位的 BTS 之间必须实现时钟同步。最常用的同步方法是在 BTS 上安装固定的 GPS 接收机。E-OTD 还会受到市区中多径效应的影响，这时，多径效应将扭曲信号的波形并加入延迟，导致 E-OTD 定位的困难。

E-OTD 方案可以提供比 Cell-ID 高得多的定位精度，一般在 50～125 m 之间。但是它的定位响应速度较慢，往往需要大约 5 s 的时间。另外，它需要对移动终端进行改进，这意味着现存的移动用户无法通过该技术获得基于位置的服务。

（4）AOA 技术。在移动网络中，AOA 定位方法[23,26,29]是由 2 个或更多基站通过测量接收信号的到达角来估计移动终端位置的，如图 3.15 所示，该方法通常用来确定一个二维位置。

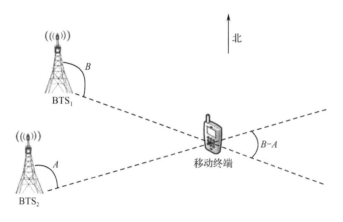

图 3.15　AOA 原理

移动终端发，BTS$_1$ 收，测量可得一条 BTS$_1$ 到移动终端的连线；移动终端发，BTS$_2$ 收，测量得到另一直线，两直线相交产生定位角。BTS$_1$ 和 BTS$_2$ 坐标位置已知，以正北为参考方向，顺时针为+0～+360°，逆时针为-0～-360°，由此可获得以移动终端、BTS$_1$ 和 BTS$_2$ 为三点的三角关系。AOA 技术通过阵列天线，在基站端测量接收到的来自移动终端信号的到达角。移动终端和基站周围附近的散射影响，将使被测的 AOA 产生偏差，在 NLOS 传播环境下，天线阵列自动跟踪并非直接来自移动终端方向的反射信号口。即使存在 LOS 传播，多径效应依然对 AOA 的测量产生偏差。由于 AOA 测量自身特性及环境散射的影响，移动终端和基站相距较远时，其 AOA 的精度将明显下降。对于宏小区而言，基站往往处在地势较高的地方，产生散射的物体主要在移动端附近短距离范围内，因此在基站端测得的 AOA 产生的误差较小。

因此，AOA 方式仅适用于宏小区系统，同时需要在网络侧添加智能天线（Smart Antenna，SA）。在障碍物较多的环境中，无线传输存在多径效应、误差增大、定位精度降低，尤其是当移动终端距离基站较远时，基站定位角度的微小偏差也会导致测位线距离的较大误差。

（5）信号衰减技术。信号衰减技术（Signal Attenuation）[20,30,31]利用移动终端靠近基站或远离基站时引起的信号衰减变化来估计移动终端的位置，又被称为场强定位技术。由于多数移动终端的天线是多向发送的，因此信号功率会向所有方向迅速消散。如果移动终端发出的信号功率已知，那么在另一点测量信号功率时，就可以利用一定的传播模型估计出移动终端与该点之间的距离。

然而，测定对方的传送功率是一项沉重的负担，由于小区基站的扇形特性、天线有可能倾斜，以及无线系统的不断调整，这个测定过程可能会十分复杂。而且，信号并不只因为传输距离而产生衰减，其他因素（如穿越墙壁、植物、金属、玻璃、车辆等）都会对信号功率产生影响。另外，功率测量电路无法区分多个方向接收到的功率，例如直接到达的信号功率和反射到达的信号功率，因此，根据信号衰减进行定位被认为是定位技术中最不可靠的一种。

（6）IPDL/AFLT 技术。基于下行链路定位法（Idle Period Downlink，IPDL）[20,32]是一种基于下行链路的定位方法，应用于 WCDMA 系统。定位期间，服务基站在很短的空闲周期（Idle Period）内完全停止发送所有信号。在空闲期间，移动终端测量邻近基站的、不处于空闲周期状态的基站发送的定位导频信号，停止其他业务信道信号的发射，有效地减小CDMA 网络中远近效应和多址干扰的影响，提高移动终端对临近基站的信号监听能力，有效地检测出这些基站信号到达移动终端的时间（TOA），以及相互之间的到达时间差（TDOA）。研究表明，空闲周期的设置会显著提高 OTDOA 定位法的性能，对系统容量的影响则很有限。这种针对 WCDMA 网络的方案经济、有效，已经成为国际标准化组织 3GPP推荐的几种定位方法之一。

高级前向链接三边测量技术（Advanced Forward Link Three Edge Measurement，AFLT）[20]适用于 CDMA2000 系统，机理类似于 IPDL 技术。定位过程中，移动终端可同时监听多个基站（至少 3 个基站）的导频信息，利用码片时延来确定手机到附近基站的距离，最后用三角定位法算出用户的位置。AFLT 定位技术需要在网络中增加新的实体，从而获得导频信息，算出移动终端的位置，其定位精度介于 Cell-ID 识别和 GPS 定位技术之间，其主要影响因素是基站密度和地形环境。目前，WCDMA 系统已经把下行链路空闲周期方式标准化，但 CDMA2000 系统尚处于讨论阶段。

（7）7 号信令定位技术。7 号信令，又称为公共信道信令[33]，即以时分方式在一条高速数据链路上传送一群话路信令的信令方式，通常用于局间。在我国使用的 7 号信令系统称为中国 7 号信令系统。SS7 网是一个带外数据通信网，它叠加在运营者的交换网之上，是支撑网的重要组成部分。SS7 网在固定电话网或 ISDN 网局间，完成本地、长途和国际的自动、半自动电话接续；在移动网内的交换局间提供本地、长途和国际电话呼叫业务，以及相关的移动业务，如短信等业务；为固定网和移动网提供智能网业务和其他增值业务；提供对运行管理和维护信息的传递和采集。

7号信令是一种局间信令系统，和其他局间信令系统一样，7号信令一般不负责用户终端和端局之间用户线上面信令的传输和处理，只负责局交换机之间、局交换机和其他电信设备之间的信令传输和处理。需要注意的是，和其他信令系统一样，七号信令系统不负责进行具体语音信号的传输，但是它负责协调各种电信设备，使各种电信设备能够准确地建立语音链路，为用户提供服务。

目前，国内各省和地区移动公司的短信欢迎系统采用的就是该技术。

2．基于移动终端的定位技术

时间提前量（Timing Advance，TA）[34]是 GSM 系统中的一个参数。在现有的 GSM 系统中，为了保证信息帧中各时隙的同步，基站必须利用移动终端所发信息分组中的训练码序列获得该基站和移动终端之间的信号传播时延信息，并通过慢速伴随信道将信号传播时延信息以 TA 参数的形式告知移动终端，移动终端利用 TA 参数就可以调整信息分组的发送时刻，以确保在各移动终端的信息分组到达基站时能避免时隙重叠。基站和移动终端之间的信号传播时延是无线电波在基站和移动终端之间一个来回的传输时间。

TA 定位法是一种基于终端的定位技术。该方法的优点在于无须对移动终端做任何改动，而对基站系统的改动也仅需在切换规程的控制软件中进行。其缺点在于采用了强制切换，在定位过程中移动终端不能进行其他业务通信，同时也增加了更多的信令负荷，TA 参数的准确性会受到多径效应的影响，至少需要获得 3 个以上的 TA 参数才可以确定移动终端的具体位置于一个点，定位时间较长。

3.2.3　混合定位技术

由于移动通信基站定位存在着定位精度不高，稳定性较差等问题，而卫星定位也存在着首次定位耗时长，对接收机使用条件要求高等问题。为了加强系统的可靠性，人们考虑将两种定位技术结合起来，在技术上实现互补，产生了混合定位技术。混合定位采用 GPS 和基站定位双模结构，它将终端中 GPS 系统接收定位卫星发来的定位数据和通过基站定位手段获得的移动目标定位数据，经过数据融合后产生地理位置坐标数据。比较常用的混合定位技术主要是 A-GPS 定位技术和 GPS One 定位技术。

1．A-GPS 定位技术

（1）A-GPS 定位简介。A-GPS（Assisted-GPS）[34,35]是将 GPS 与移动无线网络结合的混合型定位技术，是当今全球主流的移动定位技术。A-GPS 将原来全部放在终端搜索计算等功能转移到网络层去完成，减少了终端的负担。网络层部署定位服务器，主要负责扫描卫星、获得星历参数和完成繁杂的定位计算。A-GPS 示意如图 3.16 所示。

A-GPS 可以支持三种模式：GPS Standalone、MS-Based 模式、MS-Assisted 模式，即自主定位模式、基于网络定位模式和基于网络辅助模式。MS-Assisted 模式适用于非连续的、非实时的应用，如兴趣点查询、找朋友、位置广告等；MS-Based 模式适用于快速连续的定位应用，如人/车跟踪、手机导航等，具体如表 3.1 所示。

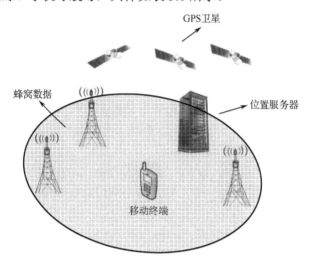

图 3.16 A-GPS 示意图

表 3.1 A-GPS 三种定位模式

定 位 模 式	定 位 服 务 器	终 端
MS-Based	提供 GPS 辅助数据	完成 GPS 信号测量和计算，返回结果
MS-Assisted	提供 GPS 辅助数据，计算位置	完成 GPS 信号测量，不计算
GPS Standalone	不需要	测量计算自行完成

（2）A-GPS 定位原理[34,36]。A-GPS 用固定位置的 GPS 接收机持续跟踪 GPS 卫星，将定位过程必需的辅助信息（如差分校正数据和卫星运行状态等）传送给移动目标。移动目标获得这些信息后，根据自身所处的近似位置和当前卫星状态，可以很快捕获到卫星信号。

其工作原理是：A-GPS 方案中的移动设备通过网络将基站地址传输到位置服务器；然后服务器会将其注册基站的位置和该位置相关的 GPS 信息（包含 GPS 的星历和方位俯仰角等）返回给移动终端；移动终端接收到这些信息后，A-GPS 模块根据 GPS 信息接收原始 GPS 信号；移动终端在接收到原始信号后对其进行解析，同时计算移动终端到卫星的伪距，得出结果后将结果返回给服务器；服务器接收到数据后继续进行计算，完成 GPS 的信息处理，并给出移动终端的位置；最后通过网络将移动终端的位置发给应用平台或定位网关。其定位原理如图 3.17 所示。

未采用辅助信息时，接收机首次锁定时间（TTFF）需要 20～45 s，采用辅助信息时，可降到 1～8 s。固定 GPS 接收机一般距离间隔为 200～400 km，形成一个辅助网络。移动目标与 GPS 辅助网络之间的定位辅助信息可以通过 SMS 业务流程传送。

（3）A-GPS 定位模式。A-GPS 分为基于终端定位（Mobile Station Based，MSB）和终端辅助定位（Mobile Station Assisted，MSA）两种定位模式。在 MSB 模式下，定位服务器将电离层模型、参考时间、参考位置、UTC 模型和卫星星历等辅助数据发送给移动终端，移动终端基于这些数据，利用自身的 GPS 接收机捕获 GPS 卫星信号，完成解扩、解算等步骤，最终得到位置信息并将位置信息回传给基站。在 MSA 模式下，定位服务器将参考时间和捕获辅助数据传送给终端，移动终端依据这些信息捕获 GPS 卫星，测量伪距并将伪距信息发给定位服务器，由定位服务器解算出位置信息并回送给终端。A-GPS 定位系统的主要分为 3 部分：定位服务器、接收机和移动终端。接收机不断接收实时的星历数据，保存在服务器；移动终端接收部分必要的星历数据，同时和服务器通信，获得 GPS 辅助信息；定位服务器控制整个定位流程，是系统的关键设备。

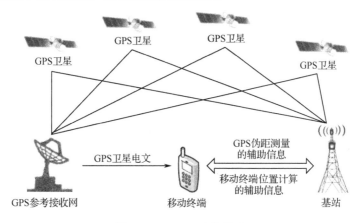

图 3.17　A-GPS 定位原理

（4）A-GPS 定位流程[35,36]。接收机实时从卫星处获得参考数据（时钟、星历表、可用星座、参考位置等），通过网络提供给定位服务器。当移动终端需要定位数据时，定位服务器通过无线网络给终端提供 A-GPS 辅助数据，具体工作流程如下。

① 移动终端首先将本身的基站地址通过网络传输到定位服务器。

② 定位服务器根据该终端的大概位置传输与该位置相关的 GPS 辅助信息（GPS 捕获辅助信息、GPS 定位辅助信息、GPS 灵敏度辅助信息、GPS 卫星工作状况信息等）和移动终端位置计算的辅助信息（GPS 历书及修正数据、GPS 星历、GPS 导航电文等），利用这些信息，移动终端的 A-GPS 模块可以很快捕获卫星信号，以提升对 GPS 信号的捕获能力，缩短对 GPS 信号的首次锁定时间（Time To First Fix，TTFF），并接收 GPS 原始信号。

③ 移动终端在接收到 GPS 原始信号后解调信号，计算终端到卫星的伪距。

④ 若采用移动终端辅助（MSA）的定位模式，移动终端将测量的 GPS 伪距信息通过网络传输到定位服务器，定位服务器根据传来的 GPS 伪距信息和来自其他定位设备（如差分 GPS 基准站等）的辅助信息完成对 GPS 信息的计算，并估算该终端的位置。

⑤ 若采用基于移动终端（MSB）的定位模式，移动终端根据测量的 GPS 伪距信息和网络传来的其他定位设备的辅助信息完成对 GPS 信息的计算，把估算的移动终端位置信息传给定位服务器。

⑥ 定位服务器将该移动终端的位置通过网络传输到应用平台。与此同时，接收机实时

从卫星处获得参考数据（时钟、星历表、可用星座、参考位置等），通过网络提供给定位服务器。当移动终端需要定位数据时，定位服务器通过无线网络给移动终端提供 A-GPS 辅助数据，以减少 TTFF，从而大大提高 A-GPS 接收的灵敏度。

（5）A-GPS 定位技术优势[35,36]。A-GPS 定位技术相对其他定位技术有很多优点，首先，它的精度是所有定位技术中最好的，而且响应时间适宜；另外，除了要求建立 GPS 辅助网络外，它无须对现有网络中的实体进行任何改动，便于在现有网络基础上部署应用。其优势有以下几个方面。

① 减少首次锁定时间。通过服务器传送卫星的星历与时钟参数，接收机不用从卫星信号中收集与解码导航数据，数据率按通用分组无线业务（General Package Radio Service，GPRS）中的 56 kbps 计算，得到卫星数据的时间大幅度地减少，使得首次锁定时间远小于传统定位算法。

② 减少捕获卫星信号的时间。由于接收机与卫星的相对运动，在频率上接收信号相对于原始信号产生了漂移，称为多普勒频移。在接收机锁住卫星信号前，必须对码相位与多普勒频移进行搜索。通过提供卫星时钟参数和星历数据，能计算出精确的卫星位置和速度数据，进而计算出卫星信号的多普勒频移，减少接收机的搜索频率点。如果能够提供精确的参考时间，性能将得到进一步改进，码相位搜索区域将会大大地减少，可以由 1023 个码片减少到 10 个码片左右。如果每个频率点和码相位点的搜索时间相同，则会进一步减少首次锁定时间。

③ 加强接收机敏感性。由于接收机搜索的频率点和码相位大幅度减少，在保证全部搜索时间不多于传统 GPS 接收机的情况下，在有效的搜索区域可以驻留更长的时间，能够对传统 GPS 接收机不能识别的弱信号进行测量。

④ 改善服务连续性。在卫星信号的捕获过程中，建筑物、植被或者其他的建筑或自然因素会遮挡部分或者全部的卫星，使接收端无法连续获得卫星信号，因而得不到卫星的星历和时钟数据，不能实现定位。通过服务器提供的辅助数据能够解决这类问题，较好地实现定位。

⑤ 加快位置解算。服务器提供的辅助数据中含有近似位置和精确时间，能够较大地减少位置解算时间。

（6）A-GPS 应用案例。因为 A-GPS 需要网络支持，因此目前使用该技术的大部分设备为手机。

① 目前大部分支持 A-GPS 的手机采用一种纯软件的 A-GPS 方案。该方案基于 MS-Based 位置计算方式。具体的方案为：定期下载星历数据到手机中，手机中的 A-GPS 软件会根据星历信息计算出当前位置的可用卫星信息，从而提供给设备用于快速搜星。用户可以选择通过 Wi-Fi、固网等免费网络定期更新星历数据，从而避免使用蜂窝网络产生的数据流量费用。当然，由于星历信息可能存在延迟，因此搜星时速度可能有所下降，但是仍然会比传统 GPS 定位快很多倍。

该方案的优点是纯软件，不需要专门的 A-GPS 硬件，几乎所有 GPS 手机都可以使用；同时用户可以根据情况指定星历更新周期及更新方式，控制或减免蜂窝网络数据流量。

② 部分运营商的 A-GPS 方案中，实施了在无 GPS 信号时自动切换到 GSM 蜂窝基站 Cell-ID 定位的措施，从而一定程度上解决了室内定位的问题，如中国移动的 OMA A-GPS 方案。

③ 世界范围内一些 A-GPS 芯片或相关服务已经广泛使用。

● SiRF 公司的 A-GPS 芯片提供了硬件层次上的 AGPS 方案。

● U-Blox 的 AssistNow A-GPS 服务提供了 AssistNow Online（在线 AssistNow）和 AssistNow OffLine（离线 AssistNow）两种易用的 A-GPS 方案。实际上这两种方案分别就是 MS-Assisted 和 MS-Based 两种定位计算方式的实现。

④ 国内电信运营商的 A-GPS 方案。中国移动正在制订的 A-GPS 方案基于 OMA 的 SUPL 规范，是一种用户平面的解决方案。中国联通提供的 GPS One 是 MS-Assisted 方式的 A-GPS 定位方案，也基于用户平面方式，目前只用于 CDMA 网络。

2．GPS One 定位技术

（1）GPS One 定位技术简介。由于 GPS 及 A-GPS 技术[37,38]中需要移动目标实时跟踪 4 个以上的 GPS 卫星信号，而且还需要根据获得的位置信息完成当前位置的计算，这就造成了 GPS 终端体积较大、耗电较高的特点。GPS One 技术是美国高通公司在 GPS 定位技术基础上，针对上述缺点进行优化，并融合了 Cell-ID、AFLT 等蜂窝定位技术而形成的一项专利技术。GPS One 定位技术结合了高级前向链路三角测量法和辅助全球卫星定位，把移动终端定位技术与网络定位技术结合起来。

（2）GPS One 定位原理[37,38]。成功的定位需要移动终端和网络上部署的定位系统相互配合。一般而言，从定位能力的发起者来区分，可以分成网络端发起的定位（Network Initiated，NI）和终端发起的定位（Mobile Originated，MO）。其中，GPS One 是基于 MO 式定位的终端启动对自己进行定位的流程，通过与定位平台的交互获得自身位置的定位技术。通过通信网络 CDMA，GPS One 定位平台就可以将 GPS 定位计算所需的定位信息传递给终端，定位流程得到极大的优化。GPS One 定位的基本过程：终端向定位平台发起请求，定位平台向终端发送辅助 GPS 定位信息，终端测量伪距并提交给定位平台，并由定位平台计算终端最终位置。整个过程中的复杂定位计算工作全都由定位平台来完成，大大提高了终端定位精度、定位速度，节省了终端有限的资源，其定位原理描述如图 3.18 所示。

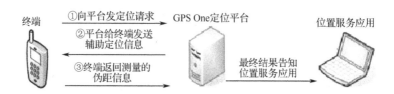

图 3.18　GPS One 定位原理

（3）GPS One 定位方式[37,38]。相较于传统的 GPS 定位技术和无线网络定位技术单一的定位方式，GPS One 系统融合了这两种信息源，只要有 1 颗卫星和 1 个小区站点就可以完成定位，解决了传统 GPS 无法解决的问题。GPS One 技术是传统 GPS 定位技术与 CDMA 网络技术巧妙结合的混合型定位技术，其一般定位模式为 GPS One=A-GPS+AFLT（高级三角定位算法）+Cell ID（蜂窝小区定位）。最新 GPS One 定位系统还兼容和引入了混合扇区定位 Mixed Cell Sector、扇区定位 Cell Sector、区域定位 B.S.Region 和缺省值定位 Default 等几种定位算法。GPS One 系统采用多种定位方式，有效地解决了定位能力不足的局限性，提高了定位服务的质量。

其中，高级前向链路三角算法（Advanced Forward Link Three Edge Measurement，AFLT），是一种基于 CDMA 网络的独特定位技术。当卫星不参与定位时，终端通过基站天线的位置来定位。移动定位终端在 CDMA 网络中采用软切换技术，可同时监听多个基站的导频信息，如图 3.19 所示。CDMA 网络中的终端和基站时间同步，测定每个基站导频信号到达终端的时间差，最终利用三角算法计算终端的位置。CDMA 网络的软切换特性和同步特性是 AFLT 算法实现的关键。

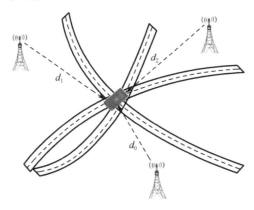

图 3.19　三角定位算法

（4）GPS One 网络架构[38]。GPS One 定位系统在 CDMA 网络中的定位平台主要由 MPC、PDE、WARN 等组成，其中 MPC 为移动定位中心，负责提供终端定位请求的接入和管理、计费、系统维护；PDE 为定位实体，它根据终端的所处环境选择 AGPS、ATLT 等最佳定位方法计算和确定终端位置。当收到定位请求时，特定的定位算法利用 PDE、MSC、BSC 及 MS 等相关设备交互的各种测量信息、数据来实现定位计算，并将最后的计算结果报告转给 MPC。PDE 通过 TCP/IP 分组数据网络与 MPC 和 MS 相连，存有 BSA 基站数据库，负责与终端交互并进行定位计算；WARN 为由若干个 WARN 站组成的广域

参考网，负责动态监听 GPS 卫星数据。GPS One 定位系统在承载网 CMDA 中的网络结构图如图 3.20 所示。

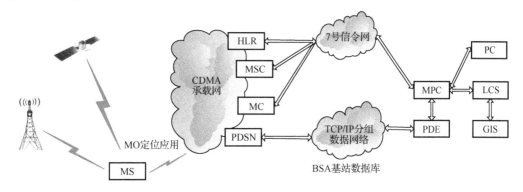

图 3.20　GPS One 定位系统网络结构图

（5）GPS One 的特点[37]。

① 精度高：在较好的条件下，定位精度能达到 5～50 m。

② 定位时间短：完成一次定位只需几秒到几十秒时间。

③ 灵敏度高：GPS One 系统的基础设施辅助设备提供了比常规 GPS 定位高 20 dB 的灵敏度，性能的改善使 GPS One 混合式定位方式可以在现建筑物的内部深处或市区的楼群间正常工作，而传统 GPS 方案在这些地方通常是无法正常工作的。

④ 终端集成度好：定位功能集成在 CDMA 核心芯片中，支持 GPS One 定位技术的手机或终端，与普通 CDMA 手机在尺寸、耗电及成本方面均无大的差别。

（6）GPS One 应用案例。2002 年 2 月 27 日，美国德克萨斯州警官 MikePrivitt 的汽车在结冰的公路上翻了，他顿时头昏目眩，不知所措。在他拨打 911 紧急呼救后仅几分钟，急救人员就成功地找到了他。正是装在手机中的 GPS One 芯片在他拨打 911 呼救时自动将他的遇险地点发送给了援救人员。同一天早上，在日本东京由珠宝店员工押运的一袋价值 100 亿美元的珠宝在火车上被盗了。仅在案发后一个小时，警方就在距该火车 12 km 处追踪到被盗珠宝。原来物流公司早已运用 GPS One 技术追踪物品的行踪。

2011 年 6 月，中国电信江西电信信息产业有限公司应用 GPS One 定位技术，基于电信 CDMA 网 LBS 移动定位平台自主研发成功外勤管家手机定位产品，成功实现国内 GPS One 手机应用，包括电信普通手机和天翼 3G 等手机产品。该软件通过电脑后台管理，实现信息覆盖区域手机定位。面向外勤人员的外勤管家实现企业管理员快速、方便定位外勤人员所处位置，不仅可以精确掌握外勤人员位置，充分调配员工的办事效率、提升积极性，而且实现企业信息发布、员工考勤，迅速精确收集市场信息，最终使实现企业沟通、决策、执行达到最佳效率。

3.2.4 量子定位技术

1. 量子定位技术简介

全空域、全时域的无缝定位导航是未来定位导航产业的技术制高点。随着量子精密测量技术的快速发展，基于量子精密测量的陀螺及惯性导航系统具有高精度、小体积、低成本等优势，将对无缝定位导航领域提供颠覆性新技术。

基于量子技术的量子定位系统（Quantum Positioning System，QPS）[39]作为一种定位精度高、保密性能强的导航定位技术，就是其发展重点之一。量子定位的概念最先是由美国麻省理工学院研究人员于 2001 年提出，其与传统定位系统的本质区别在于所采用信号的不同。量子定位系统采用的是具有量子特性的光子脉冲，利用光子的微观量子特性，如量子纠缠和量子压缩态，量子定位系统就能够超越经典测量中能量、带宽和精度的限制，精度可接近海森堡测不准原理所限定的物理极限。

2. 量子定位系统的原理[39]

量子定位技术利用具有量子特性的激光脉冲，取代传统 GPS 的微波信号来实现精确定位。微波信号的长波长波束覆盖宽，激光的波长很短，指向性很高，卫星与用户间的传统同步方法不再适用。因此量子定位系统的定位不应是取代现有 GPS，而是与 GPS 相结合，实现安全高精度的定位目的。通过对量子定位技术原理的研究与优选，提出具有实用性的量子定位系统体系架构以及面向用户的应用模式，才能将量子定位系统推广应用。其定位原理图如图 3.21 所示。

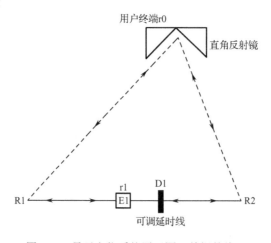

图 3.21　量子定位系统原理图（单根基线）

量子定位系统由量子纠缠态光源、HOM 干涉测量部分，以及系统控制部分组成，其基本原理与关键特性如下。

（1）高性能量子纠缠态光源。在光与非线性晶体相互作用的过程中，能够产生一种非线性光学效应，这种效应对低频率光子具有很强的量子纠缠、关联和非定域特性，可实现时间和空间上的高精度测量。作为光源，光子纠缠态的纠缠纯度、退相干时间对系统性能将产生巨大的影响。

（2）高稳定 HOM 干涉测量与处理。在量子力学双光子复合计数（Hong-Ou-Mandel，HOM）的干涉中，由于双光子的纠缠特性，干涉是不可区分的双光子整体态。当两个光子在时域上同时到达分束片上时，双光子态不可区分，此时干涉出现，两个探测器的计数出现强的反关联。反之，当我们改变一条链路中的延时，致使复合计数出现强的反关联时，即可知道此时两个光子在时域上不可区分。这正是利用 HOM 干涉实现量子定位系统的基本原理。

（3）高精度 ATP 与时间同步技术。在单组基线的系统中，需通过改变可控反射模块来实现基线与待测点 r0 之间建立稳定的光链路。二者的精确指向将影响到最终定位的精度，因此对反射模块的反射角度需要进行反馈控制。在利用参考光实现对于待测点 ATP（获取、跟踪、瞄准）之后，定位过程将通过精密调整延时并观测探测器的复合计数来实现。

3. 量子定位技术的发展前景

量子定位技术作为一种不同于传统 GPS 的新型精确定位技术，是量子光学和通信导航技术相融合的典范。这项技术的深入研究，能为下一代高精度导航系统提供量子水平的定位精度。特别是在以下两个方面。

（1）量子定位系统技术理论和工程实现将促进电子信息系统进入量子时代。随着信息化社会的发展，未来将逐步进入量子的时代。在量子领域的实用化进程中，高性能、大规模的量子设备（如星地量子保密通信、量子计算处理芯片、高性能纠缠源）已逐步面世。这也为量子定位技术逐步实用化提供了良好的基础。

（2）量子定位系统与量子密码技术的结合是未来实用化的最佳途径。目前量子密码是目前最具有实用性的量子技术。将量子定位系统与量子密码技术相结合，扩展研发系统的功能，改善系统的安全性与抗干扰性，这对于军用安全电子以及电子对抗装备意味着创新的实现。同时作为一种全新的交叉领域的产物，针对量子定位系统技术的深入研究和实际系统研制，将大力促进我国在量子领域、激光通信等相关学科的快速发展。

3.3 本章小结

移动定位技术已经深入人们的日常生活，如何快捷、有效地实现实时定位已经是定位行业正在解决的问题。本章先对室外定位技术的定位场景及其应用领域进行分析，之后将室外定位技术分为卫星定位技术、移动定位技术、混合定位技术三类分别对其进行详细说明。在 3.2.1 节中，对目前主流的四大卫星定位系统（GPS 系统、GLONASS 系统、BDS 系统、GSNS 系统）进行分析；在 3.2.2 节中，对 COO 技术、TOA 和 TDOA 技术、E-OTD 技术、AOA 技术、信号衰减技术、IPDL/AFLT 技术、TA 定位技术进行详细阐述；在 3.2.3 节中，对 A-GPS 定位技术和 GPS One 定位技术进行详细阐述。

参考文献

[1] 袁正午，褚静静，邓思兵，等．移动终端定位技术发展现状与趋势[J]．计算机应用研究，2007，24(11):1-5．

[2] 姜军．导航定位技术的发展和军事应用[J]．现代防御技术，2009，37(3): 44-48．

[3] 辛洁，赵伟，张之学，等．卫星导航系统发展及其军事应用特点分析[J]．导航定位学报，2015，3(4):38-43．

[4] Idris A N, Suldi A M, Hamid J R A, et al. Effect of radio frequency interference (RFI) on the Global Positioning System (GPS) signals [C]. // Proceedings of 2013 IEEE 9th International Colloquium on Signal Processing and its Applications. Kuala Lumpur, 2013: 199-204．

[5] Fan B, Leng S, Liu Q. GPS: A method for data sharing in Mobile Social Networks [C]. // Proceedings of Networking Conference, 2014 IFIP. Trondheim, 2014: 1-9．

[6] Huang J Y, Tsai C H. Improve GPS positioning accuracy with context awareness [C]. // Proceedings of 2008 First IEEE International Conference on Ubi-Media Computing. Lanzhou, 2008: 94-99．

[7] Binjammaz T, Al-Bayatti A, Al-Hargan A. GPS integrity monitoring for an intelligent transport system [C]. // Proceedings of 2013 10th Workshop on Positioning Navigation and Communication. Dresden, 2013: 1-6．

[8] FARLEY G, CHAPMAN M. An Alternate Approach to GPS Denied Navigation Based on Monocular SLAM Techniques [C]. // Proceedings of the 2008 National Technical Meetings of The Institute of Navigation. San Diego, 2008: 810-818．

[9] 石卫平．国外卫星导航定位技术发展现状与趋势[J]．航天控制，2004，22(4):30-35．

[10] 庄春华，赵治华，张益青，等．卫星导航定位技术综述[J]．导航定位学报，2014，2(1): 34-40．

[11] 杨龙，陈金平，刘佳．GNSS 地面运行控制系统的发展与启示[J]．现代导航，2012，11(4): 235-242．

[12] Ge M R, Gendt G, Dick G. A new data processing strategy for huge GNSS global networks [J]．Journal of Geodesy, 2014, 88(9): 857-867．

[13] 刘基余．北斗卫星导航系统的现况与发展[J]．遥测遥控，2013，34(3): 1-8．

[14] 吴海玲，高丽峰，汪陶胜，等．北斗卫星导航系统发展与应用[J]．导航定位学报，2015，3(2): 1-6．

[15] 杨元喜. 北斗卫星导航系统的进展、贡献与挑战[J]. 测绘学报，2010，39(1): 1-6.

[16] Heinw P. The European satellite navigation system Galileo [M]. Institute of Geodesy and Navigation University FAF Munich, 2003.

[17] 王克平，边少锋，翟国君，等. Galileo 与 GPS 卫星导航系统的性能比较研究[J]. 海洋测绘，2008，28(6): 74-78.

[18] 赵大海，宗刚. 伽利略卫星导航系统概述[J]. 全球定位系统，2011，11(1): 62-66.

[19] 董辉，朱义胜. 伽利略系统及其在海事方面的应用[J]. 中国航海，2004，(3): 18-22.

[20] 曹永升，梁胜祥，谢冠恒，等. 移动定位技术的现状与发展趋势[J]. 电子技术应用，2015，41(1): 17-20.

[21] Huang B, Xie L, Yang Z. Analysis of TOA localization with heteroscedastic noises [C]. // Proceedings of 2014 33rd Chinese Control Conference. Nanjing, 2014: 327-332.

[22] Sharp I, Yu K. Indoor TOA Error Measurement, Modeling, and Analysis [J]. IEEE Transactions on Instrumentation and Measurement. 2014，63(9): 2129-2144.

[23] Shikur B Y, Weber T. TDOA/AOD/AOA localization in NLOS environments [C]. // Proceedings of 2014 IEEE International Conference on Acoustics, Speech and Signal Processing. Florence, 2014: 6518-6222.

[24] Hara S, Anzai D, Yabu T, et al. A Perturbation Analysis on the Performance of TOA and TDOA Localization in Mixed LOS/NLOS Environments [J]. IEEE Transactions on Communications. 2013, 61(2): 679-689.

[25] Vaghefi R M, Schloemann J, Buehrer R M. NLOS mitigation in TOA-based localization using semidefinite programming [C]. // Proceedings of 2013 10th Workshop on Positioning Navigation and Communication. Dresden, 2013: 1-6.

[26] 邓平，李莉，范平志. 一种 TDOA/AOA 混合定位算法及其性能分析. 电波科学学报，2012，17(6): 633-636.

[27] 俞一鸣，姚远，程学虎. TDOA 定位技术和实际应用简介[J]. 中国无线电，2013，(11): 57-58.

[28] Do T, Yoo M. TDOA-based indoor positioning using visible light [J]. Photonic Network Communications.2014, 27(2): 80-88.

[29] Tian H, Wang S, Xie H. Localization using Cooperative AOA Approach [C]. // Proceedings of WiCom 2007. International Conference on Wireless Communications, Networking and Mobile Computing. Shanghai, 2007: 2416-2419.

[30] 齐双. 基于移动终端的 Wi-Fi 指纹定位技术研究[D]. 北京工业大学，2015.

[31] 王凡，周怀北. 基于信号衰减的蜂窝移动定位技术[J]. 计算机工程与应用，2006，(9): 129-131.

[32] 李文龙，邹德财，焦荣华. TD-SCDMA 系统 OTDOA-IPDL 定位方法[J]. 现代电子技术，2014，37(10)，123-126.

[33] 田金鹏，张端金. 七号信令在现代通信中的应用[J]. 现代电子技术，2005，(7): 1-4.

[34] 刘贤庆，丛中昌. 基于移动终端的定位技术解析[J]. 通信管理与技术，2012，(4): 14-16.

[35] 闫彭. 基于 AGPS 手机的交通方式识别研究[D]. 北京交通大学，2012.

[36] 刘政，安旭东，张维伟. AGPS 技术及测试标准[J]. 现代电信科技，2012，(5): 28-31.

[37] 徐尽，孟雷. GPSOne 定位技术应用[J]. 通信技术，2008，41(12): 239-240.

[38] 王新晖，胡福乔. GPSOne——混合定位系统展望[J]. 计算机测量与控制，2004，12(7): 610-612.

[39] 许方星. 简析量子定位技术及应用前景[J]. 科技资讯，2014，(22): 7-9.

第4章

室内定位技术

4.1 定位场景

随着基于用户位置信息的相关技术的应用和发展，位置服务（LBS）已经成为人们日常工作、生活所必需的一项基本服务需求，尤其在大型复杂的室内环境中，如博物馆、机场、超市、医院、地下矿井等区域，人们对位置服务有迫切需求。在移动互联网迅速发展和位置服务应用需求的推动下，当前室内定位技术处于较快的发展阶段，研究者们提出了众多室内定位技术的理论与方法。定位技术可以分为室外定位技术和室内定位技术两种，在室外环境下，全球定位系统（GPS）、北斗定位系统（BDS）等全球导航卫星系统（GNSS）为用户提供米级的位置服务，基本解决了在室外空间中进行准确定位的问题，并在日常生活中得到了广泛的应用。然而，在占人类日常生活时间 80%的室内环境中，受到建筑物的遮挡和多径效应的影响，卫星定位精度急剧降低，无法满足室内位置服务需要，但室内定位在一些特定场合的迫切需求已经日趋显著，因此，室内定位技术成为专家学者的研究重点[1]。

相对于传统的室外定位技术，室内定位技术由于其环境的特殊性，存在以下技术难点：

（1）卫星定位信号变弱。室内环境由于墙体的遮蔽，尤其是钢筋混凝土时，卫星定位信号穿过建筑物后会明显变弱，传统依靠卫星定位进行定位的技术，精确度大幅降低。所以室内环境不适宜使用卫星定位技术进行定位。

（2）障碍物多。建筑物内通常会有各种障碍物，包括家具、房间和行人等。障碍物位置各异，房间布局不同，行人时刻在动，大量的不确定性使室内环境异常复杂。

（3）干扰源多。由于室内环境相对封闭，声音、光线、温度等干扰源都会对定位设备的传感器造成一定的影响，特别是声音和光线，会在室内进行多次反射，使室内干扰情况更加复杂。

（4）多层建筑中的定位。室内定位不仅要考虑二维平面的位置，在多层建筑中还要考虑楼层的位置，包括地上和地下部分。

（5）未知环境定位困难。目前大部分室内定位技术都基于对室内环境了解的基础上，但实际应用中也许得不到环境信息，或者定位基础设施遭到破坏，如地震、反恐等特殊情况时，减少对环境依赖性的室内定位也是一项难题。

室内定位技术提出早、发展快且成果显著。但起步较晚，该领域还有很多空白，但人们对室内定位技术的关注从未中断。美国联邦通信委员会（Federal Communications Commission，FCC）在 1996 年制定了 E-911 定位标准，然后在各行业应用需求的推动下，室内定位技术得到了快速的发展。目前，国内外研究者们提出了基于物联网常用的近距离通信技术，如蓝牙（Bluetooth）、红外线（Infrared Ray）、射频信号（Radio Frequency，RF）、WLAN、超宽带（Ultra Wide Band, UWB）、超声波等室内定位技术及应用系统。定位技术的影响延伸到了包括军事、科技，以及人们普通生活在内的各个领域，而室内定位技术作为定位技术在室内环境的延续，弥补了传统定位技术的不足，有着良好的应用前景[1-3]。

1. 室内位置服务

伴随社交网络而出现的基于位置的服务能够根据人们日常的生活规律打造个性化的生活方式。而室内定位技术的发展，能进一步完善基于位置服务，能帮助人们完成各种繁杂、耗时的任务。这些解决方案和应用将是基于位置服务行业未来的发展方向，并将统领整个市场。

室内位置服务已经在大型商场、电影院、展馆、机场等室内环境中得到了应用。在室内定位技术的推动下，各种室内位置服务应用产品不断涌现出来，为用户提供室内导航、周边搜索、室内寻车和位置社交等服务。例如，在布局比较复杂的大型超市中，通过室内定位，用户能够查找感兴趣商品的位置和周边情况，能更好地确定行进线路方便购物，超市也可以根据用户位置提供相应的商品推荐服务，基于位置的广告和位置搜索服务具有很高的商业价值。

2. 公共安全

室内定位对行政执法、应急救援与消防等方面具有重要的作用。在室内火灾等应急救援环境中，室内定位可以获取消防员、待救援人员等其他人员的位置，能更好地保障消防员和受困人员的安全，有助于快速展开有效的救援行动。

当发生地震、火灾等紧急事件时，救援的关键就是快速确定人员位置。特别是当建筑物由于火灾、地震的影响，与原布局相比发生较大变化的时候，凭借经验很难快速定位人员位置，而且盲目寻找很危险。此时，室内定位技术为救援提供了强有力的技术支持，不仅节约时间，还可以为救援规划安全救援路线。

当发生人质劫持、炸弹威胁等公共安全事件时，了解建筑物内的情况，快速定位人员的分布，能够为事件的快速解决提供很大的帮助。同时在反恐部队进入建筑物执行任务时，室内定位技术能帮助其确定自己和同伴位置，有利于进行战术协同和配合，提高执行任务的效率和安全性。

3．社交网络

社交网络在人们的生活中扮演着重要的角色，它已成为人们生活的一部分，并对人们的信息获得、思考和生活产生不可低估的影响。位置信息是社交网络的核心，在占人们生活时间 80%左右的室内环境下，真实准确的位置信息能把朋友与活动关联起来。

4．智能交通

室内定位技术支撑了室内外无缝导航服务，为车辆提供了从道路到停车场的全程导航服务，用户在室内停车场内即可设置导航到的目的地。室内停车场的寻车服务是室内定位技术的一个重要应用，解决了大型复杂地下停车场寻车难题。

5．安全医疗

在医院，对医务人员和病人进行位置跟踪也变得越来越重要。聚美物联在华山医院实现婴儿防盗，芜湖第二人民医院实现移动医疗设备定位，镇江第四人民医院实现精神病患者定位。美国梅奥诊所和波士顿儿童医院已经开始了患者导医试点，患者在挂号窗口下载医院的导航应用之后能够轻松找到相关科室、病房，实时查询当前就诊排队状况，访问健康记录，就诊后进行点评，设置重要信息提醒等。

6．位置跟踪与分析

室内位置跟踪对于人员和物品的安全保障具有重要的作用。在地下矿井中，通过室内定位技术可以实时监控矿内工人的位置状态，出现事故时，能快速确定受困人员位置，以便及时进行救助。在仓储物流等方面，室内定位技术可以帮助企业对物资进行有效管理，实时监控物品的位置与动向。分析用户在商场的停留位置等行为特征可以帮助广告商分析用户的消费习惯和需求，发送更加精准的广告。

4.2　无线信号定位

无线信号定位技术主要指的是诸如 WLAN、RF、BLE、UWB 等基于无线电信号传播的定位技术，大多的无线信号定位技术根据设备信号发射功率的不同，具备不同的通信范围。无线信号定位技术的优点是无接触和自动识别，其缺点是定位范围较小且不易与其他定位技术进行融合。几乎所有的无线信号定位技术都可以应用基于测距的定位方案，除了基于测距定位方案以外，有一些定位技术还可以应用基于非测距的定位方案。基于测距的定位就是利用定位设备的接收信号强度与距离的关系，应用三边定位等定位算法计算得到定位位置；基于非测距的定位通常指的是根据室内定位场景各个采样点的接收信号特点，构建室内指纹地图，最后利用指纹定位算法计算定位位置。

4.2.1 RFID 技术

1. RFID 定位技术介绍

基于射频识别（Radio Frequency Identification，RFID）的定位技术[2,4-7]利用射频信号进行非接触式双向通信交换数据以达到识别和定位的目的。在日常生活中，常见 RFID 应用技术主要应用于感应式门禁卡、感应式刷卡机等其他近场通信领域。

2. RFID 室内定位系统的基本结构

RFID 技术是一种非接触式的自动识别技术[4,8-10]，它可以发射射频信号来识别接收对象来获得数据信息。基于 RFID 的室内定位系统采用基于信号强度分析，检测待定位标签和读卡器之间信号强度，再由已知标签和读卡器之间信号强度，解算出待定位标签的位置。系统主要由三部分组成：RFID 标签、读卡器，以及在标签和读卡器之间的微型天线，其组成如图 4.1 所示。读卡器发出固定频率的电磁场，当标签处于电磁场范围内便获得能量并上电复位。此时处于休眠状态的标签被激活，并将识别码等信息调制至载波经卡内天线发射出去，供读卡器处理识别。

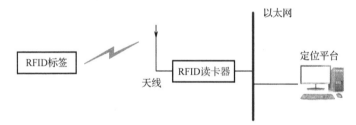

图 4.1　RFID 室内定位系统组成

系统采用已知位置参考标签辅助定位，已知坐标位置的参考标签作为定位系统的参考点。系统还包括一个由读卡器和参考标签组成的传感器网络，以及用于用户设备与 Internet 间通信的无线网络。标签和读卡器分布如图 4.2 所示。

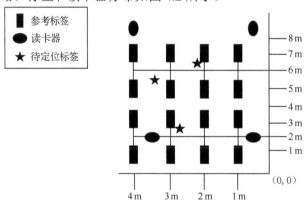

图 4.2　RFID 系统读卡器和标签分布

其中，读卡器的工作范围是 50 m 左右，如果增加特殊天线，覆盖范围可达 300 m。当待定位标签处于检测范围内时，读卡器读取待定位标签和参考标签的识别码信息和信号强度信息。根据信号强度与距离的关系可确定待定位标签位置。

3. RFID 标签分类

RFID 标签分为有源标签和无源标签[4,11,12]，有源标签的工作电源完全是由内部电源供给，同时电池的能量部分转化为射频能量。无源电子标签没有内装电池，在读写器读取范围之内的时候，标签从射频能量提取能量来作为供电源。无源标签优点是体积小、成本低，读写距离方面性能则不如有源标签。RFID 的读写器分为如下几个部分：天线、射频发射模块、信号处理模块、控制模块及接口电路模块。天线和射频发射模块主要是完成射频信号接收、发射、控制功率等工作；信号处理模块负责加/解密、纠错和校验等功能；控制模块是用来协调读写器的工作；接口电路主要负责数据管理模块与读写器之间的信息传递。数据管理模块实现数据的存储及管理，位于多处的 RFID 读卡器和接口，实时读取射频读写模块的标签信息。

4. RFID 区域和点式定位[4,13,14]

在一些实际应用中，对于定位精度要求不高的区域定位，则采用简单的 RFID 阅读器定位方法，每个 RFID 阅读器都有一定的接收距离，合理部署 RFID 阅读器，通过软件组合逻辑判断定位标签在哪个阅读器读取范围之内，该定位精度取决于阅读器读写距离，以及阅读器安装的密度，一般实际应用精度在 10 m 左右，如图 4.3 所示。如果要在此基础上实现某些特定区域或轨迹的精确定位，则可以增加低频 RFID（125 kHz）唤醒器和带低频唤醒的 RFID 标签，由于 125 kHz 低频电磁波基本不受环境影响，而且识别距离可稳定控制在 1~3 m 范围，其精度小于 1 m。

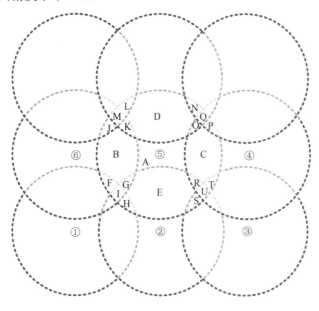

图 4.3　RFID 区域定位系统

5．RFID 室内定位技术典型系统 LANDMARK

LANDMARK 系统是应用 RFID 的典型的室内定位系统。该系统通过参考标签和待定位标签的接收信号强度（Received Signal Strength Indication，RSSI）的分析计算，利用最近邻居算法（Nearest Neighbor，NN）和经验公式计算出待定位标签的坐标。

LANDMARK 系统定位精度：平均 1 m。

缺陷：LANDMARK 系统有几方面缺陷。首先，系统定位精度由参考标签的位置决定，参考标签的位置会影响定位；第二，系统为了提高定位精度需要增加参考标签的密度，然而密度较高会产生较大的干扰，影响信号强度；第三，要通过计算欧几里得（Euclidean）公式得到参考标签和待定标签的距离，所以计算量较大。

4.2.2　WLAN 技术

1．WLAN 技术简介

WLAN 即无线局域网[15,16]，现已被广泛应用于各个领域之中，WLAN 拥有很多的实现协议，其中最为著名便是无线保真技术——Wi-Fi。如今，Wi-Fi 技术已经比较成熟，主要用于无线数据的传输。在日常生活中，基于 Wi-Fi 技术的各种应用已经十分的普及；在室内定位领域，Wi-Fi 技术是目前最热门的定位技术之一。

2．WLAN 定位系统组成

基于 WLAN 的室内定位系统主要包括三个部分[17-21]：终端无线网卡、位置固定的 WLAN 热点（Access Point，AP）和定位平台。系统采用基于信号强度的指纹定位技术，通过 IEEE 802.11 标准无线网络对空间进行定位。在系统实施上又分为离线建库和实时定位两个阶段。

离线建库阶段的主要工作是在 WLAN 信号覆盖范围区域按一定距离确定采样点，形成较为均匀分布的采样点网格，并在每个采样点用终端无线网卡主动扫描区域内各 WLAN 信道上的热点信号，通过接收信号 IEEE 802.11 协议数据帧中的 MAC 地址来辨识不同热点，并记录其信号强度值。每个采样点处测得的全部可见热点的信号强度值、MAC 地址及采样点坐标等信息作为一条记录保存到数据库中，这些采样点所对应的数据库信息被称为位置指纹。根据建立位置指纹数据库的方式，又分为确定性方法和概率分布法。确定性方法是在每条位置指纹记录中保存该信号强度的平均值；概率分布法则是一定时间内信号强度的概率分布特征。相对而言，概率分布法的准确度更高。离线建库阶段原理如图 4.4 所示。

实时定位阶段的主要工作是通过终端无线网卡实时测量可见 WLAN 热点的信号强度信息，与位置指纹数据库中的记录数据进行比较，取信号相似度最大的采样点位置作为定位结果。从机器学习的角度来看，位置指纹法也可以看作先训练计算机学习信号强度与位置间的规律，然后进行推理判断的过程。实时定位阶段原理如图 4.5 所示。

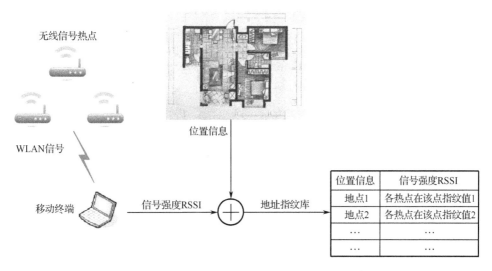

图 4.4　WLAN 室内定位系统离线建库阶段原理

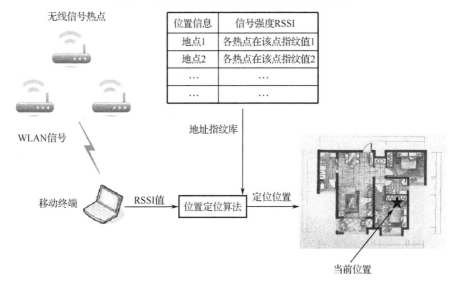

图 4.5　WLAN 室内定位系统实时定位阶段原理

　　代表性的基于 WLAN 的室内定位系统是微软设计院的 Balh 等人设计提出的 RADAR 室内定位系统。

3．WLAN 定位技术特点[22-25]

　　相比于其他几种无线信号技术，Wi-Fi 是具有最长距离的通信距离，即 Wi-Fi 技术用较少的设备就可以较大程度地覆盖整个室内定位区域，这在大规模的室内定位场景中具有较大的优势。除此之外，Wi-Fi 技术还有设备成本低、信号传输速率快、易于部署等。同时，现在市面上绝大多数的智能手机、平板电脑等智能移动终端都集成了 Wi-Fi 通信模块，所以对于 Wi-Fi 定位技术而言，对定位设备没有特殊要求，只需要一台具有 Wi-Fi 通信模块的设备即可，这也使得定位系统的实现成本较低，利于室内定位方案的推广和变更。目前，具有定位需求的大规模室内定位场景，如博物馆、医院、大型商场、机场候机厅等，大多都已经部署了用于无线数据交换的 Wi-Fi 热点。对基于 Wi-Fi 技术的室内定位而言，只要利用适合的定位算法和定位模型，就可以实现对智能移动终端的室内定位和位置追踪，设备利用率较高。Wi-Fi 定位技术可适用于基于测距和基于非测距的两种定位方案。

4.2.3　蓝牙技术

蓝牙定位[26-28]是一种基于 RSSI 的定位方式，和以上技术相比，通过应用低功耗蓝牙（bluetooth low energy，BLE）技术，这种定位技术具有成本较低、使用方便等优点，虽然定位精度不高，但是在很多应用中都可以接收。

同 Wi-Fi 定位技术相似，基于 BLE 的定位方案通常是根据测量蓝牙信号强度进行定位或采用 BLE 指纹定位法进行定位的，该技术是一种短距离低功耗的无线传输技术。BLE 设备的平均通信距离小于 Wi-Fi 路由，可看成一种近场通信技术，同时 BLE 设备的信号发射功率是可调节的，可按需调整发射功率以适应多种室内定位方案。一般 BLE 设备功率较小，能耗较低，通常用电池对设备进行供电，能够实现 BLE 设备的按需部署，以及利用 BLE 设备扫除定位场景内的定位盲点。与 Wi-Fi 定位技术相同的是，市面上的大多智能移动终端也都集成了 BLE 信号收发模块，对于需要定位的室内行人而言，无须额外的定位设备，只需要一部智能手机或平板电脑即可实现室内定位，并且 BLE 定位方案也同时适用于基于测距的和基于非测距的两种定位方案。与 Wi-Fi 技术不同的是，Wi-Fi 定位所应用的 Wi-Fi 路由器大多是需要连接交流电源的设备，对于一些禁止 Wi-Fi 应用的室内场所或未留有足够电源接口的室内定位场所，Wi-Fi 定位方案很难实施，此时可按需部署的电池供电的 BLE 定位方案就成为更好的选择。

蓝牙定位技术是利用测量信号强度来定位的，该无线传输技术具有功耗低、距离短的特点[29,30]。该定位必须在室内装配蓝牙局域网接入点，将网络配制成基于多用户的基础网络连接模式，确保蓝牙局域网接入点一直是主设备，即能够获取用户的方位。蓝牙室内定位技术最大的优点是易于集成移动设备，只要集成了蓝牙设备的移动终端开启蓝牙功能，定位系统就可以进行定位。相比红外定位技术，蓝牙不受视距因素影响，并且容易发现和接收外来信号，但是定位系统所需要的设备较贵，并且对于复杂环境蓝牙定位技术稍差，容易受到噪声干扰。

蓝牙技术属于无线传输技术[26,27]，使用不需申请执照的 2.4 GHz 波段，将 2.4 GHz 这个波段分为 79 个频道，并利用跳频技术将数据平分传入这 79 个频道中，这样不仅可以有效地避开干扰，而且波段的利用率也可以达到最高。蓝牙的数据传输率为 1 Mbps，传输距离为 10 m（理论值为 100 m）。

iBeacon 是苹果公司制定的专用于蓝牙定位的一种协议技术，定位精度在 2～3 m，购物应用 Shopkick 通过在商场中部署蓝牙设备将 iBeacon 应用在实际生活中，我国的"寻鹿"、"广发"等 APP 也采用该定位技术。蓝牙定位技术安全性高、成本低、功耗低、设备体积小，目前大部分手机终端都自带蓝牙模块，容易大范围地普及和部署实施，但是该技术容易受到外部噪声信号的干扰，信号稳定性较差，通信范围较小。

4.2.4　UWB 技术

1．UWB 技术简介

UWB 技术[31-33]是一种不用载波，而利用纳秒至微秒级的非正弦波窄脉冲传输数据的无线通信技术，使用频段为 3.1～10.6 GHz 和低于 41 dB 的发射功率。与 Bluetooth 和 WLAN 等带宽相对较窄的传统无线通信技术不同，UWB 在超宽的频带上发送一系列非常窄的低功率脉冲，其数据速率可达几十 Mbps 到几百 Mbps。UWB 室内定位技术具有抗干扰性强、低发射功率、可全数字化实现、保密性好等优点，特别适合应用在室内定位技术中，近年来成为无线定位技术的热点。

2．UWB 定位系统组成及原理

UWB 室内定位系统[31,32]采用 TDOA 和 AOA 混合定位方法进行高精度定位，该系统包括三部分：活动标签，该标签由电池供电工作，且带有数据存储器，能够发射带识别码的 UWB 信号进行定位；传感器，作为位置固定的信标节点接收并计算从标签发射出来的信号；软件平台，能够获取、分析所有位置信息并传输信息给用户。UWB 室内定位原理如图 4.6 所示。

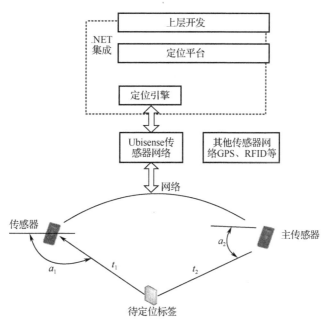

图 4.6　UWB 室内定位系统原理

在 UWB 室内定位系统中，标签发射极短的 UWB 脉冲信号，包含 UWB 天线阵列的传感器接收此信号，并根据信号到达的时间差和到达角度计算出标签的精确位置。传感器按照蜂窝单元的组织形式布置，每个定位单元中，主传感器配合其他传感器工作，并负责与标签进行通信，可以根据需覆盖的范围进行附加传感器的添加。通过这种类似移动通信网络中的单元组合，定位系统可以做到大面积的区域覆盖。同时，标签与传感器之间支持双向标准射频通信，允许动态改变标签的更新率，使得交互式应用成为可能。传感器通过以太网或无线局域网，可以将标签位置发送到定位引擎。定位引擎将数据进行综合，通过定位平台软件，实现可视化处理。

每个传感器独立测定 UWB 信号的到达方向角 AOA；而到达时间差 TDOA 则由一对传感器来测定。目前，单个传感器就能较为准确地测得标签位置，两个传感器能够测出精密的 3D 位置信息。如果两个传感器进一步通过时间同步线连接起来，采用 TDOA 和 AOA 混合定位方式，3D 定位精度将达到 15 cm。典型的基于 UWB 的室内定位系统有 Ubisense 7000 和 Zebra 公司生产的 Dart UWB 室内定位系统。

3. UWB 定位优势[33,34]

随着定位技术的发展和定位服务需求的不断增加，无线定位技术必须克服现有技术的缺点，满足几个条件：高抗干扰能力、高精度定位、低生产成本、低运营成本、高信息安全性、低能耗及低发射功率、小的收发器体积。

采用 UWB 定位技术能够基本满足上述要求，因此成为未来无线定位的首选。UWB 是一种高速、低成本和低功耗新兴无线通信技术。UWB 信号是带宽大于 500 MHz 或基带带宽和载波频率的比值大于 0.2 的脉冲信号（UWBWG，2001），具有很宽的频带范围，FCC 规定 UWB 的频带为 3.1～10.6 GHz，并限制信号的发射功率在-41 dBm 以下。

由此可见，UWB 聚焦在两个领域的应用上，一是符合 IEEE 802.15.3a 标准的短距离高速数据通信，即无线无延迟地传播大量多媒体数据，速率要达到 100～500 Mbps；另一个是符合 IEEE 802.15.4a 的低速低功率传输，用于室内精确定位，例如，战场士兵的位置发现、工业自动化、传感器网络、家庭/办公自动化、机器人运动跟踪等。UWB 信号的特点说明它在定位上具有低成本、抗多径干扰、穿透能力强的优势，所以可以应用于静止或者移动物体，以及人的定位跟踪，能提供十分精确的定位精度。

4. UWB 应用案例[31]

目前美国海军已经开发了一种军用的 UWB 定位系统 PAL（Precision Asset Location），在 L 波段工作，瞬时带宽可以达到约 400 MHz。参考点使用高速隧道二极管检测器来进行 UWB 脉冲的边缘检测，从而可以实现在多径环境中找到第一个到达的脉冲信息，通过优化算法算出待测点坐标。待测点有一个短脉冲发射器，峰值输出功率约为 0.25 W，数据包突发长度为 40 bit，发送周期为 5 s，发射器平均输出功率为-79 dB/MHz，这个功率比美国联邦通信委员会（Federal Communications Commission，FCC）规定的功率还要低 38 dB。该系统在大型集装箱货物环境下可以达到理想的定位精度，但是在小型货物定位时，精度不够理想，改进的 PAL 系统的商用化正在进行之中。此外，美国 AetherWire 公司已经开发出最先进的芯片 Aether5 和 Driver2，它是基于 COMS 和 UWB 频谱开发的，具有体积小、功耗低、穿透力强、不易被察觉和定位精度高等特点，现已广泛用于消防、反恐等领域。

5．UWB 应用前景

采用 UWB 进行无线定位，可以满足未来无线精准定位的需求，在众多无线定位技术中，UWB 有相当大的优势，目前的研究表明超宽带定位的精度在实验室环境已经可以达到十几厘米。此外，超宽带无线电定位很容易将定位与通信结合，快速发展的短距离超宽带通信无疑将带动 UWB 在定位技术的发展，而常规无线电难以做到这一点。虽然无线精准定位技术已有了多年发展，但目前超宽带技术正处于初级发展阶段，精确定位技术的商业化正在进行之中，定位算法还有待改进。随着超宽带技术的不断成熟和发展，市场需求的不断增加，相信不久超宽带定位技术就可以完全实现商业化，精确的超宽带定位系统将会得到广泛的应用。

4.2.5　WSN 技术

1．WSN 技术简介

无线传感器网络（Wireless Sensor Networks，WSN）[35,36]是一种分布式传感网络，它的末梢是可以感知和检查外部世界的传感器节点。WSN 中的传感器节点通过无线方式通信，因此网络设置灵活，设备位置可以随时更改，还可以跟互联网进行有线或无线方式的连接，通过无线通信方式形成的一个多跳自组织网络。

2．WSN 定位技术基本概念[35]

- 锚节点（Anchors）：也称为信标节点、灯塔节点等，可通过某种手段自主获取自身位置的节点。
- 普通节点（Normal Nodes）：也称为未知节点或待定位节点，预先不知道自身位置，需使用锚节点的位置信息并运用一定的算法得到估计位置的节点。
- 邻居节点（Neighbor Nodes）：传感器节点通信半径以内的其他节点。
- 跳数（Hop Count）：两节点间的跳段总数。
- 跳段距离（Hop Distance）：两节点之间的每一跳距离之和。
- 连通度（Connectivity）：一个节点拥有的邻居节点的数目。
- 基础设施（Infrastructure）：协助节点定位且已知自身位置的固定设备，如卫星基站、GPS 等。

3．WSN 定位节点介绍

无线传感器网络的节点定位一般由参考节点、盲节点、路由器、网关节点、PC 组成[17,18]，定位系统结构如图 4.7 所示[35]。

- 参考节点：也称为锚节点、信标节点，是已知自身坐标位置的节点。
- 盲节点：也称为未知节点，需根据参考节点坐标位置信息运用某些定位算法来估算自身坐标位置的节点。
- 路由器：接收盲节点传送的数据，并将这些数据发送给网关节点。

- 网关节点：也称为汇聚节点，建立、控制网络，将所有节点信息汇集到网关节点，并将这些信息传送给 PC。
- PC：也成为上位机，用来显示、控制其他节点。

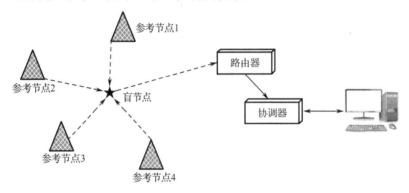

图 4.7　WSN 定位系统结构

4．WSN 定位方法的性能评价标准[36,37]

无线传感器网络定位性能的评价标准主要包括 7 方面，下面分别进行介绍。

（1）定位精度。定位技术首要的评价指标就是定位精确度，其又分为绝对精度和相对精度。绝对精度是测量的坐标与真实坐标的偏差，一般用长度计量单位表示。相对误差一般用误差值与节点无线射程的比例表示，定位误差越小定位精度越高。

（2）规模。不同的定位系统或算法也许可以在一栋楼房、一层建筑物或仅仅是一个房间内实现定位。另外，给定一定数量的基础设施或一段时间，一种技术可以定位多少目标也是一个重要的评价指标。

（3）锚节点密度。锚节点定位通常依赖人工部署或使用 GPS 实现。人工部署锚节点的方式不仅受网络部署环境的限制，还严重制约了网络和应用的可扩展性。而使用 GPS 定位，锚节点的费用会比普通节点高两个数量级，这意味着即使仅有 10%的节点是锚节点，整个网络成本也将增加 10 倍，另外，定位精度随锚节点密度的增加而提高的范围有限，当到达一定程度后不会再提高。因此，锚节点密度也是评价定位系统和算法性能的重要指标之一。

（4）节点密度。节点密度通常以网络的平均连通度来表示，许多定位算法的精度受节点密度的影响。在无线传感器网络中，节点密度增大不仅意味着网络部署费用的增加，而且会因为节点间的通信冲突问题带来网络阻塞。

（5）容错性和自适应性。定位系统和算法都需要比较理想的无线通信环境和可靠的网络节点设备。而真实环境往往比较复杂，且会出现节点失效或节点硬件受精度限制而造成距离或角度测量误差过大等问题，此时，物理的维护或替换节点或使用其他高精度的测量手段常常是困难或不可行的。因此，定位系统和算法必须有很强的容错性和自适应性，能够通过自动调整或重构纠正错误，对无线传感器网络进行故障管理，减小各种误差的影响。

（6）功耗。功耗是对无线传感器网络的设计和实现影响最大的因素之一。由于传感器节点的电池能量有限，因此在保证定位精确度的前提下，与功耗密切相关的定位所需的计算量、通信开销、存储开销、时间复杂性是一组关键性指标。

（7）代价。定位系统或算法的代价可从不同的方面来评价：时间代价包括一个系统的安装时间、配置时间、定位所需时间；空间代价包括一个定位系统或算法所需的基础设施和网络节点的数量、硬件尺寸等；资金代价则包括实现一种定位系统或算法的基础设施、节点设备的总费用。

5．WSN 定位技术发展方向

为了适应目前的器件水平，无线传感器网络还需要更低能耗、更高效的节点定位技术，目前，有关该领域的研究主要集中在以下方向。

● 低成本、高能效、高精度的距离或角度测量技术。
● 为尽量延长网络生存周期的低复杂度、开销、低能耗的节点定位算法。
● 适用于大规模或超大规模无线传感器网络的低成本节点定位技术。

另外，已提出的节点定位算法研究成果大部分是基于静态网络的，对移动节点定位技术研究相对较少，适用于网络拓扑结构处于动态变化时的节点的定位技术还有待研究。

4.3 非电信号定位

非电信号（Non-radio）定位技术是相对于无线信号定位技术的，非电信号技术不以电信号的传播为载体，而是通过地磁场技术、惯性测量技术、超声波技术、红外线技术、视觉信息技术等非电信号的形式进行位置定位。

4.3.1 地磁场技术

1．地磁场技术简介[38]

近年来，随着国际关系的日益复杂和形势的多元化，各国正在致力于研究防卫本国国土安全的新的"撒手锏"武器，很多学者为研制出更为精确和完全自主的导航系统而投入了大量的精力、物力。地磁场是地球的基本物理场，处在地球近地空间内任意一点都具有磁场强度，且其强度和方向会随着不同的经、纬度和高度而不同，并且地磁场有着丰富的参数信息，如地磁总场、地磁三分量、磁倾角、磁偏角和地磁场梯度等，为地磁匹配导航算法提供了充足的匹配信息。

此外，运用地磁导航不需要接收外部信息，属于主动导航，这种导航具有隐蔽性能好、即开即用、误差不随时间积累等特点，可以弥补惯性导航长期误差积累的不足，可以应用于潜艇、舰船、车辆等载体的自主导航，以及导弹等远程武器的制导，已显示出重要的军事价值和应用前景。

2．地磁场定位技术原理[39,40]

地磁场是地球内部存在的天然磁现象，无论在地球表面的任何地理位置，都可以通过磁力计检测得到一个对应的地磁强度值。对于室内定位而言，定位场景的建筑本身大多是钢筋混凝土结构的，在一个完整的建筑中会使用到大量的钢材，此时的室内定位场景可以看成一个被钢材包裹的长方体，由于磁信号对金属材料敏感，钢材在限制了地磁信号传播的同时也使得建筑内部的地磁信号和地磁分布趋于稳定，在较长的一段时间内，建筑内部的地磁信号都不会发生明显变化。对此，就可以利用建筑内部的稳定地磁场进行室内定位应用。

目前市面上大多数的智能手机和平板电脑都集成了一个三轴磁力计传感器，也称为电子罗盘，可以在室内场景中检测得到一个由 X 轴、Y 轴和 Z 轴三个方向向量组成的三轴磁感强度值。利用这个三轴磁感强度值一方面可以对行人的前进方向进行判断，另一方面可以建立室内磁力指纹地图，将不同地理位置与不同的磁感强度值相关联，再通过合适的指纹匹配算法进行行人定位。

3．地磁匹配导航

地磁匹配导航是目前国内外一项新兴的科学，其基本原理如图 4.8 所示，导航系统主要由测量模块、匹配运算模块和输出模块组成[40,41]。

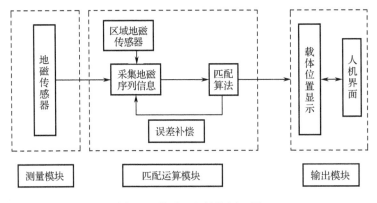

图 4.8　地磁匹配导航原理图

其匹配导航过程如下。

第一步：在载体活动区域建立地磁场数学模型，并绘制出数字网格形式的地磁基准参考图，存储在导航系统数据库中。

第二步：由安装在航行载体上的地磁传感器实时测量地磁场数据，经载体运动一段时间后，测量得到一系列地磁特征值序列，经数据采集系统输送至计算机，并构成实时图。

第三步：运用相关匹配算法，将测量的地磁数据序列信息与存储在数据库中的地磁图进行比较，按照一定的准则判断实时图在区域地磁数据库中的最佳匹配位置。

第四步：将载体的实时航行位置输出。

4. 地磁匹配导航关键技术

由地磁匹配导航原理可知，提高地磁匹配导航的精度关键在于三个方面[38,41]：一是导航区域地磁数据库的建立；二是载体上磁力仪的实时测量；三是地磁匹配算法。

（1）导航区域地磁数据库的建立。这是地磁匹配导航的前期基础工作，为地磁匹配运算提供重要的参考依据，因此，其精度的高低将直接影响到导航的精度。现代描述地磁场的分布规律主要采用地磁模型和地磁图的方法，地磁模型包括国际地磁参考场模型（GIRF）和区域地磁模型两种。全球地磁模型和地磁图所用磁测数据主要来自于卫星磁测结果，平均测量高度为 400 km，源于地壳的中小尺度磁异常已被滤掉，反映的是源于地核与上地幔的主磁场场源。由地面、海洋或岛屿的磁测数据所建立的区域地磁场模型，既包含了源于地核与上地幔的主磁场场源，又包含了源于地壳的磁异常场源。

近年来，虽然地磁建模技术也得到了不断发展与完善，但建模过程中由于受到边界效应（在增大区域地磁场模型截断阶数以提高区域地磁场模型的分辨率的过程中，由于区域边界处地磁测量点稀少，随着函数的逼近，区域边界处所表现出的误差逐渐增大的现象）、测点稀少等因素的影响，其精度还不算很高，在很大程度上还满足不了地磁匹配导航的需要。

按照地磁场建模的途径，建立地磁场模型的方法主要有球谐分析法、多项式拟合法、球冠谐分析法和矩谐分析法。

（2）载体上磁力仪的实时测量。载体在导航的过程中，需要实时测量航行位置的地磁信息序列构成实时图，为匹配算法提供匹配依据，因此，测量精度的高低也会直接影响导航的精度。影响载体实时采集地磁数据的因素有很多，如载体磁场的影响、变化干扰磁场的影响、传感器安装误差的影响、传感器本身测量误差的影响、温度变化的影响、人为操作失误造成的影响等，其中传感器本身的测量误差是不可避免的。从目前的技术来看，关键的问题还在于载体磁场和变化干扰磁场对地磁测量精度的影响。

（3）地磁匹配算法。地磁匹配导航在算法上实质就是数字地图匹配。载体在航行过程中，将实时测量的地磁特征信息序列构成实时图，然后利用各种信息处理方法，将实时图与地磁数据库中存储的基准图数据进行比较，依一定的准则判断两者的拟合度，确定实时图与基准图中的最相似点，即最佳匹配点。由此看来，地磁匹配导航的匹配点并不是完全匹配的，只是实时图与基准图最大限度地相似，所以匹配算法是决定匹配精度，从而进一步决定导航精度的核心因素。

目前，关于地磁匹配算法主要有相关度量技术和递推滤波技术两类。

5. 地磁导航需解决的关键问题[39]

地磁导航是一个较新的研究领域，虽然目前取得了一些成果，但尚有以下几方面的问题值得关注[21]。

（1）磁强计测量精度的要求。磁强计测量精度直接关系到地磁导航的精度，因此必须制造出高精度的磁强计，为地磁导航提供精确的地磁数据。

（2）地磁场模型的建立。地磁模型和地磁图是实现地磁导航的基础和工具，因此，地磁场模型的研究必不可少，同时也是地磁导航的难点。对于区域的地磁场研究，必须采用合适的方案建立才能精确反映本地区情况的地磁场模型。

（3）地磁匹配特征量的选取。地磁场有 7 个主要的特征量：总磁场强度 F、水平强度 H、东向强度 Y、北向强度 X、垂直强度 Z、磁偏角 D 和磁倾角 I。在不同的情形下选择合适的特征量是实现地磁匹配的关键因素。

（4）扩展卡尔曼滤波器算法（Extended Kalman Filter，EKF）的实现问题。当系统具有强的非线性时，仍采用 Taylor 展开的方法进行一阶近似，线性化过程会使系统产生较大的误差，甚至导致滤波发散，难以稳定，因此必须采用合适的 EKF 的线性化方案。

（5）无损卡尔曼滤波算法（Unscented Kalman Filter，UKF）中 Unscented 变换的参数优化问题。Unscented 变换的三个参数需要合理选取才能保证较好的滤波效果，如何选取合适的参数值是决定导航精度的关键问题。

（6）飞行轨迹的优化问题。前文已经分析过，由于目前的地磁传感器不能完全提供矢量信息导致地磁导航所获得的观测信息有限，系统不完全可观测，所以必须对飞行轨迹合理规划才能保证地磁导航精度。

6. 地磁导航前景分析

地磁导航的发展受多学科制约，在空间技术、计算机技术、电子技术、通信技术、传感器技术、控制技术的迅猛发展下，地磁导航必将取得更大的研究成果。地磁导航技术的发展有以下几方面的趋势[41]。

（1）地磁导航自身具有的自主性强、隐蔽性好、性价比高、应用范围广等优良特征，将在地磁导航技术的发展中进一步得到体现。

（2）导航系统将朝着组合式方向发展，"惯导+地磁导航、GPS+地磁导航"的组合导航方案更具有应用前景。

（3）新技术、新方法（如新型传感器、信息融合新方法等）将促进地磁导航技术在军用民用领域发挥重要作用。

当前，地磁导航展现出了巨大的发展潜力，已经成为国内外研究的热点。我国多家科研单位已在无人机磁自主导航、近地卫星磁自主导航、地磁模型研制等领域取得了许多成就，但其总体研发水平尚待进一步提高。随着导航理论和地磁学的不断发展，地磁导航必将得到越来越广泛的应用。

4.3.2 惯性测量技术

1. 惯性测量技术简介[42,43]

惯性测量单元（Inertial Measurement Unit，IMU）通常由加速度计（Accelerometer）和陀螺仪（Gyroscope）两大惯性传感元器件组成，根据实际测量需要可增加相关检测功能的元件。惯性测量单元能通过其上的加速度传感器和陀螺仪分别对运动在三维空间物体的各个轴加速度和角速度进行测量，通过加速度值和运动的初始条件能得到物体的运动轨迹及位置；而利用角速度和初始条件可以得到该物体的转动姿态；最后通过运动合成法则将分运动进行合成，就能得到该物体各个时刻的运动状态。

基于惯性测量技术（Dead Reckoning，DR）的定位是根据 IMU 测得的一系列传感数据，结合行人航位推算（Pedestrian Dead Reckoning，PDR）算法进行位置估计的定位方式。目前市场上出现的大多智能手机和平板电脑都集成了 IMU，利用惯性测量技术定位的硬件问题已经解决。

2. 惯性测量技术定位精度[42,43]

评估一个定位系统好坏主要就是衡量定位系统的定位精度，定位精度对于惯性测量技术的定位主要体现在两个方面。

- IMU 传感器数据采集的准确性；
- 建立的 PDR 模型是否准确有效。

PDR 源自于著名的航位推算 DR 算法，DR 算法广泛应用于航舶、车辆等大型交通工具的定位和导航领域，是一种对移动物体定位和导航的有效定位方法。传统的 DR 定位是一种无信标式的定位，也就是说，DR 定位除了集成于待定位设备本身的 IMU 传感器外，不依赖额外的设备进行辅助定位，具有全天候、全地形定位的特点，且在短时间的定位过程中，定位精度很高。但是由于 DR 定位需要高精度的传感器数据，而随着定位时间的推进，IMU 传感器组的累积误差会越来越大，导致定位精度的急剧下降。实现 DR 定位的一个有效途径是集成高精度的传感器设备，但是对于 PDR 定位而言，高精度的传感器设备就意味着昂贵的设备成本和体积更大的微传感器。PDR 定位主要是面向消费级的智能手机或平板电脑进行定位的，由于在 IMU 硬件上无法对集成的智能移动终端进行改造，就必须在定位系统模型或定位算法方面提高 PDR 定位系统的定位精度。

对于 PDR 定位系统而言，也有两个提高定位精度的途径。

- 有效的传感器校准方法；
- 精准的 PDR 定位模型。

PDR 定位系统的研究人员主要也是通过这两种途径的一种或两种来提高定位精度的。

3. 基于运动传感器的惯性导航和定位[42]

利用基于微电子机械系统（Micro-ElectroMechanical Systems，MEMS）的运动传感器提供的地磁方向、旋转速率、加速度等传感数据，通过航位推算算法可以估计运动的方向和距离，从而估计出目标的实时位置。

测量磁传感器的磁场强度，通过与地磁方向的比较计算，可以得出目标的运动航偏角，但单纯的磁传感器存在高频抖动和测量误差等问题，会导致航偏角出现偏差。利用陀螺仪测得的角速度数据通过积分也可以得到航偏角，但陀螺仪存在低频的指向漂移等问题，也会导致航偏角指向不准。因此为减小磁传感器的抖动误差，以及陀螺仪指向漂移的问题，通常采用卡尔曼滤波器或互补滤波器的方法对传感数据进行处理。这两种方法中，前者收敛速度慢，对处理器的性能有较高的要求，并且实现复杂度高，而后者结构简单，相对更易于实现，因此采用互补滤波器融合两种方法测得的数据，可以减小航偏角的最终误差。首先，磁力传感器的数据通过低通滤波器滤除高频的抖动噪声，然后通过计算得到估计的航偏角；陀螺仪的数据经过积分，并通过高通滤波器滤除低频的漂移噪声，得到估计的航偏角；最后将得到的这两组数据加权求和得到最终的航偏角。

获得载体的运动方向后，再通过加速度传感器可以测得系统的总体加速度，由于加速度传感器容易受运动影响产生高频抖动，故在应用前需对数据进行低通滤波。将总体加速度在运动方向上进行投影即可得到载体实际运动的加速度。最后将加速度信息对时间进行二次积分即可得到载体在运动方向上的距离。由于常用的 MEMS 传感器存在较大的固有误差和随机测量误差等，因此长时间积分会导致较大的累积位置误差。

4. 惯性测量技术应用案例[42]

从 2010 年起，美国国防部高级研究计划局开展了不依赖卫星的导航系统的研发工作，旨在全面替代 GPS，而不是作为 GPS 系统的补充。目前，该局联合美国密歇根大学的研究人员已经研制出了一种不依赖卫星的新型导航系统，它被集成在一个仅有 8 mm^3 的芯片上，芯片中集成有 3 个微米级的陀螺仪、加速器和原子钟，它们共同构成了一个不依赖外界信息的自主导航系统。这种新一代的导航系统将会首先被用于小口径弹药制导、重点人员监控，以及水下武器平台等 GPS 应用触及不到的领域。

美军的新一代导航系统其实质是一种基于现代原子物理最新技术成就的微型惯性导航系统。惯性导航系统是人类最早发明的导航系统之一，早在 1942 年德国在 V-2 火箭上就首先应用了惯性导航技术。而美国国防部高级研究计划局新一代导航系统主要通过集成在微型芯片上的原子陀螺仪、加速器和原子钟精确测量载体平台相对惯性空间的角速率和加速度信息，利用牛顿运动定律自动计算出载体平台的瞬时速度、位置信息并为载体提供精确的授时服务。有资料显示，2003 年美国国防部就斥资千万开始对原子惯性导航技术的研制，该技术一旦研制成功，将会使惯性导航达到前所未有的精度。具体来说，将会比目前最精准的军用惯性导航的精度还要高出 100～1000 倍，而这将会对军用定位、导航领域带来革命性影响。由于该导航系统具有体积小、成本低、精度高、不依赖外界信息、不向外界辐射能量、抗干扰能力极强、隐蔽性好等特点，很有可能成为 GPS 技术的替代者。

4.3.3 超声波技术

1．超声波技术简介

超声波目前被广泛地利用在定位服务中。在空气中，超声波的传播速度与声波相同约为 340 m/s，电磁波的传播速度与光速相同约为 30000 km/s，因此利用超声波测量距离所得到的结果必然比利用电磁波测量的误差小。

超声波不受可视距离限制，能够在介质中远距离传播，且超声波发射的方向容易控制，定位精度较高误差较小。目前超声波测距在工业中得到广泛应用，但在定位系统中通常需要其他技术如无线电辅助定位，导致硬件设施成本的增加。

2．超声波定位系统组成[44,45]

超声波定位可由固定安装在室内的若干参考超声波发生传感器和被定位的移动端组成。主要的超声波定位方法为：在被定位端加装超声波发射器（接收器），置于装有若干超声波接收器（发射器）的环境中，通过测量超声波从发射器到接收器的时间从而计算距离。当移动端同时接收到 3 个或 3 个以上且不在同一直线上参考节点发射的回波后，通过常用的三角定位法计算出移动端当前的位置信息。目前基于超声波的代表性室内定位系统有 AT&T 实验室的 Active Bat 及麻省理工学院的 Cricket 系统。

3．超声波定位系统

目前一种典型的基于超声波定位的系统[44,46-48]，利用超声波和射频信号的到达时间差来测量两点间距离，再用三边定位方法计算节点的位置。该系统主要由两部分构成：待定位接收机和已知位置的信标节点。信标节点被固定在建筑物内，每个信标节点拥有唯一的识别码。当待定位接收机处于系统覆盖区域内时，向附近的信标节点发出定位请求信号，信标节点收到信号后，同时反馈一个超声波脉冲及带有自身位置信息的射频信号。接收机根据两种信号的到达时间差来计算与信标节点间的距离。通过测量接收机与至少 3 个以上信标节点的距离，根据已知信标坐标和三边定位方法计算出用户位置。超声波室内定位系统的原理如图 4.9 所示。

各信标之间的射频信号和超声波脉冲容易发生叠加混淆，接收机可能将来自不同信标的射频信号和超声波脉冲匹配，引起错误距离计算，从而得出错误的定位结果。为此，超声波室内定位系统采取信号发射延迟机制，信标节点在发射前先监听一段时间 T，若期间没有接收到其他信标节点的信号，才开始尝试发射。时间段 T 由超声波信号传播到可能的最大射程确定，以避免出现异常状态。

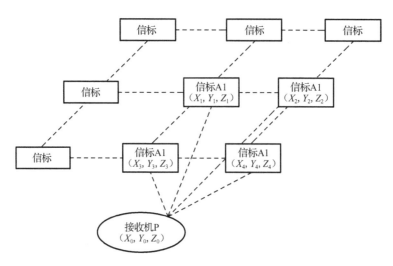

图 4.9　超声波室内定位系统原理

4.3.4　红外线技术

1. 红外线定位技术简介

红外线技术被广泛地应用于日常生活、医疗、军事、影像分析等领域，诸如夜视仪、红外热成像仪等。相比于 Wi-Fi 技术和 BLE 技术，红外线技术需要除了智能移动终端以外，还必须配备红外线信号收发设备，硬件成本较高，不适合对一般室内定位场景进行室内定位的推广。但是红外线定位技术的高精度室内定位特性使得该技术可用于对定位精度要求较高的特定室内定位场景，并且多用于智能机器人的定位领域。

2. 基于红外线的定位系统

红外线室内定位系统主要由三个部分组成[44,45]：待定位标签、固定位置的传感器和定位服务器。待定位标签具有红外线发射能力，在每 15 s 或在被要求的情况下发射带有唯一标识号的红外线信号。定位服务器通过传感器收集这些数据，并采用近似法估计用户位置，即认为待定标签的位置就是接收到其信号的传感器位置。区域内所有标签的定位结果通过定位服务器相关数据接口在应用程序上显示。红外线室内定位系统原理如图4.10 所示。

由于红外线很容易受到直射日光和荧光灯干扰，系统的稳定性有待增强。同时，受到红外线的穿透性差的影响，标签传播的有效范围在数米之内，系统精度一般在房间大小的级别。

代表性的室内定位系统是著名的 Active Badge。在 Active Badge 定位系统中，用户需手持一个红外线发射设备，该红外线发射器会向已经部署在室内定位场景内的红外接收器发送红外线信号，接收端接收到红外线信号后将该红外线信息进行处理并发送给服务器端，最后在服务器中对接收到的数据进行分析和计算，从而实现室内定位。但是，由于红外线

穿透性差、视距（Line-of-Sight，LOS）传播和易受其他光线影响等缺点，红外线定位技术很难应用在光线多变的复杂室内场景。

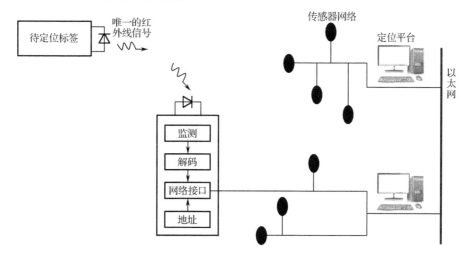

图 4.10　红外线室内定位系统原理

4.3.5　视觉信息技术

1．视觉信息技术简介

基于视觉信息的定位[49]是利用高清摄像头对定位周围的环境进行分析，通过对周围图像的处理和分析计算得到当前的位置信息。与应用红外线技术进行室内定位的特点相似，基于视觉信息的定位系统也需要增添除了智能移动终端之外的特殊设备才能完成室内定位，并且由于图像处理过程对系统的要求较高，对智能手机和平板电脑的能耗较大。目前，基于视觉信息的定位主要应用于智能机器人的定位领域。

2．视觉定位系统分类

视觉定位系统通过安装在移动机器人上的相机拍摄环境图片，再提取图像序列中的一致性信息，根据一致性信息在图像序列中的位置变化估计机器人的位置参数。按照系统中相机的个数，可以分为单目视觉、双目视觉和多目视觉。只需要单目视觉算法就可以得到相机姿态角的改变量和相对位置矢量方向，但单目视觉较难获得场景中物体的实际尺寸。双目和多目视觉系统在满足一定条件（光心不重合且有共同视野等）时，可以重建出环境三维信息并精确得到个自由度的位置增量，称为立体视觉。根据实现定位所采用的策略，可分为基于路标库和图像匹配的全局定位，同时定位与构建地图，基于局部运动估计的视觉里程计三种方法[27,48]。

（1）全局定位。全局定位算法需要预先采集已知位置信息的场景图像，建立全局地图或路标数据库，然后当机器人需要定位时，将当前位置图像与路标数据库进行匹配，再估计当前图像与对应路标之间的相对置姿，最终得到全局的位置信息。根据路标数据库的建立规则，可以分为致密路标与稀疏路标。致密路标库包含了环境中几乎所有的场景，这样做的好处是无论机器人的当前位置如何，都可以在路标库中找到匹配的路标并确定当前位置。其最大的缺点是路标库很大，匹配速度慢，同时占用较多的存储资源，一般无法在大范围室外环境中完成实时定位的任务。为了加快路标匹配速度，可以使用稀疏的路标库，通过一定的复选策略，选择满足定位需求的最少数量的路标。由于无法对任意位置的机器人进行定位，基于稀疏路标库的全局定位方法一般不能单独使用，需要与局部定位方法结合起来。

（2）V-SLAM。同时定位与地图构建（Simultaneous Localization And Mapping，SLAM）最早出现在 1988 年，当时基于概率统计的方法刚刚被引入到机器人与人工智能领域。基于相机和机器视觉方法的称为 V-SLAM（Visual SLAM），V-SLAM 可以在漫游的过程中对经过的区域进行地图构建，也可以使用预先获得的环境地图先验知识。SLAM 算法需要保持对环境地图的跟踪，以检测机器人是否回到了一个之前访问过的区域，这个过程也被称为回路闭合问题。当检测到回路闭合时，该一致性信息可以用于减少地图和机器人路径中存在的累积误差。而检测回路闭合的发生和在全局地图中有效利用该一致性约束是 SLAM 算法研究的两个主要问题。基于单目视觉和立体视觉的 V-SLAM 方法都取得了很多成功的案例，但大部分工作局限在比较小的室内环境，只有少数系统可以工作在大尺度环境中，这主要是因为 SLAM 算法的计算代价随全局地图的增大而增大，在大尺度环境中算法的效率会受到严重影响。

（3）视觉里程计。视觉里程计（Visual Odometry，VO）的作用与轮式里程计类似，用以增量式地估计移动机器人的运动参数。但不同之处在于，轮式里程计通过记录车轮转动的圈数得到车辆行驶的里程；而 VO 通过安装在移动平台上的相机获取环境图像序列，最多可以得到全部 6 个自由度的运动信息。相比轮式里程计，VO 的最大优势是在崎岖地表及其他不利条件下，不受车轮滑移的影响，而且估计结果也更为准确。这一特性使得 VO 在被提出之初，就成为轮式里程计、GPS、IMU，以及激光雷达里程计等其他定位导航系统的有效补充。经过科研工作者们的不断努力，VO 的定位精度和处理速度都得到显著提升，VO 在导航系统中的地位也从最开始的辅助慢慢向核心转变，尤其是在水下和外星探测等不能使用 GPS 的环境中，VO 更有其不可替代的重要作用。

3. 视觉定位系统关键技术

目前视觉定位系统的难点或关键技术主要体现在：路标选择、图像理解和分析、从二维图像恢复深度信息[27,49]。

（1）路标选择。路标是分布在场景中的自然或人工物体，用来辅助视觉系统识别并定位摄像机位置。路标的选择和图像分析算法紧密相关，通常要求路标易被检测或识别，特别是在环境背景或变化光照下，都要求有较好的可识别性。

此外，各个路标应具有可区分性，不易引起误识别。在大环境的定位下，路标按一定间隔分布，要求的路标数量会比较多，因此如何选择大量可区分路标也是一个难点。

理想的路标应该是自然环境中的物体本身，这样可以随意选择和添加路标，而不需要

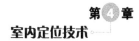

人工设计和布置。鲁棒、可靠的视觉系统必须解决路标的选择问题。

（2）图像理解和分析。这是整个视觉定位算法的核心，如前所述，其难点在于如何选择合适的特征或结构代表图像信息，并对诸多环境不确定因素有较好的鲁棒性和不变性，同时还要满足实时性要求。

基于路标的视觉定位算法一般通过识别或跟踪路标计算摄像机的位置，目前常用的识别方法有图像整体匹配或局部特征点匹配。图像匹配算法一般首先分割图像，得到路标匹配，经归一化等处理后，通过模板匹配等方法计算候选对象与数据库中各个路标的相似性，根据匹配分数进行分类识别。这种算法简单、快速，但识别效果受环境干扰影响较大，可靠的图像分割很难实现。此外，它对尺度、视角变化等情况也不具备不变性，识别准确率较低。

基于特征匹配的方法首先提取边缘、角点、纹理等结构作为特征，再与数据库中已训练的路标特征进行匹配，然后通过一定的约束关系判断每种路标出现的可能，进而归类和识别对象。通常局部特征较多，且能较好地反映图像中的各个结构，因此对于部分遮挡有较好的鲁棒性。近几年不变局部特征算子发展迅速，提取了多种仿射、尺度、光照不变的局部特征算子，成功应用于目标识别和图像匹配系统。因此基于不变特征的目标识别算法是视觉定位系统的理想选择和关键技术。

（3）深度估计。从三维世界到二维图像的成像过程中，深度信息丢失，且很难通过单幅图像得到各种结构的三维尺寸，因此在视觉定位过程中也很难通过单个相机得到深度信息。

目前很多视觉定位系统采用深度传感器测量深度信息，如激光、声呐、红外等设备，再结合视觉识别系统，寻找和定位路标，完成定位。

纯视觉定位系统中，通常采用双目立体视觉估计图像中任一点的深度，或者使用多幅图像，通过视差和三维重建恢复场景结构。此外，借助机器学习，也可以估计单幅图像的深度分布图。

4. 视觉定位技术应用案例

在2013年的我国"嫦娥三号"任务中，为实现月球车月面行走和科学探测，测控通信系统进行了技术创新，尤其是在遥控操作月球车进行月面巡视和勘察过程中，用到了高精度月面视觉识别、月面巡视动态规划、视觉定位技术路径规划、机械臂运动控制和虚拟现实操作与控制等新技术。

遥操作月球车对测控系统来说，首次依靠"视觉"来完成定位工作。以往的探月任务中，测控系统基本上都是靠无线电定位的，通过无线电信号来获取位置信息测量数据。由于这次月球车在月面的最大移动速度也就是每小时几百米，靠无线电测量无法达到精细定位。月球车离开着陆器多远，处于什么环境，主要靠视觉定位技术来确定。也就是利用月球车携带的多台相机拍摄图像，然后实时传到地面快速处理，恢复月球车所在的地形环境。

地面遥操作人员将依据月球车周边环境的立体图像，根据探测目标进行路径规划和移动控制，包括抵达目标后规划遥控机械臂进行探测。主要过程包括地形建立、视觉定位、路径规划和机械臂规划。

在地面人员动态规划月球车到达探测目标的最优路线时，不仅要考虑到路径长短，还要结合能源消耗、途中障碍、阳光照射等因素综合考虑，最终要控制月球车安全行走到目标前面，并且展开长达 80 cm 的机械臂，对目标进行厘米级精度的探测。

4.4 本章小结

本文以室内无线定位技术为研究对象，简单介绍了室内定位技术的产生、研究意义和发展现状，并对几种典型的室内定位系统进行了较全面的分析和归纳。将室内定位技术分为无线信号定位和非电信号定位并分别进行详细阐述，其中，无线信号定位技术包括 RFID 技术、WLAN 技术、蓝牙技术、UWB 技术和 WSN 技术，非电信号定位技术包括地磁场技术、惯性测量技术、超声波技术、红外线技术和视觉信息技术。对以上的几种室内定位技术分别从概念上进行解释、原理介绍、系统介绍，并列举应用案例进行说明。本章节介绍的几种室内定位技术虽然可以在一定的定位精度上满足室内环境下与位置相关服务的需要，但依然存在一些待完善和解决的问题。室内定位技术研究的重点在于如何减少室内复杂环境下各种干扰对定位精度的影响，提高定位系统的抗干扰能力；提高定位算法的效率，减少定位算法对前期室内环境测试工作的依赖，使定位系统具有良好的普适性和健壮性；另外定位信号的获取和处理等方面还值得深入探讨。相信随着移动通信技术的发展和基于位置的服务需求的不断扩大，室内定位技术的研究也必将不断地深入下去。

参考文献

[1] 赵锐，钟榜，朱祖礼，等. 室内定位技术及应用综述[J]. 电子科技，2014(3):154-157.

[2] 翁宁龙，刘冉，吴子章. 室内与室外定位技术研究[J]. 数字应用与技术，2011，11(5): 179.

[3] 百度文库. 介绍几种定位技术 [EB/OL]. （2013-07-02），[2015-01-02]. http://wenku.baidu.com/link?url=w5NJceg_w7I0jXagPUnD43zbfG_2oFNVOR64Z4y6gb6FTwWBNXQji3QfqO5pIduCackoeHvU_SmDVxl4sDO8dgw_XITLu1o2bWBt8rx6sR_.

[4] 韩晶. 基于 RFID 标签的定位原理和技术[J]. 电子科技，2011，24(7):64-67.

[5] Zhao Y, Liu Y, Ni L. VIRE: active RFID-based localization using virtual reference elimination [C]. // Proceeding of ICPP 2007. International Conference on Parallel Processing. Xi'an. 2007: 56.

[6] Uchitomi N, Inada A, Fujimoto M. Accurate indoor position estimation by Swift-Communication Range Recognition (S-CRR) method in passive RFID systems [C]. // Proceedings of 2010 International Conference on Indoor Positioning and Indoor Navigation. Zurich, 2010: 1-7.

[7] Talvitie J, Sydanheimo L, Lohan E, et al. Hybrid WLAN-RFID Indoor Localization Solution Utilizing Textile Tag [J].Antennas and Wireless Propagation Letters, 2015, 14: 1358-1361.

[8] Qi W, Xu T. IP movement detection and indoor positioning based on Integrating RFID and WLAN [C]. // Proc of the 8th International Conference on Computer Science & Education, Colombo: IEEE, 2013: 1489-1494.

[9] Narzullaev A, Mohd H S. Wi-Fi signal strengths database construction for indoor positioning systems using Wi-Fi RFID [C]. // Proc of International Conference on RFID-Technologies and Applications, Johor Bahru: IEEE, 2013: 1-5.

[10] Holm S. Hybrid ultrasound-RFID indoor positioning: Combining the best of both worlds [C]. // Proc of International Conference on RFID, Orlando, FL: IEEE, 2009: 155-162.

[11] Isasi A, Rodriguez S, Armentia J L D, et al. Location, tracking and identification with RFID and vision data fusion [C]. // Proc of Workshop on Smart Objects: Systems, Technologies and Applications, Ciudad, Spain: IEEE, 2010: 1-6.

[12] Germa T, Lerasle F, Ouadah N, et al. Vision and RFID data fusion for tracking people in crowds by a mobile robot [J].Computer Vision and Image Understanding, 2010, 114(6): 641-651.

[13] Athalye A, Savic V, Bolic M, et al. Novel semi-passive RFID system for indoor localization [J].IEEE Sensors Journal, 2013, 13(2): 528-537.

[14] Lohan E S, Koski K, Talvitie J, et al. WLAN and RFID Propagation channels for hybrid indoor positioning [C]. // Proc of International Conference on Localization and GNSS, Helsinki: IEEE, 2014: 1-6.

[15] Muller P, Raitoharju M, Piche R. A field test of parametric WLAN-fingerprint-positioning methods [C]. // Proceedings of 2014 17th International Conference on Information Fusion. Salamanca. 2014: 1-8.

[16] 张明华, 张申生, 等. 无线局域网中的基于信号强度的室内定位[J]. 计算机科学, 2007, 34(6): 68-75.

[17] Chan E C L, Baciu G, Mak S C. Using WIFI Signal Strength to Localize in Wireless Sensor Networks [C]. // Proceeding of WRI International Conference on Communications and Mobile Computing. Yunnan, 2009: 538-542.

[18] 牛建伟，刘洋，卢邦辉，等.一种基于 Wi-Fi 信号指纹的楼宇内定位算法[J]. 计算机研究与发展，2013，50(3): 569-577.

[19] 王小建，薛政，曾宇鹏. 无基础设施 Wi-Fi 室内定位算法设计[J]. 通信学报，2012，33(11): 240-243.

[20] 汤丽，徐玉滨，周牧，等. 基于 K 近邻算法的 WLAN 室内定位技术研究[J]. 计算机科学，2009，36(4): 54-55.

[21] Zhao Q, Zhang S, Quan J, et al. A novel approach for WLAN-based outdoor fingerprinting localization [C]. // Proceedings of 2011 IEEE 3rd International Conference on Communication Software and Networks. Xi'an, 2011: 432-436.

[22] 生丽. 基于 GPS 的室内无线定位系统研究[D]. 上海：华东师范大学，2012.

[23] 杨帆，赵东东. 基于 Android 平台的 Wi-Fi 定位[J]. 电子测量技术，2012，35(9): 116-124.

[24] Fang S, Lin T. Principal Component Localization in Indoor WLAN Environments [J]. IEEE Transactions on Mobile Computing. 2012, 11(1): 100-110.

[25] 颜俊杰. 基于 Wi-Fi 的室内定位技术研究[D]. 广州：华南理工大学，2011.

[26] 陈国平，马耀辉，张白珂. 基于指纹技术的蓝牙室内定位系统[J]. Communication and Network，2013，39(3): 104-107.

[27] 曹世华. 室内定位技术和系统的研究进展[J]. 计算机系统应用，2013，22(9): 1-5.

[28] 张浩，赵千川. 蓝牙手机室内定位系统[J]. 计算机应用，2011，31(11): 3152-3156.

[29] Aparicio S, Pérez J, Bernardos A M, et al. A fusion method based on Bluetooth and WLAN technologies for indoor location[C]// Proc of International Conference on Multisensor Fusion and Integration for Intelligent Systems, Seoul: IEEE，2008: 487-491.

[30] Baniukevic A, Sabonis D, Jensen C S, et al. Improving wi-fi based indoor positioning using bluetooth add-ons[C]// Proc of the 12th International Conference on Mobile Data Management, Lulea: IEEE, 2011, 1: 246-255.

[31] 杨洲，汪云甲，陈国良，等. 超宽带室内高精度定位技术研究[J]. 导航定位学报，2014，2(4): 31-35.

[32] 苏凯，曹元，李俊，等. 基于 UWB 和 DGPS 的混合定位方法研究[J]. 计算机应用与软件，2010，(5): 212-215.

[33] Mary G I, Prithiviraj V. Test measurements of improved UWB localization technique for precision automobile parking [C]. // Proceedings of MICROWAVE 2008. International Conference on Recent Advances in Microwave Theory and Applications. Jaipur, 2008: 550-553.

[34] Corrales J A, Candelas F A, Torres F. Hybrid tracking of human operators using IMU/UWB data fusion by a Kalman filter[C]. // Proc of the 3rd International Conference on Human-Robot Interaction, Amsterdam: IEEE, 2008: 193-200.

[35] 杨青青. WSN 定位技术研究[D]. 北京：华北电力大学，2014.

[36] 彭宇，王丹. 无线传感器网络定位技术综述[J]. 电子测量与仪器学报，2011，25(5): 389-399.

[37] Corrales J A, Candelas F A, Torres F. Hybrid tracking of human operators using IMU/UWB data fusion by a Kalman filter[C]//Proc of the 3rd International Conference on Human-Robot Interaction, Amsterdam: IEEE, 2008: 193-200.

[38] 赵敏华，石萌，曾雨莲，等. 基于地磁定轨和扩维卡尔曼滤波的导航算法[J]. 西安交通大学学报，2004，38(12): 1315-1318.

[39] 郭才发，胡正东，张士峰，等. 地磁导航综述[J]. 宇航学报，2009，30(4): 1314-1319.

[40] 张聪聪，王新珩，董育宁. 基于地磁场的室内定位和地图构建[J]. 仪器仪表学报，2015，36(1): 181-186.

[41] 杨云涛，石志勇，关贞珍，等. 地磁场在导航定位系统中的应用[J]. 中国惯性技术学报，2007，15(6):686-692.

[42] 胡伟娅，陆佳亮，伍民友. 基于 RSSI 与惯性测量的室内定位系统[J]. 计算机工程，2013，39(11): 91-95.

[43] Binhee K, Seung-Hyun K. Indoor Positioning Based on Bayesian Filter Using Magnetometer Measurement Difference [C]. // Proc of the 81st Vehicular Technology Conference, Glasgow: IEEE, 2015: 1-5.

[44] 原玉磊，王安健，蒋理兴. 一种使用红外线和超声波的定位技术[J]. 电子测量技术，2008，31(10): 15-17.

[45] 鲁琦，殳国华. 基于单片机的红外超声室内定位系统[J]. 微机处理. 2006，27(2): 66-71.

[46] Ward A, Jones A, Hopper A. A new location technique for the active office[J]. IEEE Personal Communications, 1997, 4(5): 42-47.

[47] David caicedo and Ashish P. Ultrasonic arrays for localized presence sensing[J]. IEEE Sensors Journal, 2012, 12(5): 849-858.

[48] 卢维. 高精度实时视觉定位的关键技术研究[D]. 杭州：浙江大学，2015.

[49] Nakazawa Y, Makino H, Nishimori K, et al. Indoor positioning using a high-speed, fish-eye lens-equipped camera in Visible Light Communication [C]// Proc of International Conference on Indoor Positioning and Indoor Navigation, Montbeliard-Belfort: IEEE, 2013:1-8.

第5章

方差修正指纹距离室内定位

5.1 问题分析

确定用户的位置信息有利于向用户提供方便高效的服务，基于接收信号强度的无线局域网室内定位是定位领域的一个新的研究热点，难点在如何克服随机因素对信号的干扰，使定位方法具有健壮性、适应性。利用信号强度定位的重要前提是用户收到的信号强度随着与 AP 间距离的增大而减小。但是这种变化只是近似的线性变化，在室内距离近、结构相对复杂的环境下，障碍物的影响难以忽略。各种噪声的干扰是室内定位的困难之一，干扰因素可以归纳为以下几个方面[1]。

（1）IEEE 802.11b/g 协议已成为无线局域网应用的主流，它们工作在 2.4 GHz 的公共频段上，这使得信号在传播过程中会受到其他使用该频段的设备（如手机、微波炉、采用 Bluetooth 协议通信的设备）的干扰。

（2）人体 90%的成分是水，水的共振频率为 2.4 GHz，因此人体也是干扰无线信号的因素之一，同一地点测量的信号强度会随着用户站立方向的不同而发生显著的变化。当用户面朝 AP 时，AP 的信号到达网卡为视距传播，信号强度很强；而当用户背朝 AP 时，用户的身体遮挡了信号，信号强度下降，两者之间的差别可达 5~10 dBm。

（3）由于室内建筑布局复杂，信号传播中会受到家具、门窗、墙壁、天花板的阻挡，引起无线电信号的反射、折射、衍射现象，发射信号往往经过多条不同路径，以不同的时间到达用户，造成传播信号在时延扩展、信号幅度、频率和相位的改变，从而导致多径传播效应。多径传播是基于到达角度、信号强度、到达时间或时间差测量系统定位误差的主要来源。

文献[1]给出了在室内环境下常用的无线局域网信道传输模型，如式（5.1）所示。

$$\mathrm{PL}(d)[\mathrm{dB}] = \overline{\mathrm{PL}}(d) + X_\sigma = \overline{\mathrm{PL}}(d_0) + 10n\log_{10}\left(\frac{d}{d_0}\right) + X_\sigma \tag{5.1}$$

式中，d 为接收到信号的移动终端和定位 AP 之间的距离；一般情况下，在定位阶段下 d_0 赋值为 1 m；PL(d)是距离 d 情况下的移动终端接收到的信号强度值，而 $\overline{PL}(d_0)$ 则是在 d_0 情况下接收到的信号强度值；X_σ是测量到的噪声；n 是信号衰减指数。

从另一个计算角度，室内无线局域网的信道模型如式（5.2）描述。

$$y(t) = a_0(t)x(t - \tau_0) + \sum_{k=1}^{L} a_k(t)x(t - \tau_k) + v(t) \tag{5.2}$$

式中，$x(t)$是传输信号值；$y(t)$是接收到的信号强度值；τ_k是多径效应中第 k 条路径的传输时延；$a_k(t)$表示第 k 径的信道衰减值；$v(t)$为信道传播中的高斯白噪声；而总共的多径数目用 L 表示。

在室内无线局域网传输环境中，时延值 τ_k 和衰减 $a_k(t)$随着时间和距离在变化，这是由于室内的障碍物造成的。这种情况的发生导致了接收到的信号强度值是不稳定的。当接收信号的终端离 AP 较远或者存在 NLOS 时，这种现象就会更加明显，这种情况下，式（5.2）右侧第二部分会变得很大或者很小，这就导致了 RSSI 值变化波动很大；相反，如果终端离 AP 很近，$y(t)$主要就由式（5.2）中的第一部分决定，那么其波动就会很小。

文献[2]提出了在基于 Wi-Fi 的室内定位过程中，由于 NLOS 因素和多径效应，导致了室内定位算法精度下降，定位结果误差很大。

1. NLOS 因素

指非视距传输，需要通信的两点视线受阻，彼此看不到对方，费涅尔区（围绕视线的圆形区域）大于 50%的范围被阻挡。

2. NLOS 特点

● 在 WiMax 中速度较慢，穿透力较高，适用于都市环境。
● 使用 2～11 GHz 频段，最大传输距离为 10 km。
● 当通道频宽为 20 MHz 时，最高速度为 75 Mbps。

无线定位研究的目的是利用现有的各通信标准中的资源，在复杂的无线通信环境中，提高无线定位的精度。由非视距（Non-Line of Sight，NLOS）传播造成的 NLOS 误差是无线定位误差的主要来源，它使时间测量值发生正向偏差，从而导致定位结果产生巨大误差。现场实测结果表明，在 GSM 网络环境中平均 NLOS 误差可达 500～700 m。因此，如何鉴别并消除 NLOS 误差便成为无线定位研究领域中的一个热点。由于电磁波在传播过程中总是存在各种诸如高山高楼等障碍物，导致电磁波无法沿直线传播。在这种情况下，电磁波的传播路径和传播时间都比视距传播的情况下大很多，因此会对定位方式造成严重影响。

目前消除非视距传播的影响，主要是通过先鉴别再修正完成的。首先要对大量非视距数据进行统计，比较大量 NLOS 测量值和真实值之间的关系，得出两者之间的差值，然后对传播测量值进行修正。已有的 NLOS 误差消除方法可以分为直接法和间接法两种。直接法是直接对测量值进行处理来消除 NLOS 误差，一般需要先对 NLOS 误差进行鉴别，然后消除，其思想是通过考察 NLOS 误差的统计特性，找出带误差的测量值与真实值之间的关系，对测量值进行处理以恢复出真实值。比较经典的 Wylie 法[13]，以及文献[14]中用偏移卡尔曼滤波器实现的方法都属于直接法。文献[13]中的方法利用到达时间（Time of Arrival，TOA）测量值的时间历史来重构真实的 TOA，估计误差较小但实时性较差。由于对测量值的预处理可基本消除 NLOS 误差，所以在定位模块中只需使用一般的定位算法即可达到要求的定位精度。而间接法则是把消除测量值中的 NLOS 误差与定位过程相集成，通过设计定位算法，增强定位结果对测量值中 NLOS 误差的鲁棒性，从而减小 NLOS 误差对定位结果的影响。具体地说，间接法一般需要较多的基站参与定位，由多种基站组合得到多个定位结果，然后根据一定的判定准则，舍去由于 NLOS 误差而不准确的定位结果，或者对所有的定位结果取加权平均，加权系数与定位准确度有关。这样通过对中间定位结果进行取舍或加权平均，得到最终较为准确的定位结果。间接法省去了对测量值的预处理过程，但是，它在实际应用中常遇到困难。首先，现有的间接法都需要有较多基站参与定位，这在实际中有时难以做到。当移动台发出定位请求时，能检测到信号的基站可能很少，有时甚至少于完成一次定位所需要的最少基站数，更不用说得到很多冗余的定位结果来进行取舍或加权平均了。其次，当移动台对所有基站均不存在视距（Line of Sight，LOS）路径时，现有间接法的定位精度将大大降低。

已经实现的间接法有残差法，首先计算出中心位置估计值，然后通过加权不同估计值获得最终的位置估计值。这些方法在拥有基站的情况下是有效的，但是当没有基站的时候，这些方法的定位精度就会受到严重影响，数据不可用也会降低定位算法的精确性，例如线性位置，它的函数只能用到数据。于是，开始提出一些处理无法获得数据的方法，如卡尔曼滤波法，其状态向量具有误差，误差变量假设为均值为正的高斯分布。但是，在现实环境中，卡尔曼滤波噪声矩阵的值可能会改变，并且很难获得准确的值。此外，在误差不是高斯分布的时候，卡尔曼滤波法不是表现最好的。基于优化方法建立一个关于误差变量的最小二乘函数，实验结果表明，这个方法效果很好。然而，泰勒级数近似算法中可能会导致额外的误差，并且当基站数目很大时，每个非视距误差的估计值的计算复杂度将会很大。卡特拉曼提出一种用测量圆的交点的优化几何方法，进一步明确了这些点作为真实位置，其缺点是增加了寻找交点的复杂度，以及当基站数较多时的计算量。随着城市中高大建筑物的增多，这也将是很普遍的情况，这些问题无疑都限制了现有间接法的具体实现。

3. NLOS 误差的模型及特征

若 $r_m(t_i)$ 表示在 t_i 时刻从移动台到基站 m 的距离测量值（由 TOA 测量值乘以电波传播速度获得），则 $r_m(t_i)$ 等于真实距离 $L_m(t_i)$ 与标准测量误差 $n_m(t_i)$ 和 NLOS 误差 $\text{NLOS}_m(t_i)$ 之和，如式（5.3）所示。

$$r_m(t_i)=L_m(t_i)+n_m(t_i)+\text{NLOS}_m(t_i) \tag{5.3}$$

式中，$n_m(t_i)$ 为零均值高斯变量，$\text{NLOS}_m(t_i)$ 为正随机变量，一般认为它符合基于均方根时延扩展 τ_{rms} 的服从指数分布、均匀分布或 Delta 分布的模型 PP 及时变模型。由于 TOA 测量值中 NLOS 误差的分布与电波传播路径上障碍物的分布有关，所以 NLOS 误差具有随机性的特点。依据基于 τ_{rms} 的各种误差分布模型，在标准的乡村、郊区、城市和恶劣城市环境下，NLOS 误差变量的均值和方差均依次增大。

首先，NLOS 误差的随机性引起 NLOS 误差的剧烈变化，使得某些 TOA 测量值的偏差特别大。这些受 NLOS 误差"污染"严重的测量值将严重影响对 TOA 的正确估计。所以，如果能消除这些包含较大误差测量值的影响，就可以从很大程度上消除 NLOS 误差。

其次，由于 NLOS 误差是电波在传播途中遇障碍物发生超量延迟所致，所以 TOA 中的 NLOS 误差总是正值。消除 TOA 中的 NLOS 误差，也就是从某种程度上消除测量值中的正向偏差。如果能将测量曲线向下平移，就可以消除 TOA 中的 NLOS 误差。

再次，TOA 测量值可以看成真实的 TOA 与标准测量误差及 NLOS 误差之和。由于这两种误差的产生原因不同，因此是相互独立的。基于这种独立性，我们可以考虑把 NLOS 误差从测量值中分离，即估计出 NLOS 误差，然后从测量值中减去 NLOS 误差，就可以得到对 TOA 较准确的估计。

在无线网络中，多径效应普遍存在，当直线路径被阻挡时，由引起的信号传播时延会增加。传播是无线定位中的一个主要问题，它会增大的测量值。如果不减少这种误差，传统的根据环境定位方法的精确度将会严重降低。

4．多径效应简介

多径效应指电磁波经不同路径传播后，各分量场到达接收端时间不同，按各自相位相互叠加而造成干扰，使得原来的信号失真或者产生错误。例如，电磁波沿不同的两条路径传播，而两条路径的长度正好相差半个波长，那么两路信号到达终点时正好相互抵消了（波峰与波谷重合）。这种现象在以前看模拟信号电视的过程中经常会遇到，如果信号较差，就会看到屏幕上出现重影，这是因为电视上的电子枪从左向右扫描时，后到的信号在稍靠右的地方形成了虚像。因此，多径效应是信号衰落的重要成因，多径效应对于数字通信、雷达最佳检测等都有着十分严重的影响。

多径效应移动体（如汽车）往来于建筑群与障碍物之间，如图 5.1 所示，其接收信号的强度，将由各直射波和反射波叠加合成。多径效应会引起信号衰落。各条路径的电波长度会随时间而变化，故到达接收点的各分量场之间的相位关系也是随时间而变化的。这些分量场的随机干涉，形成总的接收场的衰落。各分量之间的相位关系对不同的频率是不同的。因此，它们的干涉效果也因频率而异，这种特性称为频率选择性。在宽带信号传输中，频率选择性可能表现明显，形成交调。与此相应，由于不同路径有不同时延，同一时刻发出的信号因分别沿着不同路径而在接收点前后散开，而窄脉冲信号则前后重叠。

在无线通信的信道中，电波传播除了直射波和地面反射波之外，还会有各种障碍物所引起的散射波，从而产生多径效应。传播的多径效应经常发生而且很严重，它有两种形式的多径现象：一种是分离的多径，由不同跳数的射线、高角和低角射线等形成，其多径传播时延差较大；另一种是微分的多径，多由电离层不均匀体所引起，其多径传播时延差很小。对流层电波传播信道中的多径效应问题也很突出，多径产生于湍流团和对流层层结。在视距电波传播中，地面反射也是多径的一种可能来源。

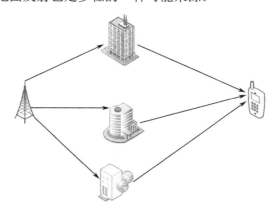

图 5.1　多径效应的示意图

多径时延特性可用时延谱或多径散布谱（即不同时延的信号分量平均功率构成的谱）来描述，与时延谱等价的是频率相关函数。实际上，人们只简单利用时延谱的某个特征量来表征，例如，用最大时延与最小时延的差，表征时延谱的尖锐度和信道容许传输带宽，这个值越小，信道容许传输频带就越宽。

无线信道的多径性，会导致小尺度衰落的多径性，多径传播导致经过短距离或短时间传播后信号强度的急速变化，对不同的多径信号，存在着时变的多普勒频移引起的随机频率调制。

多径信道的特性可以用以下一些参数描述：时间色散参数、带宽、多普勒扩展、相干时间及衰落。时延展宽和相干带宽是用于描述本地信道时间色散特性的两个参数，然而，它们并未提供描述信道时变特性的信息。这种时变特性或是由移动台与基站间的相对运动引起的，或是由信道路径中物体的运动引起的。多普勒扩展和相干时间就是描述小尺度内信道时变特性的两个参数。

5．多径效应的影响

多径会导致信号的衰落和相移。瑞利衰落就是一种冲激响应幅度服从瑞利分布的多径信道的统计学模型。对于存在直射信号的多径信道，其统计学模型可以由莱斯衰落描述。

在电视信号传输中可以直观地看到多径对于通信质量的影响。通过较长的路径到达接收天线的信号分量比以较短路径到达天线的信号稍迟。因为电视电子枪扫描是由左到右的，迟到的信号会在早到的信号形成的电视画面上叠加一个稍稍靠右的虚像。

基于类似的原因，单个目标会由于地形反射在雷达接收机上产生一个或多个虚像。这些虚像的运动方式与它们反射的实际物体相同，因此影响到雷达对目标的识别。为克服这一问题，雷达接收端需要将信号与附近的地形图相比对，将由反射产生的看上去在地面以下或者在一定高度以上的信号去除。

在数字无线通信系统中，多径效应产生的符号间干扰（Inter-Symbol-Interference，ISI）会影响到信号传输的质量。时域均衡、正交频分复用（Orthogonal Frequency Division Multiplexing，OFDM）和 Rake 接收机都能用于对抗由多径产生的干扰。

时域均衡的基本思想是使用横向滤波器在延迟时间内利用当前接收到的编码序列判断下一个编码序列，去除判断规则之外的错误编码，从而消除编码中存在的错误，减小码间干扰。例如，已知编码序列 11001 的下一个应该是 10，若出现 01，则去除，接着判断下一个序列，直到恢复正确的编码序列为止。

正交频分复用技术是 LTE（UMTS 标准的长期演进技术）采用的关键技术之一，它的基本思想是将数据流分解成若干个独立的低速比特流，从频域上说就是分成多个子载波，然后并行发送出去，这样可以有效地降低高速传输时由于多径传输而带来的码间干扰。为了最大限度地消除多径效应和其他因素引起的码间干扰，OFDM 技术还在每个信号中设置一段空闲的传输时段，称之为保护间隔，该时间段大于信道最大时延，从而不会对下一个信号产生延时引起的码间干扰。

多径效应问题是无线电测向过程中必然会遇到的问题，研究影响测向精度试验的干扰因素，有利于更客观、准确地评价测向装备的技术性能。对于多径，通常情况下主要考虑两条路径：一条是直射路径，另一条是由地球表面反射的路径。

6. 多径条件下信号场强的经典算法

测向精度试验一般选择在标准测向场进行，所谓标准测向场就是空旷平整，导电率均匀，而且地势较高，周围无明显反射物，可以最大限度地减小环境反射带来的多径影响的较为理想的试验场地。因此，这种试验条件下可以认为信号的传输只有两条路径：一条是直射路径，另一条是经测向场地面反射的路径。同时试验中通信电台天线及测向天线大都为垂直接收，因此只需关心接收点场强的垂直分量。双径传播模型下接收点场强在垂直方向的分量为

$$E_z = \frac{245\sqrt{PD_1}}{r_1} \times \left[\cos\partial\cos\omega t + R \times \cos\lambda\left(\frac{r_1}{r_1+\Delta r}\right) \times \sqrt{\frac{D_2}{D_1}} \times \cos\left(\omega t - \theta - \frac{2\pi}{\lambda}\Delta r\right) \right] \quad (\text{mV}/\text{m})$$

（5.4）

式中，D_1 为发射天线在直射线方向（直线 AB 方向）的方向性系数；D_2 为发射天线在反射线方向（直线 AC 方向）的方向性系数；P 为发射天线的辐射功率（kW）；r_1 为直射线（AB）所经的空间距离（km）；Δr 为直射与反射线的光程差；∂ 为 E1 在垂直方向的分量与 E1 的夹角；γ 为 E2 在垂直方向的分量与 E2 的夹角；λ 为信号波长；ω 为信号角频率；R 为反射点（C 点）的反射系数；θ 为由于反射作用使电场的相位滞后的角度。

7. 多径环境下的测向误差推算

按照获取方位信息的原理不同，无线电测向可以分为振幅法测向和相位法测向。目前，采用较多的测向体制是相位法测向法。因此，以相位法测向中工程使用较多的正交双基线干涉仪测向体制作为分析的基础，来计算电波方向角度和基线相位差之间，关系如式（5.5）

所示。

$$\Delta\alpha = \alpha' - \alpha = \arctan\frac{\phi_{24}}{\phi_{13}} - \alpha \tag{5.5}$$

式中，$\Delta\alpha$为测向误差，α'为测得的来波方向角度，α为真实的来波方向角度，ϕ_{13}、ϕ_{24}为实际测得的基线相位差。

在上述设计原理中，需要注意的是：

（1）假定信号来自无限远处，信号来波按平面波考虑；

（2）信号来波只考虑了直射波的理想情况。在实际测向中上述情况是不可能的，因而带来了测向误差$\Delta\alpha$。

8. 多径效应对 GPS 定位精度的影响及应对分析

GPS 具有定位精度高，环境适应性强等诸多优点，在军用和民用等领域均得到广泛应用。其基本定位原理是：通过接收至少 4 颗以上 GPS 卫星的伪距、伪距变化率和载波相位，计算相应的伪距和伪距变化，同时接收卫星的位置、时间与状态等电文信息，计算出当前 GPS 接收机自身的位置和速度，实现定位。

在 GPS 接收信息测量过程中，存在着各种对精度有影响的因素，为了提高定位精度需要对各种误差因素进行分析。目前普遍采用基于两个或多个 GPS 接收机的差分定位，但采用差分定位只能对公共误差部分进行消除，无法解决多径效应对定位精度的影响，所以解决径效应问题是提高 GPS 定位精度的重要途径。

根据 GPS 定位原理，影响定位精度的主要因素来源于信号传播过程、相应的时间定位精度和接收机误差，因此对定位误差的贡献因子主要包括 SA 误差、大气层干扰、对流层延迟改正后残差、星历误差及多路径效应误差。概括起来定位的主要误差来源可分为 3 类，即卫星误差、信号传播误差和接收误差。

（1）卫星误差主要包括星历误差和星钟授时误差。

（2）信号传播误差主要包括电离层和对流层时延改正误差、多径效应误差、相对论效应误差和地球自转效应误差。

（3）接收误差与 GPS 接收机有关，主要包括观测噪声误差、内时延误差和无线相位中心误差。

在上述误差因素中，GPS 卫星的星历误差、卫星钟误差、GPS 接收机钟差，以及大气折射造成的误差等都有一定的规律可循，可采取一定的措施将误差影响降至最低。例如，利用差分 GPS 技术可将卫星钟误差和星历误差消除，并部分消除电离层延迟和对流层延迟误差，但无法消除或减弱多径效应误差对定位精度的影响。

可知，多径效应误差对 GPS 定位精度影响较大，而且多径效应误差在不同站点，对应不同的反射体有不同的多径传播表现，很难用模型来修正，有时甚至会引起定位失锁，因此它成为 GPS 定位误差的重要贡献因子。

多径效应是由于卫星发射的信号通过多个路径到达卫星接收天线，在天线面上产生多个不同相位和幅度的信号叠加而造成的现象。由于接收天线周围的各种反射体（主要指粗糙度小于 20 的平面反射体）均能反射 GPS 信号，除直达波信号外，还有经由周围物体一次或多次反射到达的信号，GPS 接收机天线面接收的信号是直达波和反射波产生干涉后的合成信号。由于直达波与反射波的路径及长度不同，导致信号相位与幅度均不同，使最终的合成信号波形产生扭曲，从而产生多径效应误差。在实际应用中，根据多径效应的作用模式可将其分为两种，分别对 GPS 接收信号的影响有很大不同。一种是在接收机周围反射物粗糙不平时，反射信号表现为漫反射形态，从而到达接收机天线面的信号为很微弱的反射信号，这些漫反射信号相位的相关性较小，其在接收机通道表现为包络服从瑞利分布的噪声，对接收机跟踪测量的影响很小。另一种是，当接收机周围存在类似于镜面反射的发射物时，通过这种反射的信号一旦进入卫星接收机，其信号强度大，相位一致性好，与直射波叠加后使信号的相位与幅度变形比较大，从而引起较大的多径效应误差，如表 5.1 所示。

表 5.1　GPS 卫星定位误差量级

误差源		P 码伪距		C/A 码伪距	
		无 SA	有 SA	无 SA	有 SA
卫星误差	卫星星历误差	5 m	10～40 m	5 m	10～40 m
	卫星时钟误差	1 m	10～50 m	1 m	10～50 m
传播误差	电离层时延改正误差	Cm～dm	cm～dm	cm～dm	cm～dm
	电离层时延改正模型误差	—	—	2～100 m	2～100 m
	对流层时延改正模型误差	dm	dm	dm	dm
	多径误差	1 m	1 m	5 m	5 m
接收误差	观测噪声误差	0.1～1 m	0.1～1 m	1～10 m	1～10 m
	内时延误差	dm～m	dm～m	dm～m	dm～m
	内时延误差	mm～cm	mm～cm	mm～cm	mm～cm

根据多径效应产生的原理，其一般具有如下特征。

（1）到达接收机的反射波比直达波传播路径长，因此反射的多径信号总是在直达波信号之后到达接收机天线。

（2）多径效应误差中通常包括常数误差和周期误差，常数误差每天重复出现且无法消除，而周期误差可通过长时间观测处理进行削弱。

（3）多径误差的比例为直接信号能量和反射信号能量之比，在动态测量中，多径误差具有极大的偶然性、不确定性。

（4）GPS 接收机无论是采用码观测，还是载波相位观测方法，定位精度都会受多径效应的影响，尤其是在卫星数目较少时多径效应误差容易直接导致接收机相位失锁，从而无法进行定位。

（5）多径信号存在一定的衰减，因此多径信号的强度通常比直射信号弱。

9. 多径干扰对外测定位的影响

在某特殊应用的外测定位中，GPS 接收机工作在容易产生高镜面反射的海平面附近，由于海拔高度较低，且实际使用的限制，接收机的接收天线在低仰角下和背瓣对多路径信号抑制度较差，从而使 GPS 接收机受多径效应信号影响的风险大大提高。

C/A 码是用于粗测距和捕获 GPS 卫星信号的伪随机码。在某特殊应用的外测定位中，GPS 接收机采用 L1-C/A 码信号，通过伪随机码测距进行时间、位置和速度测量。L1-C/A 码码速率为 1.023 MHz，码长 1023 chip（码片），每个 chip 的码片周期 T_c 为 0.98 μs，对应的空间距离为 293 m。多径效应中的反射信号与接收码波形相同，不同时延（从而相位不同）、不同强度的多径效应信号与真实的直达波卫星信号叠加后，将对这种伪距测量带来不同的影响。

多径效应误差包络曲线用来描述给定多径效应信号幅度和延迟所能引起的最大测距误差。根据多径效应误差包络曲线可知，如果忽略旁瓣因素，相对于真实直达波信号时延在 1.5 chip（相当于距离 439.5 m）以下的多径效应信号会对伪距测量造成较大影响，引起的最大伪距测量误差为 293 m。因此即使有多径信号参与定位，只要伪距测量误差在 293 m 内，接收机也不会自动剔除该卫星，所以多径效应信号会直接对接收机定位精度造成影响，在高反射环境下甚至会使卫星信号失锁。

10. 通过环境选择改善多径干扰

（1）选择可视卫星多，接收条件较好的时机。这样可以大大提高 GPS 接收机定位的概率与定位稳定度。根据原理，GPS 定位基本条件为 4 颗以上（含 4 颗）可用卫星，在可用卫星数量大于 6 颗以上的条件下，接收机根据参与定位的卫星信号状态剔除一颗可能存在多径效应信号的卫星，一般为低仰角卫星。多径效应信号直接导致接收机信噪比降低，当可用卫星数较少时，接收机信噪比降低导致接收机捕获的卫星数减少，此时 GPS 接收机工作状态为先确保定位所需要的卫星数，即使有多径卫星信号存在，只要伪距测量误差在 293 m 内就不会被自动剔除，从而提高接收机定位超差的概率。所以选择星历较好的时机，保证可用卫星数量较多且卫星可视仰角较高，可提高接收机定位稳定性和定位精度。

（2）改善测量使用环境。在使用 GPS 接收机进行定位时，选择低多径效应的地点放置接收天线，应尽量避开平静的水面、有反射能力的房屋及微波发射塔等建筑物，以减少多径效应对其的影响。但在动态测量中，对环境选择会受到很大的限制。

11. 通过硬件设计改善多径干扰

（1）采用抗多路径能力较强的接收天线。可以使用抗多路径天线，这种天线适用于地面或海面反射的多径效应环境。当 GPS 天线离地面或海平面有一定高度时，基于直射信号与多径效应信号到达角不一样，GPS 直射波信号主要从天线主瓣进入，而多径效应信号主要自天线旁瓣进入。提高天线的主副瓣增益比以提高接收机的信噪比，可以达到抑制多径效应目的。目前在某特殊应用的外测定位中，常使用的有微带天线和径向扼流圈天线，这两种天线均可以有效抑制 GPS 的多径效应，且满足天线通道要求，可使多径效应误差减小一半左右。运动载体上的 GPS 接收天线常采用微带天线，而径向扼流圈抗多径天线多安装在 GPS 基准站，可以提高差分定位精度。

（2）将天线设置为右旋。接收 GPS 卫星发射的信号是右旋极化的，因此直达波信号为右旋极化不变，而多径效应信号经过反射后通常变为左旋和右旋极化的混合信号，所以采用右旋极化天线则可以抑制多径反射中的左旋分量，从而提高接收机信噪比和定位精度。

（3）改进 GPS 接收机硬件电路。多径效应会降低接收机的定位精度，并使处理时间加长，从接收机硬件电路入手，在电路设计中采取一定措施减小多径效应的影响。目前常采用的是 Novatel 公司研究的 MET 及后续的 MEDLL 技术，它主要根据经验估计出多径信号幅度、大小和相位，对失真的相关函数曲线进行弥补修正，得到直达波信号的相关函数，从而减小多径信号引起的载波和码相位测量误差，这种方法大概能将多径效应减少 90%。

12. 通过软件算法改善多径干扰

（1）分析 GPS 定位算法可以总结出，无论是选择所有可观测到的卫星参与定位，还是利用几何精度因子（GDOP）最小方法选择最佳的 4 颗卫星参与定位，选择的计算依据都是普通最小二乘法，这种方法适合对观测量误差特性未知或者误差均服从相同分布的情况。但实际应用中，电离层、对流层、多径效应误差等都与卫星视线的几何形态有关。只要在定位观测量中包含有多径效应误差的干扰，GPS 定位误差必然加大，所以依据定位误差方差最小的原则利用 GDOP 值选择参与定位的卫星，而尽量不用多径误差较大的观测量，可以明显减小多径效应对 GPS 定位精度的影响。

（2）增大 GPS 选星仰角门限。低仰角下多径信号往往较强，适当提高仰角门限可以屏蔽掉低仰角信号，从而减少多径效应的影响。通常 GPS 选星采用大于 5° 的仰角门限，在可用卫星足够的情况下，如果使用大于 15° 的仰角门限，可使因多径效应产生的定位误差减小一半，而相应的 GDOP 值变化不大。

（3）利用定位数据平滑滤波减小 GPS 动态定位误差。在 GPS 动态定位中，接收机以一定速度运动，多径分量的反射点、多径信号与直射信号的相位差及幅度差随着接收机的运动不断变化，尤其是相位差变化较大，使多径效应误差的均值和方差出现振荡，此种状况下可对运动接收机的定位数据进行平滑滤波，达到减小多径误差，改善多径效应带来的影响。但如果静态定位，用定位数据平滑滤波方法效果就不明显。

（4）利用时空处理方法。实际应用中，多径效应具有随机性，随时间和空间在不断变化，用单一的方法，如单一抗多径天线难以达到理想效果。结合空域和时域两个方面，可以使用距离较近的多台 GPS 接收机进行定位，它们受到的多径效应在时间和空间上是基本相干的，因此可以使用时空处理法对多径参数进行校正，降低多径效应的影响。

（5）提高接收机的距离测量精度，如窄相关码跟踪环、相位测距、平滑伪距等。智能天线利用多个天线阵元的组合进行信号处理，自动调整发射和接收方向图，以针对不同的信号环境达到最优性能。智能天线是一种空分多址（SDMA）技术，主要包括两个方面：空域滤波和波达方向（DOA）估计。空域滤波（也称为波束赋形）的主要思想是利用信号、干扰和噪声在空间的分布，运用线性滤波技术尽可能地抑制干扰和噪声，以获得尽可能好的信号估计。

智能天线通过自适应算法控制加权，自动调整天线的方向图，使它在干扰方向形成零陷，将干扰信号抵消，而在有用信号方向形成主波束，达到抑制干扰的目的。加权系数的自动调整就是波束的形成过程。智能天线波束成形大大降低了多用户干扰，同时也减少了小区间干扰。

（6）采用抗多径信号处理与自适应抵消技术等。多址干扰是由于在多用户系统中采用传统单用户接收方案而造成的恶果。单用户接收机采用匹配滤波器作为相关判决的工具，并没有考虑多址干扰的存在，每个用户的检测都不考虑其他用户的影响，是一种针对单用户检测的策略。一般说来，单个用户传输时不存在多址干扰，但在多用户环境中，当干扰用户数增加或者它们的发射功率增加时，多址干扰将不容忽视。因此多用户检测技术应运而生，其算法有最优检测算法和次优检测算法。

（7）在 CDMA 系统中，多用户检测问题实际上就是从若干个随机变量线性组合后加噪声的观察值中提取出目标随机变量的过程。一般情况下，多用户接收机不仅需要知道所有用户的扩频信息，而且还需随着系统的时变不断更新。此外，还需估计用户的幅值、相位，以及定时信息用于接收端的检测，这样势必造成计算复杂度的增加。由于这一限制，多用户检测大都应用于基站一侧，若要将其应用于移动台一侧，一种实现方法是发送已知的训练序列自适应地将接收机参数调整到理想的工作状态[3]。该方法有明显的弊病：当信道响应突变或者用户数目变化时，就必须重新发送训练序列，而频繁发送训练序列会造成频谱资源的极大浪费。鉴于以上原因，开发不需要所有用户的扩频信息，也不需要发送训练序列的盲多用户检测算法成为业界研究的新热点。以线性检测为例，线性盲多用户检测就是在不知道干扰用户扩频信息，也不需要训练序列的情况下求出权向量的过程。由于所有用户都以相同调制方式独立工作[4]，可以假设各用户的信息码元及同一用户的不同码元之间都是独立同分布的，而幅度的差异可以反映在信道响应混合矩阵的系数中。

GPS 定位是目前应用最广泛的定位手段，随着应用领域的不断拓宽，对它的定位精度要求也越来越高。多径效应由于它的特殊性一直制约着定位精度的提高，随着人们研究的深入，提出了更多的解决办法，努力将它对定位精度的影响降至更低。

由于室内存在静止的物体和走动的人群，导致接收信号的终端和 AP 之间被阻隔，这就形成了非视距。非视距导致信号在传播过程中有了一定程度的衰减，并且电磁波在遇到物体的时候会发生反射[5]、折射等现象，导致了多径效应的发生。在发射的阶段到被移动终端接收到的阶段之间 RSSI 会发生很多衰减、阻隔，所以在信号传播途中，信号强度值稳定性并不是完全可靠的。

基于上述的问题分析[6]，我们首先在实际的室内环境中展开实验，该实验用来分析多径效应影响下[7]，Wi-Fi 信号在参考位置的波动情况。在整个实验中，数据收集的过程充分考虑到在待测区域中存在人员移动、物体阻挡等非视距因素，使得测试数据更加符合实际和具有可信性[8]。

文献[9]是在基于 IEEE 802.11 平台的 Wi-Fi 覆盖的室内环境下，对于热点 AP 的个数对定位结果的影响做了调查实验，这个定位实验当中采用的是指纹定位算法。为了调查 AP 个数对于定位精度的影响，在离线阶段和定位阶段分别记录用于进行定位算法实验的 AP 个数，定位结果误差在很大程度上依赖于定位阶段使用的 AP 个数，如果离线阶段和定位阶段所使用的 AP 个数相同的话，定位结果误差较小。实验结果说明，只要满足离线阶段和定位阶段使用的 AP 个数相同，离线阶段的 AP 个数对于定位结果没有决定性影响。并且定位过程中满足上述要求，使用 AP 的数量为 4～7 个时，同等定位条件下产生的定位结果误差不大，所以在下面的实验调查分析中采用离线和定位阶段 AP 个数都为 5 个。

本次实验中，数据采集、测量和分析主要基于无线路由发射器作为 AP 定位热点和基于 Android 平台且具备 Wi-Fi 功能的智能移动终端，移动终端可以在定位区域自由移动，并且不断扫描 AP 信号强度值。

分别在矩形实验室内和狭长走廊两种典型场景情况下收集信号数据，分析任意参考位置的 RSSI 的方差和信号均值的关系。在两种场景的数据收集中，分别在定位场景分布 5 个 AP 定位热点，并且在指纹数据库中设定参考位置点的间隔为 0.6 m。离线阶段每个参考位置针对每个 AP 都采集 300 个 RSSI 信号值，在下面的数据分析过程中，进行方差和均值计算的，共 8 个定位点，每个位置都采集 20 次值进行方差和均值计算，来分析二者关系。

如图 5.2 所示，在两种典型场景下，由实验数据可以发现，RSSI 信号方差随着 RSSI 均值的增大而减小，表明信号越强，即离 AP 越近，信号发生波动的情况越小。相比狭长走廊，矩形实验室中的信号强度值较小的位置，即距离 AP 较远的位置，信号接收值发生的波动较大，导致方差较大。但无论是在人员走动较为频繁的实验室还是相对干扰较少的狭长走廊，距离 AP 较远位置的较弱信号的 RSSI 方差要大于距离 AP 位置较近的信号方差。通过将数据线性拟合，可以发现 RSSI 信号的方差和均值基本成线性关系。

由上述数据及分析可以得出下面的规律性结论：RSSI 方差随着信号强度和测试距离而变化，距离 AP 信号点较远的位置，RSSI 信号强度小，得到的 RSSI 方差倾向于较大，RSSI 强度值不稳定；相反，RSSI 信号强度值较大的位置点，RSSI 值趋于稳定。采用 KNN 算法在计算指纹距离时，如果根据不同的信号强度所对应的不同信号波动情况给予不同程度的修正，可以显著降低波动较大的信号值对定位结果的影响。

根据上述结论，提出了基于方差修正指纹距离的位置指纹定位算法，根据不同的 RSSI 方差，以及 AP 方差与均值的线性关系来确定修正权重，目的是修正方差较大的测量值。

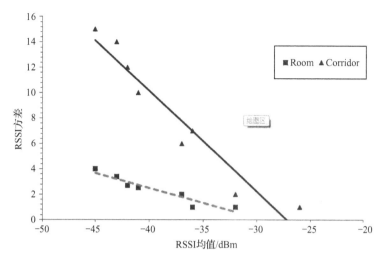

图 5.2　实验 AP 的 RSSI 信号方差和均值关系

5.2　基于方差修正指纹距离的室内定位算法原理

5.2.1　指纹距离定义

在给出位置指纹距离的定义之前，先要简要说明位置指纹的含义。位置指纹就是某一个具体的物理位置上，在某个特定的时间和环境下测得的关于某个或者某几个信号源的有关参数信息的集合。换句话说，之所以称之为指纹，就是因为正如人的指纹代表着一个人独一无二的信息集合一样，某个物理位置坐标上面的指纹信息也标志着这个位置具有与其他位置都不相同的独特的信息集合。如果要成为独一无二的指纹，那么该位置所具备的信息集合的信息量一定要大，否则很容易出现重复、不唯一的情况，而且该信息集合必须在相对的时间段内，相对较为相似的环境下保证一定范围内的相对稳定，才可以称为指纹。

在选定的定位区域中，假设有 l 个采样点，可以获得 n 个 AP 的 RSSI，那么在每一个采样点可以采集到的 n 个 RSSI 值作为一个指纹，遍历所有采样点便可得到 1 个指纹，保存入库。

$$FP = \begin{bmatrix} rssi_1^1 & rssi_1^2 & ... & rssi_1^n \\ rssi_2^1 & rssi_2^2 & ... & rssi_2^n \\ ... & ... & ... & ... \\ rssi_l^1 & rssi_l^2 & ... & rssi_l^n \end{bmatrix} \qquad (5.6)$$

式中，$rssi_i^j$ 表示在第 i 个采样点测得第 j 个 AP 的 RSSI 值；$FP_i = (rssi_i^1, rssi_i^2, \cdots, rssi_i^n)$，是指纹库的一个指纹。每一个指纹对应一个唯一的位置，位置用二元坐标 (x, y) 表示，那么每个指纹对应的位置信息如式（5.6）所示。

$$LOC = \begin{bmatrix} x_1 & y_1 \\ x_2 & y_2 \\ ... & ... \\ x_l & y_l \end{bmatrix} \qquad (5.7)$$

那么，位置指纹数据库（Location Fingerprint Database，LFDB）LFDB=[LOC,FP]。

位置指纹算法可以分为两个阶段：离线阶段（或称数据采集阶段）和在线阶段（或称实时定位阶段）。在离线阶段，定位系统选择一个定位区域的某些位置点作为采样点，采集能够观测到的 RSSI 形成指纹，构建一个位置指纹库，在这个指纹库中，每个指纹都唯一对应一个位置。在在线阶段，待测目标测得的指纹与指纹库中的指纹进行匹配，从而估计出待测目标的位置。在 Wi-Fi 的环境下，基于 RSSI 的位置指纹定位算法工作机制如图 5.3 所示。

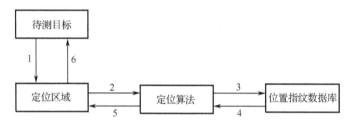

图 5.3　指纹定位算法的工作机制

图 5.3 所示，位置指纹定位算法中有三个不可或缺的组成部分：定位区域、定位算法、位置指纹数据库。其中，定位区域是预先选定的实验空间，位置指纹数据库是基于此实验区域训练得到的，定位算法就是根据估计待测目标的位置信息所采取的手段。

第 1 步是待测目标进入到定位区域，检测信号强度，获得信号强度序列，即实测位置指纹信息。

第 2～4 步将所获取的位置指纹与位置指纹数据库的指纹进行匹配，通过特定的定位算法将位置估计出来。

第 5～6 步将位置信息返回，返回的位置信息就是待测目标在定位区域的估计位置。

位置指纹定位算法可以利用 Wi-Fi 环境的 RSSI 作为位置指纹来定位。这种室内定位技术最大的优势是不需要添加定位测量专用硬件，经济成本低，可以使用纯软件的方式实现，定位方法简单，能够很好地推广。

目前，无线定位的技术有如下三种方式。

● 基于无线电波到达时间或到达时间差定位（TOA/TODA）；
● 基于无线电波到达角度定位（AOA）；
● 基于无线电波到达信号的强度定位（RSSI）。

因为 Wi-Fi 信号传播的特点、短距离、衰减快，因此到达时间或者到达角度几乎不能用于 Wi-Fi 定位，采用 RSSI 技术来定位比较适合。

基于信号强度的定位方法主要可以分为两类，一类是基于已知的位置来定位，另一类基于指纹数据库的方法。总的来说，影响强度的因素比较多，当前的定位方法并没有准确地提出信号强度中的一些特点，准确度不高。下面介绍一些主流的相关方法。

近似法：主要是利用在室内位置已知，而且覆盖范围有限的特点，通过终端设备接收信号强度的情况和对应的位置的远近来判定移动用户的位置。用户定位时，会接收到多个热点的信号，对比不同信号强度，选择信号最强对应的热点位置，判定为用户所在的位置。本方法的特点是简单，无须复杂的计算，但是只能实现区域位置定位，不能准确地预测位置，该方法几乎不能实用，只是理论模型，它和基于蜂窝移动基站的区域定位方法类似。

几何测量方法：该方法首先根据无线电信号的衰减模型（有学者研究了室内信道衰减模型公式），将信号强度值映射为信号传播的距离。在二维的平面上，根据用户设备与至少三个距离即可确定用户位置的几何原理，通过三边测量方法来进行位置估计。由于室内电波传播的复杂性，信号强度受到多径传播、反射等影响，实际室内环境很难用固定的数学模型来刻画，使得该技术在实际应用中仍存在困难。

Wi-Fi 环境下的室内定位系统采用的信号特征是接收信号强度（RSS）。首先，数据采集部分采集室内环境中的 Wi-Fi 信号，每一个 Wi-Fi 信号都可以提供其信号强度，记录数据并将采集到的 RSS 结合相关的位置信息通过定位算法估计出目标对象的位置，最后将位置信息显示出来。基于 Wi-Fi 的定位系统的工作原理如图 5.4 所示。

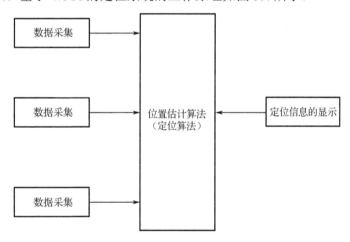

图 5.4　Wi-Fi 室内定位原理

位置指纹定位根据不同位置接收到的信号强度向量，建立相应的位置指纹数据库。通过实时采集的信号强度与数据库信号空间中存储的信号向量，根据一定的匹配算法实现定位。该算法能够在一定程度上减少多径效应的影响，增强抗干扰能力。目前，基于位置指纹的定位算法主要分为确定型和概率型两种，前者的计算效率较高，后者的定位精度较高，但是计算量较大，为了快速定位，采用确定型的位置指纹定位算法。预测位置时，测量的值与存放在数据库中的指纹进行比较，然后可以通过评估函数预测出最佳匹配位置，这里的重点是如何选取评估函数。基于指纹的定位系统工作与模式识别的过程类似，因此一些统计方法也被运用到这个技术上来了。这类定位方法主要分为两个阶段。

第一个阶段是预先采集数据集，构建指纹库，或者构建模型，或者训练出预测函数。

第二阶段利用已有的指纹数据库或者从指纹数据库训练得到的模型进行定位预测。

位置指纹是基于 WLAN 信道传输模型下的信息集合，所采集的信息都是由 AP 的信号强度值来确定的，那么 AP 的数量，以及如何去计算处理 AP 的 RSSI 是位置指纹的重要一步。

当前，基于指纹数据库的方法，比如最大似然法，它是一种统计方法，使用概率模型。最大似然法是要解决这样一个问题：给定一组数据和一个参数待定的模型，如何确定模型的参数，使得这个确定参数后的模型在所有模型中产生已知数据的概率最大，而不是像最小二乘估计法那样旨在使得模型最好地拟合样本数据的参数估计量。最大似然法将收到的值和先前的指纹数据库进行比较，返回一个最为相似的位置，其最大的缺点是只能返回数据库中已有的地点，预测精度有限。

按照指纹定位算法实现对目标位置的定位，跟其他定位方法一样，首先要采集指纹数据库。指纹数据库的采集，通常是在定位区域按照一定的采集间距，测量各个用于定位的 AP 的 RSSI 信号强度，将测量点的位置信息与各个 AP 的 RSSI 信号强度组成的二元组，作为该点的指纹数据，存储在数据库中并作为定位阶段相似度匹配的基础。前文已经提到，由于室内复杂的环境，存在电磁信号的多径效应和非视距传播，以及其他电子设备的影响，RSSI 并不是稳定的，而是存在一定的波动性，因此，不能将 RSSI 的一次测量值作为指纹，必须对接收信号强度进行一定的处理，以减少 RSSI 随机性和不稳定性带来的误差。过滤区间临界值的选择是基于 RSSI 均值的，因此在指纹采集时，采用多次测量法，测量数据通过修改后的平均滤波方法进行处理。均值滤波即多次测量求均值，对 N 次采集的信号强度求平均值。为得到可靠性更高的均值，获取的平均滤波方法如下：在 N 次采集的信号强度中，找到最大值和最小值，并记录最大和最小值出现的次数；如果最大值或最小值，只出现了一次，则舍弃这个值，计算剩余数据的平均值；如果最大或最小值，出现次数不只一次，则保留这个值，计算平均值。将 N 次 RSSI 信号强度的测量数据，经过修改的平均滤波方法处理，处理结果作为该 AP 在该点的指纹数据。

指纹过滤是过滤指纹定位算法的关键，这里将重点阐述过滤指纹的过程。假设有 i 个 AP 可用于定位，即离线采集阶段共采集 i 个 AP 的 RSSI 数据，组成一个信号强度的指纹向量，与参考点位置组成一个指纹数据$(x_i, y_j, \text{RSSI}_1, \cdots, \text{RSSI}_n)$，其中，$(x_i, y_j)$为参考的位置坐标。在线定位阶段，在定位点测量得到的各个 AP 的值为$(\text{RSSI}_1, \cdots, \text{RSSI}_n)$，相对 RSSI 的指纹过滤临界值为$(u_i, t_i)$。如果参考点$(x_i, y_j)$的指纹值 RSSI 位于区间$(\text{RSSI} - t_i, \text{RSSI} + u_i)$内，那么就给该参考点$(x_i, y_j)$一个权值，权值大小由位于区间内参考点的个数决定。例如，有 m 个点位于某个 AP 的过滤区间内，就给予每个区间内的参考点 $1/m$ 的权重值。按照此方法，依次对每个 AP 的指纹进行指纹过滤，便可以得到每个参考点的权重值，权重值 w 的计算为

$$w = \sum_{i=1}^{n} \frac{1}{m_i} \qquad (5.8)$$

由此可以得到指纹点的权重列表，参考点的权重越大，表示参考点与定位位置的相关性越大，可以将权重值最大的几个点作为定位参考点。但是用权重值来区分各个参考点与定位点的相关性需要 AP 的数量足够多，否则会有多个参考点具有相同的权重值。而在实际部署中，部署过多的 AP 并不现实。在实际中通常先过滤指纹得到一组相关性较大的参考点，再辅助以常规匹配算法 KNN 算法。

又比如 K 近邻算法 KNN，它是在 1968 年由 Cover 和 Hart 提出的，与最近邻定位算法只考虑最小欧氏距离不同的是，K 近邻算法考虑 K 个近邻参考点。这样做是因为在计算欧氏距离之后发现欧氏距离相等的参考点可能很多，由于 RSSI 的不断波动变化的特性，使得无法判断哪个样点是最近邻和哪些样点不是，因此采用 K 个近邻参考点的坐标的平均值来估算终端的位置坐标。K 近邻算法从所有参考样点中选取前 K 个与终端当前位置的欧氏距离最小的样点，然后求这个参考点的坐标平均值。

加权近邻算法与 K 近邻算法相似，唯一的不同在于求均值使用的权值。在 K 近邻算法中，所有的近邻参考点使用的权值都是 $1/K$。然而对于 K 个不同欧氏距离的近邻参考点，考虑到距离越小的近邻参考点越有可能是真实的位置，因此在加权近邻算法中，采样欧氏距离的倒数作为权值。

KNN 主要基于位置指纹信息，利用在定位区域离线阶段测试得到的对应 AP 的 RSSI，在定位阶段，计算定位测试得到的 RSSI 和指纹库 RSSI 的欧氏距离作为指纹距离，选择出其中前 K 个指纹距离最小的位置，利用对应的物理位置坐标，计算平均值得到的物理坐标值作为定位结果。KNN 算法中的指纹距离为

$$D(j) = \sum_{i=1}^{N} (r_i - s_{ij})^2 \qquad (5.9)$$

式中，N 表示系统中用于定位的 AP 个数；r_i 是定位阶段测量的第 i 个 AP 的信号强度值；s_{ij} 是离线阶段存储在数据库里的第 j 个位置参考点位置对应第 i 个 AP 的信号强度值；$D(j)$ 是第 j 个位置参考点位置在定位阶段测得的 RSSI 和离线阶段已经存储的 RSSI 的指纹距离。

可信度是指对于一个指纹距离是否准确的可信程度。在 KNN 算法得到的指纹距离中，所有的 RSSI 都具有相同的可信度，这就存在一个很明显的缺陷：如果在一次测量中，由于多径效应，某个 AP 测量的 RSSI 和其离线阶段实际的 RSSI 相差很大，尽管对应其他 AP 的测量值和离线阶段相比没有很大的差距，最终的指纹距离还会因此变大。在 KNN 算法中，这种偶然性错误会导致本该纳入的 K 个最优位置参考点没能纳入范围之内，从而导致定位的不准确。

测量误差不可避免，因此减少定位误差的主要途径应是减少错误 RSSI 值的影响，依靠和离线阶段相近的 RSSI 值来确定定位指纹距离。

由此，式（5.10）定义了新的指纹距离。

$$D(j) = \sum_{i=1}^{N} d_i (r_i - s_{ij})^2 \tag{5.10}$$

式中，$D(j)$同样是第j个位置参考点位置在定位阶段测得的 RSSI 和离线阶段已经存储的 RSSI 的指纹距离；r_i是定位阶段测得的第i个 AP 的信号强度值；s_{ij}是离线阶段存储在数据库里的第j个位置参考点位置对应第i个 AP 的信号强度值；d_i是定位阶段针对第i个 AP 分配给信号值的修正权重。计算指纹距离时，需要为定位阶段接收到的比较准确的信号赋予比较大的可信度，即进行小幅修正，而为不准确的信号值赋予比较小的可信度，进行大幅修正。

这里有两个问题需要解决：首先，如何判断哪些测量值的误差较大，哪些测量值的误差较小；另外一个问题是，当确定了测量值误差大小后，如何定量地给出修正权重来减小指纹距离中的误差。下面详细讨论如何解决这两个问题。

5.2.2　测量误差计算

在定位阶段可以发现测量值存在误差，但测量值本身不能直接给出测量误差的程度，因此需从已建立的指纹数据库中来获取大致的定位误差信息。从上述分析所得的规律可知，AP 信号各位置的 RSSI 方差和均值之间存在着线性关系，这样的线性关系可表示为

$$\text{Var} = \text{Mean} \times a + b \tag{5.11}$$

式中，Var 代表信号方差值，Mean 代表信号均值，a和b是线性函数的参数。在定位阶段，使用定位时候测试收集得到的 RSSI 和式（5.11）计算定位测量数据得到的 Var 值以确定误差情况，并在计算指纹距离时利用匹配算法确定修正权重的大小。

5.2.3　修正权重计算

修正权重计算的最基本思路是：在计算指纹距离时对误差较大的信号值进行大幅度修正，而对误差较小的信号值进行小幅度修正。选择修正权重应该能使离 AP 距离较远和较近的位置点有明显的区分，在计算欧氏距离时得到最合适的修正，从而更加准确地选择最近邻的K个参考位置点。

根据 RSSI 均值和方差的关系，RSSI 均值较小时，这种情况测得的信号方差往往较大，并且近似的方差可以通过式（5.11）计算得到。为了减小测量值较大的误差引入的定位误差，方差较大的测量值应该对应较小的权重，可以利用方差的倒数作为测量值的权重。

对应每次的修正权重的计算，虽然式（5.11）中只有方差值，但是方差的计算是通过测量均值进行计算得到的近似方差值，所有的值不可能做到精确，但该值定量地表明了修正指纹距离的目的。

式（5.12）中d_i为修正权重，即

$$d_i = \frac{1/\text{Var}_i}{\sum_{i=1}^{N} 1/\text{Var}_i} \tag{5.12}$$

式中，Var_i 是定位阶段测量得到的 RSSI 对应的第 i 个 AP 的方差值，且权重值 d_i 须满足

$$\sum_{i=1}^{N} d_i = 1 \tag{5.13}$$

5.3 算法流程

5.3.1 离线阶段

根据上述误差计算和修正权重计算方法，本书使用式（5.10）定义的指纹距离来设计用于室内定位的基于方差修正指纹距离算法（Variance-based Fingerprint Distance Adjustment Algorithm，VFDA）。同传统位置指纹法相同，VFDA 可分为两个阶段：离线阶段和定位阶段。

离线阶段建立位置指纹的数据库，存储位置数据作为定位阶段匹配依据。基于上述分析可知，目前通过计算欧氏距离获得指纹距离的指纹定位算法存在如下问题：N 个 AP 对应的测试值，默认 N 个 RSSI 值波动情况是相同的，也就是说计算欧氏距离可能存在波动较大的某个值会使整个欧氏距离值变大，而偏离实际的指纹距离。本章提出的 VFDA 算法在建立指纹库时，存储了参考位置 RSSI 方差及 a、b 参考值。

在离线阶段，建立指纹数据库的流程如下。

步骤 1　移动终端在参考位置点扫描、收集 AP 的 RSSI 值，存储物理位置坐标(x, y)、RSSI 均值及方差，以构建指纹数据库。

步骤 2　服务器对每个 AP，由测量收集 RSSI 方差和均值计算参数 a 和参数 b，同样存储到指纹数据库中。

在定位阶段，根据存储在指纹数据库中的 RSSI 信号值的均值、式（5.11）线性关系，以及 a、b 参数，计算得到 RSSI 值的方差，再由方差计算得到修正权重。整个离线阶段的定位流程如图 5.5 所示。

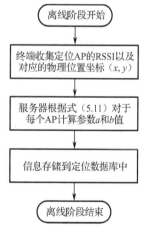

图 5.5　离线阶段流程图

5.3.2 定位阶段

移动终端在定位区域内的任意位置扫描收集 N 个 AP 的信号，并且得到若干组 RSSI 值，计算该测试点的 RSSI 值的均值。定位算法流程如下。

步骤 1　方差估计：用离线阶段测得的 RSSI 均值和式（5.11）估计每个 RSSI 均值和

方差值。

步骤 2 修正权重计算：用式（5.12）来计算修正权重。

步骤 3 指纹距离计算：用式（5.10）来计算指纹距离。

步骤 4 位置估计：利用 K 近邻法来计算终端位置的物理坐标。

定位阶段流程如图 5.6 所示。

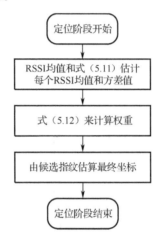

图 5.6 定位阶段流程图

筛选 K 个指纹距离的伪代码算法如图 5.7 所示。

Input：SelDis, DataDis;

Output：ReqDistance;

```
01   PriorityQueue<KNode> knn  （ArrayList<ArrayList<Integer>> datas,ArrayList<Integer> testData, int k）
02   PriorityQueue<KNode> pq = new PriorityQueue<KNode>（k, comparator）;
03   List<Integer> randNum = getRandKNum（k, datas.size（））;
04   FOR  （int i = 0; i < k; i++）
05   ArrayList<Integer> currData = datas.get（i）;
06   int dis = calDistance（testData, currData）;
07   KNode node = new KNode（i, dis）;
08   pq.add（node）;
09   FOR  （int i = k; i < datas.size（）; i++）
10   ArrayList<Integer> t = datas.get（i）;
11   int distance = calDistance（testData, t）;
12   KNode top = pq.peek（）;
13   IF  （top.getDistance（） > distance） {
14   pq.remove（）;
15   pq.add（new KNode（i,distance））;}
16   RETURN pq;
17   End
```

图 5.7 筛选 K 个指纹距离

指纹距离计算之后，需要选择最优的 K 个指纹距离值作为计算结果。本书采用优先权队列的方法，根据式（5.10）到式（5.12）计算的指纹距离，按照由大到小的次序遍历指纹距离与队头元素，前者大于或等于后者队列元素出队，大的元素入队，否则继续比较。

指纹距离的伪代码算法如图 5.8 所示。

```
Input：RSSI, Distance;
Output：ResultDistance;
01    int distance = 0;
02    int sum = 0;
03    FOR （int i = 0; i<test_ap.size（）; i++）
04    sum+=（int）（aCanshu[i]*test_ap.get（i）+bCanshu[i]）;
05    For（int i=0;i<test_ap.size（）;i++）
06    int var=get_Var（aCanshu[i],bCanshu[i],test_ap.get（i））
07    int w=var/sum;
08    int d=（1+w）*var;
09    distance+=（test_ap.get（i）-curr_ap.get（i））*（test_ap.get（i）-curr_ap.get（i））*d;
10    RETURN distance;
11    End
```

图 5.8　指纹距离计算

VFDA 定位算法的核心代码在通过计算欧氏距离得到的指纹距离基础上，利用数组存储每个 AP 的参数 a、b 值，然后遍历信号的均值构成的表，用值和修正权重相乘，即可计算得到基于方差修正过的指纹距离。

5.4　VFDA 算法优化

根据上述定位过程的分析和计算可以了解到，在定位阶段，采集信号强度值来计算信号强度的指纹距离的次数有限，存在着更大可能导致信号强度值会在某一时刻大幅度偏离本该有的信号强度值。也就是说在计算式（5.10）的时候，虽然根据式（5.12）计算得到的修正因子 d_i 在计算指纹距离时修正了偏差较大的信号强度值，但是对于指纹距离计算中计算 $r_i\text{-}s_{ij}$ 并没有给予考虑。当对某个 AP 计算此差值过大的情况下，应该给予一定的阈值 T_j，并且设定一个计数器 $c_j=0$，初始值为 0，当超过此阈值时 c_j 值加 1，差值设为阈值；当 c_j 到达额定值，则去除此指纹参考点，不参与比较。

阈值设定的目的是去除没有意义的指纹距离的计算，并且减少偶然的大幅度波动对信号强度指纹距离产生的影响。利用信号强度阈值进一步优化算法的方法如下。

在离线阶段，建立指纹数据库的流程为：

步骤 1　移动终端在参考位置点扫描、收集 AP 的 RSSI，存储物理位置坐标(x, y)、RSSI 均值及方差，以构建指纹数据库。

步骤 2　服务器对每个 AP，由测量收集 RSSI 方差和均值计算参数 a 和参数 b，同样存储到指纹数据库中。

步骤 3 服务器根据离线阶段针对某个参考位置点的各信号强度值，计算其均值和多次测量信号强度值差值的最大值作为阈值，如式（5.14）所示。

$$T_j = Max\{| \mathrm{r}_{ij} - \mathrm{rssi}_1 |, | \mathrm{r}_{ij} - \mathrm{rssi}_2 |, \cdots, | \mathrm{r}_{ij} - \mathrm{rssi}_n |\} \tag{5.14}$$

rssi_n 为离线阶段针对第 j 个指纹点第 i 个 AP 信号源第 n 次收集的信号强度值，该阶段流程如图 5.9 所示。

定位算法流程如下。

步骤 1 方差估计，用在线阶段测得的 RSSI 均值和式（5.11）估计每个 RSSI 均值方差值。

步骤 2 修正权重计算，用式（5.12）来计算修正权重。

步骤 3 计算指纹距离，当计算 $|r_i - s_{ij}|$ 时，将其值与 T_j 进行比较，如果 $|r_i - s_{ij}| \geq T_j$，令 $|r_i - s_{ij}| = T_j$，并且 c_j 值加 1，如果最终计算 $c_j \geq 4$，则舍弃该参考位置点，排除该参考位置点的可能性。

步骤 4 没有被阈值排除的参考位置，利用式（5.10）来计算指纹距离。

算法优化后的定位阶段流程如图 5.10 所示。

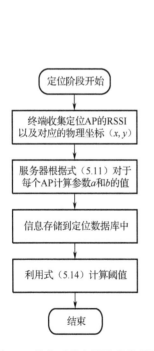

图 5.9 优化后的离线阶段流程图

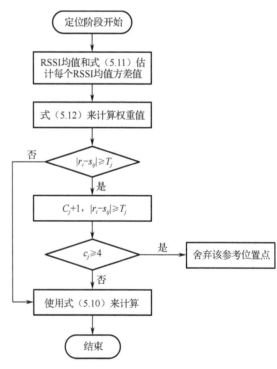

图 5.10 算法优化后的定位阶段流程图

5.5 实验验证与性能分析

5.5.1 性能指标

在测试定位算法的定位精度时，最常用的量化定位误差指标是定位误差距离。定位误差距离是指实际所在点的物理坐标和通过定位算法计算得到的物理坐标之间的直线距离。

$$\text{error} = \sqrt{(x_l - x_r)^2 + (y_l - y_r)^2} \tag{5.15}$$

式中，error 是计算得到的定位误差距离值，x_l 和 y_l 是测试时实际的物理位置坐标，x_r 和 y_r 是定位算法测试得到的位置坐标值。

实验共测得 10 组数据，并据此绘制误差 CDF 图，作为算法的定位性能指标。

5.5.2 实验环境

实验环境选择了实验室的矩形室内环境，以及楼内狭长走廊这两种典型的室内场景。实验室为长方形（见图 5.11），内有桌椅等障碍物，以及频繁走动的人员，产生了相对较多的随机干扰因素；走廊区域则为狭长形，具有人员移动不频繁，基本无障碍物阻挡，及随机干扰较少。

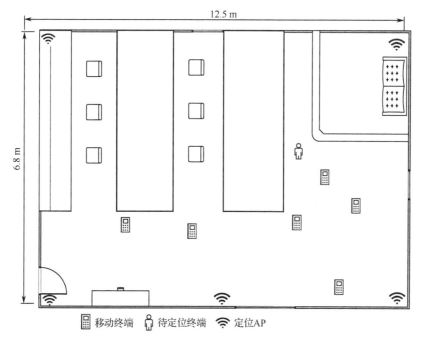

图 5.11 实验室平面图

实验采用 TP-LINK TL-WR720N 型号热点作为 AP 信号热点，采用基于 Android 平台、具有 Wi-Fi 功能的智能移动终端在定位区域随意移动以持续扫描无线 Wi-Fi 信号信息，进行数据采集。移动终端还负责将数据采集反馈到数据库进行指纹数据库的建立，以及匹配计算等功能。

针对于基于 WLAN 的室内定位算法，系统分为两个部分。

1. 终端用户

该终端一般是计算机或者移动终端，必须配备无线网络接收器，以及用于定位的客户端程序，才可以和定位服务器进行无线数据传输。终端可以接收来自其他信号发射源的信息，也可以向服务器发送数据。移动终端接收定位 AP 的 RSSI 的条件是可以识别 AP 的物理地址，并且兼容信号速率。

2. 定位服务器

定位服务器是 WLAN 定位算法构成的系统中实现定位数据存储、数据库构建存放，信息查询，以及定位算法执行的模块。用户将接收到的实时信号强度值传输到定位服务器进行数据存储。另外在定位阶段，定位服务器还接收来自终端信息进行数据库指纹值匹配计算，并将定位结果发回给用户。

针对如何快速部署室内定位 AP 环境，文献[10]进行了详尽的算法研究和讨论，并提出了在确定参考网格大小时，从如下方面考虑。

（1）网格根据定位精度来选择，并不是尺寸越小定位精度越高。

（2）要考虑信号强度的波动幅度影响，较小的网格可以使得定位更加精细，然而也会导致位置指纹距离很小，当信号波动远大于指纹距离时，邻近的参考点变得没有区别，这不会提高定位精度，反而会增加计算复杂度。

另外在多墙的室内环境中，要注意以下一些问题。

（1）多墙室内环境中 AP 和用户之间存在直视路径和非视距路径，当无法直视时，AP 信号一部分穿过多物体才到达用户终端，这部分几乎衰减到零，另一部分通过拐角反射和散射到达。

（2）根据需要适当选择 AP 个数的阈值，当 AP 数目过多时，会使得 AP 之间相互干扰无法工作；当个数过低时，定位精度会很低，适用于定位需求不高的室内。

（3）可以根据室内定位的需求差异对目标区域具体进行规划网格和 AP 个数。

文献[11]提出了有关 AP 个数对应定位实验的影响，基于文献结论，我们在两个定位测试区域里，设定参考位置点间隔均为 0.6 m，AP 数量为 5，都安置在靠墙位置。离线阶段每个参考位置针对每个 AP 都采集 300 个 RSSI 信号值。

5.5.3 实验验证与分析

KNN 算法是经典的室内指纹定位算法，目前应用比较广泛。另外，文献[12]提出的权重算法可以应用到基于无线局域网的室内定位算法中，当计算欧氏指纹距离时，乘以文献[12]所述的权重，这样的加权 KNN 算法是对于 KNN 的改进，定位精度得到了提高。

因此，在实验时，将本书提出的 VFDA 算法与加阈值的改进算法，以及 KNN、WKNN 进行性能对比分析。

首先在较复杂的矩形实验室内展开实测实验。表 5.2 中展示了 KNN、WKNN、VFDA 与改进算法的 10 组实验后的 CDF 对比数据，从表中可以明显看到，基于方差修正指纹距离的室内定位算法比 KNN 算法误差距离要小，具有更高的定位精度。

表 5.2　实验室环境定位误差累积数据

CDF	KNN/m	WKNN/m	VFDA/m	阈值/m
25%	1.82	1.60	0.72	0.70
50%	3.19	2.71	1.17	0.94
75%	6.28	4.50	1.55	1.45
100%	9.24	8.4	2.89	2.32

图 5.12 是通过误差累计分布函数 CDF 对表 5.2 数据进行计算得到的误差 CDF 图。

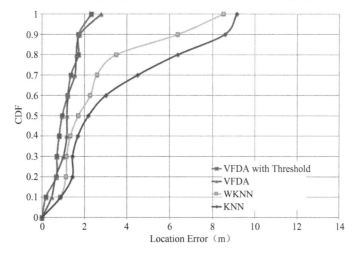

图 5.12　实验室环境中四种算法误差 CDF 图

对表 5.2 和图 5.12 进行进一步分析可以发现，KNN 算法和 WKNN 算法的大部分定位误差在 12 m 以内，全部定位误差在 14 m 以内，这说明在复杂的实验室环境中，KNN 和 WKNN 算法并不理想，个别情况定位误差相当大。而 VFDA 算法和阈值改进算法的定位误差几乎均控制在 4 m 以内，VFDA 误差的 80%控制在 3 m 以内，这表明在复杂的室内环境中，VFDA 算法比 KNN 算法以及改进的 WKNN 算法在性能上有显著的提高，添加阈值的改进算法比 VFDA 也有所提高。

另外定位过程中，图 5.13 和图 5.14 为在室内环境下实际定位位置和四种定位算法得到的结果位置的轨迹对比图。

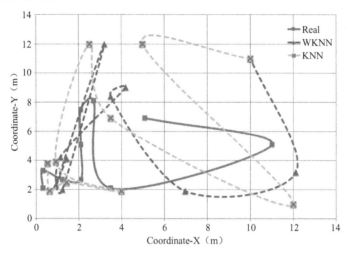

图 5.13　室内环境中四种算法测试轨迹对比图（1）

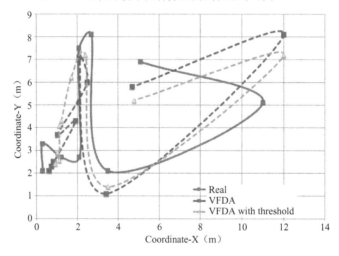

图 5.14　室内环境中四种算法测试轨迹对比图（2）

图 5.15 和图 5.16 为在室内环境下实际定位位置和四种定位算法得到的结果按照定位次序位置的误差对比图。

根据图 5.13、图 5.14、图 5.15 和图 5.16 的结果可知，VFDA 和阈值改进算法在定位轨迹和误差上明显要优于 KNN 和 WKNN 算法，即轨迹更加符合实际路径位置。

表 5.3 列出了在狭长走廊环境中实验获得的 10 组对比数据。VFDA 算法、阈值改进算法、WKNN 算法及 KNN 算法的定位误差累积值相对室内都有大幅下降，说明四种定位算法在这种环境下定位效果均比较理想。VFDA 和阈值改进算法在实测中的积累误差则全部在 6 m 以内，表明定位准确度比其他两种更为理想。

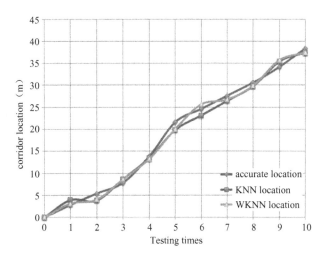

图 5.15　走廊环境中四种算法测试轨迹对比图（1）

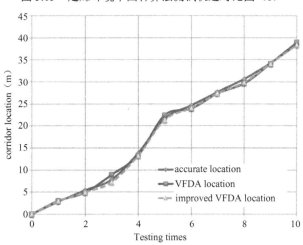

图 5.16　走廊环境中四种算法测试轨迹对比图（2）

表 5.3　走廊环境定位误差数据

算法	KNN/m	WKNN/m	VFDA/m	Improved/m
10%	1.1	0.3	0.2	0.1
20%	2.7	1.7	0.7	0.6
30%	3.52	2.5	1.8	1.2
40%	3.94	3.1	2.3	1.8
55%	5.64	4.7	3.1	2.1
60%	7.24	5.6	3.8	2.7
70%	8.34	6.6	4.1	3
80%	9.32	7.36	5.1	3.8
90%	10.52	8.86	5.2	3.9
100%	11.52	9.86	5.6	4

同样，通过误差累计分布函数 CDF 对表 5.3 数据进行计算得到的误差 CDF 图，如图 5.17 所示。

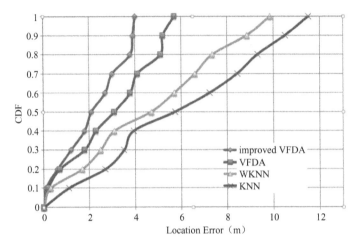

图 5.17　走廊环境中四种算法误差 CDF 图

综上所述，可以发现 VFDA 及阈值算法比 WKNN 及 KNN 算法具有更高的精确度，尤其是在复杂室内的情况下，定位误差缩小，定位精度得以提升。

基于方差修正指纹定位算法在离线阶段需要将获得的数据按照式（5.10）到式（5.12）来计算方差和参数值，并且在定位阶段需要计算误差值，计算指纹距离时需要计算修正权重值，这会带来不可避免的计算开销，但两种算法时间复杂度近似。

为了更好地提供定位服务，定位算法的时间复杂度应该控制在额定范围之内。KNN 算法在执行优先权队列的过程中，循环体中都需要执行计算指纹距离值，时间复杂度为 $O(n^2)$；WKNN 算法、VFDA 及阈值算法在计算指纹距离时进行了两次循环，时间复杂度同样是 $O(n^2)$。

5.6　本章小结

多径效应造成的信号值波动大且不稳定是目前基于位置指纹的室内定位算法不准确的主要原因。为了解决这个问题，本章通过分析 RSSI 方差和均值关系，提出了基于方差修正指纹距离的室内定位算法，并通过实测进行了对比实验验证。

本章重要贡献在于得到了如下结论：

（1）在室内环境中，由于多径效应，收集信号值呈现波动，在定位区域内，各个参考位置点信号值方差不同。

（2）通过数据分析，发现对于 AP，采集到信号的 RSSI 方差随着信号增强而减弱。

（3）利用线性 RSSI 方差和均值的线性关系，提出了基于方差为不同信号值给出相应的修正权重的 VFDA 算法，实测表明 VFDA 算法比当前的指纹定位算法的定位精度高。

参考文献

[1] Chan, E C L, Baciu G, Mak S C. Using WIFI Signal Strength to Localize in Wireless Sensor Networks[C]// Proceeding of WRI International Conference on Communications and Mobile Computing, Yunnan, China: IEEE, 2009: 538-542.

[2] 牛建伟，刘洋，卢邦辉，等. 一种基于 Wi-Fi 信号指纹的楼宇内定位算法[J]. 计算机研究与发展，2013, 50(3): 569-577.

[3] Muller P, Raitoharju M, Piche R. A field test of parametric WLAN-fingerprint-positioning methods[C]// Proceedings of 2014 17th International Conference on Information Fusion, Salamanca, Spain: IEEE, 2014: 1-8.

[4] Zhao Y Y, Liu Y H, Ni L M. VIRE: active RFID-based localization using virtual reference elimination[C] // Proceeding of International Conference on Parallel Processing 2007, Xi'an, China: IEEE, 2007: 56-56.

[5] Uchitomi N, Inada A, Fujimoto M. Accurate indoor position estimation by Swift-Communication Range Recognition (S-CRR) method in passive RFID systems[C] // Proceedings of 2010 International Conference on Indoor Positioning and Indoor Navigation, Zurich, Switzerland: IEEE, 2010: 1-7.

[6] BaiduWenku. Introduction of some Positioning Methods [EB/OL]. (2013-07-02), [2015-01-02]. 5NJceg_w7I0jXagPUnD43zbfG_2oFNVOR64Z4y6gb6FTwWBNXQji3QfqO5pIduCackoeHvU_SmDVxl4sDO8dgw_XITLu1o2bWBt8rx6sR_.[2015-01-02].http://wenku.baidu.com/link?url=w5NJceg_w7I0jXagPUnD43zbfG_2oFNVOR64Z4y6gb6FTwWBNXQji3QfqO5pIduCackoeHvU_SmDVxl4sDO8dgw_XITLu1o2bWBt8rx6sR_.

[7] 鲁琦，殳国华. 基于单片机的红外超声室内定位系统[J]. 微机处理，2006, 27(2): 66-71.

[8] 陈国平，马耀辉，张白珂. 基于指纹技术的蓝牙室内定位系统[J]. Communication and Network, 2013, 39(3): 104-107.

[9] 杨帆，赵东东. 基于 Android 平台的 Wi-Fi 定位[J]. 电子测量技术，2012, 35(9): 116-124.

[10] Machaj J, Brida P, Tatarova.B. Impact of the Number of Access Points in Indoor Fingerprinting Localization[C]// Proceeding of 2010 20th International Conference Radioelektronika, Brno, Czech Republic: IEEE, 2010: 1-4.

[11] Fang S H, Lin T N. Principal Component Localization in Indoor WLAN Environments [J]. IEEE Transactions on Mobile Computing, 2012, 11(1): 100-110.

[12] Koweerawong C, Wipusitwarakun K, Kaemarungsi K. Indoor Localization Improvement via Adaptive Fingerprinting Database[C]// Proceedings of 2013 International Conference on Information Networking, Bangkok, Thailand: IEEE, 2013: 412-416.

[13] Wylie-Green M P, Wang S S. Robust range estimation in the presence of the non-line-of-sight error[C]// IEEE 54th Vehicular Technology Conference, Toronto, Canada: IEEE, 2001, 1: 101-105.

[14] Thomas N J, Cruickshank D G M, Laurenson D I. A robust location estimator architecture with biased Kalman filtering of TOA data for wireless systems[C]// IEEE Sixth International Symposium on Spread Spectrum Techniques and Applications, Parsippany, NJ: IEEE, 2000, 1: 296-300.

第6章
混合 Wi-Fi 室内定位

6.1 问题分析

接收的信号强度指示（Received Signal Strength Indication，RSSI）用于表示接收的信号强度，在无线发送层的可选部分，用来判定链接质量，以及是否增大广播发送强度，例如，集成 ZigBee 网络的 CC2431 芯片的定位引擎采用的就是这种技术和算法；接收机测量电路所得到的接收机输入的平均信号强度指示。RSSI 一般不包括天线增益或传输系统的损耗。

RSSI 可以用来作为定位信息的原因在于，RSSI 与待测位置到 AP 的距离存在紧密关系。其总体上表现为距离越近，测量得到的 RSSI 就越大；距离越远，测量得到的 RSSI 就越小，因此，RSSI 能在一定程度上反映测量点的位置信息。Wi-Fi 信号属于电磁波信号，信号强度理论上符合电磁波在自由空间的传播模型，但由于在室内复杂的传播环境下，信号强度与传播模型存在一定的偏差。RSSI 的计算距离式如式（6.1）所示。

$$d=10^{(\mathrm{abs(RSSI)}-A)/10n} \tag{6.1}$$

式中，d 是计算所得的距离，RSSI 是接收信号强度的值，A 代表发射端和接收端相隔 1 m 时的信号强度，n 代表的是环境衰减因子。

在用户端发送定位请求之前，需要根据室内环境合理布置 Wi-Fi 接入点（Accept Point，AP），因为 AP 的数量及位置对定位精度有巨大影响，同时将各个热点的一些特殊信息存入定位服务器，若采用传播模型法，则这些特殊信息一般只包括热点位置坐标、名称或者 MAC 地址等信息；若采用的是位置指纹法定位，这些信息除了各热点的坐标位置、名称或 MAC 地址外，还包括事先在不同参考点大量收集的位置指纹数据。用户端只要侦听周围有哪些热点，检测每个 AP 的信号强度，以及其对应的名称或 MAC 地址等信息，然后把这些信息发送给定位服务器。定位服务器根据这些信息查询每个 AP 在数据库的记录信息，然后进行运算，从而实现用户的定位。

由于位置指纹法需要在定位之前在环境中设置多个固定参考点并采集大量的 RSSI 数

据建立指纹库，但是室内环境时刻在变，原先建立的指纹库也许不能很好地匹配当前接收的 RSSI 数据，因此指纹库数据需要定期更新，这势必增加了定位系统的维护负担。

6.1.1　RSSI 测距定位方案

传播模型法中常用到 RSSI、TOA、TDOA 和 AOA 这四种方法来计算信号的传播距离，TOA 进行定位需要收发两端的时钟同步，对硬件要求很高，因此适用性受到了限制；TDOA 虽然无须时钟同步，但由于需要多安装一种信号的接收装置，成本和通信开销相对较大；AOA 是从角度信息出发的，而角度信息是依靠节点上安装的天线阵列来获取的，具有昂贵的成本；出于成本与适用性的考虑，利用 RSSI 数据实现测距定位技术得到了广泛研究。

由于利用 Wi-Fi 技术的室内精确定位的定位精度不高，误差甚至可达 10~20 m，而在走廊环境中做得最好的也就是在走廊的前 18 m 实现了累计概率为 75% 的 3.02 m 的定位精度，对于走廊 18 m 以后的位置，由于环境太过复杂，测距误差达到了 15 m 以上，定位精度难以控制。又由于考虑到视距误差在 5 m 以内时，抬头就可以看见对方，认为 5 m 的精度是可以接受的，再加上定位环境是长 35 m、宽 2 m 的走廊，相比 18 m 其长度增加了将近 1 倍，要实现误差在 5 m 以内的累计概率达到 85% 以上也是相当困难的。

因此，针对当前定位的走廊环境，制定出适合走廊定位的方案是至关重要的。在利用 Wi-Fi 的 RSSI 测距定位过程中，可分为如下 4 个阶段，如图 6.1 所示。

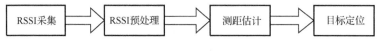

图 6.1　定位流程框图

（1）RSSI 采集：RSSI 采集是实现定位的数据来源，这一阶段是至关重要的。对 RSSI 数据进行测量与所用的传感器设备有关，不同的传感网络设备接收 RSSI 数据的实现技术与接收 RSSI 数据的灵敏度都是不一样的。

（2）RSSI 预处理：由于室内环境复杂，在同一位置使用传感器网络设备接收的 RSSI 数据不断变化，甚至会出现较大的波动。为了提高定位精度，需要对其进行处理以减小其波动带来的测距误差。

（3）测距估计：这个阶段是利用 RSSI 数据，根据室内路径衰减模型完成目标节点到已知 Wi-Fi 热点的距离估计。

（4）目标定位：是实现整个定位功能的最后一个阶段，是根据定位算法将测距阶段得到的距离转换成目标节点坐标的过程，从而完成定位。

由于 RSSI 采集与传感器网络设备有关，因此它只是一个针对传感器网络设备的技术实现，其中不涉及不同方法的实现过程，因此只对 RSSI 预处理、测距估计及目标定位进行理论分析。

高斯模型数据处理原则是：目标节点在同一位置可能收到 n 个 RSSI 值，其中必然存在着小概率事件，通过高斯模型选取高概率发生区的 RSSI 值，然后取其几何均值，这种做法可以减少一些小概率、大干扰事件对整体测量的影响，从而提高 RSSI 数据的稳定性。

假设环境中 RSSI 数据服从均值为 μ，方差为 σ^2 的高斯分布，则其概率密度函数为

$$f(\mathrm{RSSI}) = \frac{1}{\sigma\sqrt{2\pi}} \exp\left(-\frac{(\mathrm{RSSI}-\mu)^2}{2\sigma^2}\right) \tag{6.2}$$

$$\mu = \frac{1}{n}\sum_{i=1}^{n}\mathrm{RSSI}(i) \quad \sigma = \sqrt{\frac{1}{n-1}\sum_{i=1}^{n}[\mathrm{RSSI}(i)-\mu]^2} \tag{6.3}$$

高概率发生区选择概率大于 0.6（0.6 是工程中的经验值）的范围，由 $0.6 \leqslant P(\mathrm{RSSI}) \leqslant 1$ 可得出 $0.15 + \mu \leqslant P(\mathrm{RSSI}) \leqslant 3.09 + \mu$，因此经过高斯滤波后，将 $[0.15\delta + \mu, \ 3.09\delta + \mu]$ 范围内的 RSSI 值全部取出，再求几何平均值，即可得到最终的 RSSI 值。假设 m 个 RSSI 值为 $\mathrm{RSSI}_{(1)}, \mathrm{RSSI}_{(2)}, \cdots, \mathrm{RSSI}_{(m)}$，经过高斯滤波后，RSSI 测量终值为

$$\mathrm{RSSI} = \sqrt[m]{\mathrm{RSSI}_{(1)} \times \mathrm{RSSI}_{(2)} \times \cdots \times \mathrm{RSSI}_{(m)}} \tag{6.4}$$

实际中室内定位的特征性明显，应用场景往往是在建筑物中的复杂环境。在建筑物中，虽然无法使用卫星定位，但是可以依托室内环境，部署辅助定位的网络节点和计算系统。目前，以测距为基础的算法与不需要测距的算法是运用比较多的定位方法。前者采取众多手段得到定位阶段与信标节点之间的区域关系，也就是距离角度大小，然后通过诸如三角测量的定位方法将具体的地点进行明确。接收信号强度是明确信标节点与待测量节点之间区域联系的主要方法，测量抵达的时间与角度大小。后者则无须获得距离与角度信息，能够通过网络的连通性等信息来定位节点。

基于 RSSI 测距方式的硬件部署和信号获取开销较小，而且算法实现复杂度较小，所以成为了目前主流的测距方式。但是由于室内环境较为复杂，RSSI 数值受到环境影响较大，实测数据易扰动，给信号传播模型的建立带来了很大的困难。为了提高 RSSI 的测量精度和准确性，就需要在环境中多方向、大范围布置信标节点，这无疑也一定程度上增加了定位成本。

接收信号强度指示器进行距离测量的机理是：无线信号传播时，距离越大，信号的强度则会越弱，据此特性将数学模型构建起来，然后通过比较当前位置的无线信号强度和模型中参考位置的无线信号强度，反推出当前位置到信号源的距离。如今，Shadowing 模型是传输无线信号过程中运用最广泛的理论模型。该模型为

$$P = P_0 + 10n\lg\frac{d}{d_0} + \xi \tag{6.5}$$

式中，d_0 表示参考距离（常常选用距信标节点 1 m 的区域）；P_0 表示在距离为 d_0 时获取的无线信号强度，单位为 dBm；d 表示测量节点和无线信号源之间距离；P 表示在区域 d 的

待测量节点所获取的无线信号强度数值；ξ 表示以 dB 为单位的遮蔽因子，其均值为 0，均方差为 σ_{db}(dB) 的正态随机变量；n 表示路径损耗指数，具体环境内非视距传输过程会对其数值造成较大的影响。综合实际情况，我们使用如下基于 RSSI 的通用 Shadowing 模型的优化模型。

$$\text{RSSI} = -(10n \lg d + A) \tag{6.6}$$

在式（6.6）所示的优化模型中，取距离无线信号发射源的位置为参考位置，在距离 1 m 处所接收到的平均信号强度值，作为信号强度值作为式（6.7）中所加射频参数 A，用单位 dBm 表示平均信号强度。通过对实验环境的分析和改进布置，可以尽量减少实验环境对 RSSI 的非视距影响。通过模型式子，所获信号强度与信号输送距离之间的关系决定了 A 和 n 的数值，因此要对 RSSI 定位模型所受到这两个参数的数值的影响进行分析。通过线性回归估计参数 A 和 n 的值，能够较好地拟合出当前实验环境，其中 A 和 n 的估计公式为

$$n = \hat{n} = \sum_{i=1}^{n} (\rho - \overline{\rho})\text{RSSI} / \sum_{i=1}^{n} (\rho - \overline{\rho}) \tag{6.7}$$

$$A = \text{RSSI} - n\overline{\rho} \tag{6.8}$$

$$\overline{\rho} = \frac{1}{n} \sum_{i=1}^{n} \rho_i \tag{6.9}$$

$$\text{RSSI} = \frac{1}{n} \sum_{i=1}^{n} \text{RSSI}_i \tag{6.10}$$

R^2 代表回归系数，将其界定为

$$R^2 = \frac{\sum\limits_{i=1}^{n} (\text{RSSI}_i - \text{RSSI})^2}{\sum\limits_{i=1}^{m} (\text{RSSI}_i - \text{RSSI})^2} \tag{6.11}$$

$$\text{RSSI}_i = -(A + 10\hat{n} \lg d_i) \tag{6.12}$$

在本节所提出的算法中，考虑到 RSSI 衰变特性，即距离发射源距离越远 RSSI 变化越小，数值越小，使得在与无线信号源较远、所获无线信号强度非常弱的情况下，RSSI 的参数特性非常模糊，即当 d 较大时，考虑到无线信号的扰动，难以捕获准确的 RSSI 值。所以在本算法中，侦测环境中多个节点，但是只选取信号最强的一个节点（距离最近、特征最明显）来完成定位，从而大大降低由于信号值过小造成的误差。

6.1.2 运动预测模型

本节将构建一种以运动状态为基础的预测模型。一方面，使用实时的运动状态辅助定位，可以对减少无线信号的信标节点的依赖，理论上只需要使用一般三角定位算法所需节

点的 1/3。另一方面，考虑到无线信号的扰动性较大，由于减少使用无线信号参与定位，所以在数据处理的开销上，以及数据的准确性都会有一定的提升。

本节介绍的运动定位模型利用人体在室内环境中的低速运动特性，在物理运动模型中可以进一步抽象为低速运动的节点，加之运动的连续性和生理上的特征，人体的运动（步行）遵循一定的规律，并且可以捕获运动状态。

假定在极短时间内，低速运动下的人体是在做变加速运动，因此，所有时间上的运动方向的速率是

$$V_t = V_0 + \int_0^t a_t \mathrm{d}t \qquad (6.13)$$

每一时刻运动方向上的运动距离是

$$S = \int_0^t v_t \mathrm{d}t \qquad (6.14)$$

我们先考虑在同一平面内的移动。由于人体的运动具有随意性，所以将捕获连续时间内的运动瞬时加速度。在最终计算时，由于利用低速运动特性，将人体在室内的步行移动分割成多个极短时间段（100 ms），在每一个时间段内，假设人体在每一个方向上都是以测量到的 (a_{xt}, a_{yt}) 为加速度，做初速为 $\left(\sum_{t=0}^n a_{xt}T, \sum_{t=0}^n a_{gt}T\right)$ 的匀加速运动，其中 T 为取测量值的时间间隔，$T=100$ ms。因为时间间距较短，人体运动速度较低，所以计算位移结果和实际位移差别不大。预测模型考虑到人体运动方向的随意性，所以最终通过两个垂直方向位移可以由三角函数确定大致运动角度，辅助定位，以提高准确性。

模型使用位移计算公式为

$$S_t = v_t T + \frac{1}{2} a_t T^2 \qquad (6.15)$$

$$S = \sum_{t=0}^n S_t \qquad (6.16)$$

$$a = \arctan\left(\frac{s_x}{s_y}\right) \qquad (6.17)$$

6.1.3 基于运动状态改进的 RSSI 定位算法

本节所述的定位算法，涉及两类数据：一类是随着运动节点位移而非线性变化的 RSSI 值，以及运动过程中实时的瞬时运动加速度；另一类是静态测量值，如简化模型中的 A 和 n。

考虑到 RSSI 的非线性变化，由于无线信号受环境的影响较大，容易产生噪声，所以选用中值滤波模型进行滤波处理。中值滤波法属于非线性平滑技术，把每一个节点的数值用

该节点邻近区域内节点的中值代替。通过中值滤波模型，我们对某一位置及其附近位置采样多个 RSSI 数值，通过滤波可得到接近真实状态的数值并作为计算结果，将 RSSI 的数值跳变造成的影响降低到最低限度，使得采集样本资料的精确度得以提升。

中值滤波可以对噪声进行抑制，以排序统计理论为依据，将数字系列内的一点数值用此点一邻域内诸多点值的中值来替代，使得周边数值与实际数值相接近，从而消除独立噪声节点。

根据中值滤波模型，采集多组 RSSI 值，将滤波算法后将结果值用线性回归估计，计算出接近真实的参数 A 和 n。

由于滤波需求较高的样本容量，但是在实时的运动过程中无法捕获如此大量的样本，即使捕获到足够的样本，同时也会大大增加处理数据的开销。考虑到实时运动的低速和稳定性，在处理运动数据时，选择采用平均值滤波模型，公式为

$$\mathrm{RSSI} = \frac{1}{n}\sum_{i=1}^{n}\mathrm{RSSI}_i \qquad (6.18)$$

$$a = \frac{1}{n}\sum_{i=1}^{n}a_i \qquad (6.19)$$

在定位算法中，因为需要使用均值，所以在第一次捕获数据之后，将多个连续时间段的取值进行二次分组，在产生的新数据组内进行均值处理，最终定位时使用均值化的结果作为定位的依据和样本。

在实验环境中，对运动节点状态，接收到的 RSSI 值以及源信标节点属性的捕获，我们将通过上述模型处理得到最终结果，包括距离最近的信标节点的距离 d、位移元组，以及运动节点的位移方向角度 α。

基于前文所述的 RSSI 测距模型和运动预测模型两种模型，从运动目标携带无线信号接收器和运动传感器在环境中运动开始，期间信号接收器和传感器捕获和传输数据，最终通过运算得到相关最终的定位结果，这整个过程按如下所述的步骤进行。

（1）可携带传感设备周期性地从周围环境中读取有关节点的无线信号，每一次获取都只记录信号最强的无线信标节点信号，此信号需要记录的内容包括时间戳、信标节点硬件地址与信号强度。

（2）在传感设备捕获信号的每一个周期中同时要捕获运动目标的实时运动状态，每一次获取都会通过加速传感器捕获运动平面内两个垂直方向的瞬时加速度，把获取的内容用元组形式表示出来。

（3）将捕获的无线信号数据和传感设备数据二次分组，对每一个新分组内的样本，使用均值滤波，得到每个时刻滤波后的 RSSI 数据。

（4）通过运动定位模型所述的方式，计算出二次分组时间段内的运动节点位移 (S_x, S_y)，

以及在该时间段内的实际位移长度 $S = \sqrt{S_x^2 + S_y^2}$ 和运动位移角度 α。

（5）以前文论述的 RSSI 模型为依据，将它和相邻无线信号信标节点的距离 d 计算出来。

（6）根据信标节点的硬件地址，找到对应信标的位置坐标 (x, y)，综合（4）和（5）步中计算出的 S 和 α，可以根据融合的定位模型计算出运动节点的当前位置 (x_1, y_1) 和 (x_2, y_2)。

（7）根据所述定位模型，最终通过实时位移角度 α，取得最为接近实际预测情况的 (x', y')。

RSSI 技术是通过接收到的信号强弱测定信号点与接收点的距离，进而根据相应数据进行定位计算的一种定位技术。位置指纹定位的算法对于静态 AP 的数量和位置是有严格规定的，数量过多或过少都会影响定位精度。然而在某些情况下，由于室内环境面积过大，或者 AP 故障等问题，达不到进行位置指纹定位算法的条件。本章针对这种情况，利用移动终端自身配备的 Wi-Fi 热点功能模块，进行辅助定位，并且综合分析室内环境中 AP 分布的情况，提出一种基于混合热点定位算法（Hybrid Access Points Location Algorithm，HAPLA）来解决这样的问题。

6.1.4　混合定位技术

目前定位领域中如果某个室内定位算法单独无法完成定位任务时，通常采用混合定位技术和算法来实现定位，并且混合定位已经成为定位发展技术的新方向。

由于移动通信基站定位存在着定位精度不高、稳定性较差等问题，而卫星定位也存在着首次定位耗时长，对接收机使用条件要求高等问题。为了加强系统的可靠性，人们考虑将两种定位技术结合起来，在技术上实现互补，产生了混合定位技术。混合定位采用 GPS 和基站定位双模结构，它是将终端接收的定位卫星发来的定位数据和通过基站定位手段获得的移动目标定位数据，经过数据融合后产生地理位置坐标数据。

比较常用的混合定位技术主要是 A-GPS 定位技术和 GPS One 定位技术。

1. A-GPS 定位技术

A-GPS 定位技术是一种结合了移动网络基站信息和 GPS 信息对移动终端进行定位的技术，通过对移动网络的定位系统进行一些参数补偿，以缩短第一次定位时间和降低能耗。

A-GPS 用固定位置的 GPS 接收机持续跟踪 GPS 卫星，将定位过程必需的辅助信息（如差分校正数据和卫星运行状态等）传送给移动目标。移动目标获得这些信息后，根据自身所处的近似位置和当前卫星状态，可以很快捕获到卫星信号。

A-GPS 定位示意如图 6.2 所示。

第 6 章

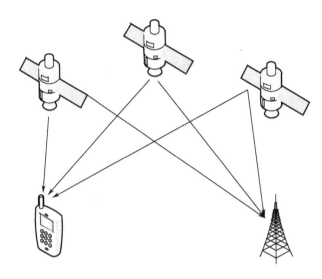

图 6.2　A-GPS 定位示意图

其工作原理是：A-GPS 方案中的移动设备通过网络将基站地址传输到位置服务器；然后服务器会将其注册基站的位置和该位置相关的 GPS 信息（包含 GPS 的星历和方位俯仰角等）返回给手机；手机接收到这些信息后，A-GPS 模块根据 GPS 信息还原原始 GPS 信号；手机对原始 GPS 信号进行解析，同时计算手机到卫星的伪距，并将得出的结果返回给服务器；服务器接收到数据后继续进行计算，完成 GPS 的信息处理，并给出手机的位置；最后通过网络将手机的位置发给应用平台或定位网关。

未采用辅助信息时，接收机首次捕获目标时间（TTFF）需要 20～45 s，采用辅助信息时，TTFF 可降到 1～8 s。固定 GPS 接收机一般距离间隔为 200～400 km，形成一个辅助网络。移动目标与 GPS 辅助网络之间的定位辅助信息可以通过 SMS 业务流程传送。

A-GPS 定位模式分为基于终端（Mobile Station Based，MSB）定位和终端辅助（Mobile Station Assisted，MSA）定位两种定位模式。在 MSB 模式下，定位服务器将电离层模型、参考时间、参考位置、UTC 模型和卫星星历等辅助数据发送给终端，终端基于这些数据，利用自身的 GPS 接收机捕获 GPS 卫星信号，完成解扩、解算等步骤，最终得到位置信息并将其回传给基站。在 MSA 模式下，定位服务器将参考时间和捕获帮助辅助数据传送给终端，终端依据这些信息捕获 GPS 卫星，测量伪距并将伪距信息发给定位服务器，由定位服务器解算出位置信息并回送给终端。

A-GPS 定位系统的主要分为 3 部分：定位服务器、接收机和移动终端。接收机不断接收实时的星历数据，保存在定位服务器；移动终端接收部分必要的星历数据，同时和定位服务器通信，获得 GPS 辅助信息；定位服务器控制整个定位流程，是系统的关键设备。

A-GPS 定位辅助接收机实时地从卫星获得参考数据（如时钟、星历表、可用星座、参考位置等），并通过网络提供给定位服务器。当移动终端需要定位数据时，定位服务器通过无线网络给终端提供 A-GPS 辅助数据，具体工作流程如下。

（1）移动终端首先将本身的基站地址通过网络传输到定位服务器。

（2）定位服务器根据该终端的大概位置传输与该位置相关的 GPS 辅助信息（如 GPS 捕获辅助信息、GPS 定位辅助信息、GPS 灵敏度辅助信息、GPS 卫星工作状况信息等），以及移动终端位置计算的辅助信息（如 GPS 历书及修正数据、GPS 星历、GPS 导航电文等）。利用这些信息，终端的 A-GPS 模块可以很快捕获卫星信号，以提升对 GPS 信号的捕获能力，缩短对 GPS 信号的首次锁定时间（TTFF），并接收 GPS 原始信号。

（3）终端在接收到 GPS 原始信号后解调信号，计算终端到卫星的伪距。

（4）若采用移动终端辅助（MSA）的定位模式，终端将测量的 GPS 伪距信息通过网络传输到定位服务器，定位服务器根据传来的 GPS 伪距信息和来自其他定位设备（如差分 GPS 基准站等）的辅助信息完成对 GPS 信息的计算，并估算该终端的位置。

（5）若采用基于移动终端（MSB）的定位模式，终端根据测量的 GPS 伪距信息和网络传来的其他定位设备的辅助信息完成对 GPS 信息的计算，把估算的终端位置信息传给定位服务器。

（6）定位服务器将该终端的位置通过网络传输到应用平台。与此同时，接收机实时地从卫星处获得参考数据（如时钟、星历表、可用星座、参考位置等），并通过网络提供给定位服务器。当移动终端需要定位数据时，定位服务器通过无线网络给终端提供 A-GPS 辅助数据，以减小其首次锁定时间（TTFF），从而大大提高 A-GPS 接收的灵敏度。

A-GPS 定位技术相对其他定位技术有很多优点。首先，它的精度是所有定位技术中最好的，而且响应时间适宜；其次，除了要求建立 GPS 辅助网络外，它无须对现有网络中的实体进行任何改动，便于在现有网络基础上部署应用。其优势有以下几个方面。

（1）减少首次锁定时间。通过定位服务器传送卫星的星历与时钟参数，接收机不用从卫星信号中收集与解码导航数据，数据率按通用分组无线业务（General Package Radio Service，GPRS）中的 56 kbps 计算，得到卫星数据的时间将大幅减少，使得首次锁定时间远小于传统定位算法。

（2）减少捕获卫星信号的时间。由于接收机与卫星的相对运动，在频率上接收信号相对于原始信号产生了漂移，称为多普勒频移。在接收机锁住卫星信号前，必须对码相与多普勒频移进行搜索。通过提供卫星时钟参数和卫星数据，能计算出精确的卫星位置和速度数据，进而计算出卫星信号的多普勒频移，从而减少接收机的搜索频率点。如果能够提供精确的参考时间，性能将得到进一步改进，码相位搜索区域将会大大减少，可以由 1023 个码片减少到 10 个码片左右。如果每个频率点和码相位点的搜索时间相同，就进一步减少了首次锁定时间。

（3）加强接收机敏感性。由于接收机搜索的频率点和码相位大幅度减少，在保证全部搜索时间不多于传统 GPS 接收机的情况下，可以在有效的搜索区域驻留更长的时间，能够对传统 GPS 接收机不能识别的弱信号进行测量。

（4）改善服务连续性。在卫星信号的捕获过程中，建筑物、植被或者其他的建筑或自然因素会遮挡住部分或者全部的卫星信号，使接收端无法连续获得卫星信号，因而得不到卫星的星历和时钟数据，不能实现定位。通过服务器提供的辅助数据能够解决这类问题，可以较好地实现定位。

（5）加快位置解算。服务器提供的辅助数据中含有近似位置和精确时间，能够较大地减少位置解算时间。

由于 GPS 及 A-GPS 技术中需要移动目标实时跟踪 4 个以上的 GPS 卫星信号，而且还需要根据获得的位置信息完成当前位置的计算，这就造成了 GPS 终端体积较大、耗电较高的特点。GPS One 技术是美国高通公司在 GPS 定位技术基础上，针对上述缺点进行优化，并融合了 Cell-ID、AFLT 等蜂窝定位技术而形成的一项专利技术。GPS One 定位技术结合了高级前向链路三角测量法和辅助全球卫星定位，把移动终端定位技术与网络定位技术结合起来，属于混合定位技术。

2. GPS One 技术

GPS One 定位过程中，首先使用 GPS 定位确保定位精度、灵敏度和速度，接着在 GPS 卫星视野被部分或全部阻挡时使用 CDMA AFLT 技术定位，确保定位灵敏度。在上述定位手段均告失败时，使用起源蜂窝小区（COO）定位确保定位成功率。该定位技术避免了 AFLT 技术在基站稀少区域定位效果差的问题，克服了 GPS 技术室内定位效果不佳的缺点；定位精度、灵敏度较高，终端耗电低，首次定位启动时间短。

如果移动目标处于比较空旷的区域，其上空可见的卫星数量比较多时，可以完全依靠卫星的一些参数进行定位，而不用借助地面网络中基站的一些参数；如果可视卫星数量不低于 4 颗，则采用 GPS 定位方式；如果移动目标处于室内或其他复杂环境下，卫星完全不可见时，只能完全依靠基站对移动目标进行定位。根据可接收基站信号数目的多少，选择 Cell-ID 或 AFLT 定位。

如果移动目标位于高楼林立的城市繁华地带或者室内的情况下，只有一两颗卫星可见，可以采取卫星和基站数据相结合的方式。

① 3 颗卫星和 2 个基站。当只有 3 颗卫星可见，则引入基站导频相位测量辅助定位计算，但同时也引入了基站与移动目标间的时间误差，因此需要求解 5 个变量。

② 3 颗卫星和 1 个基站。假设前反向链路传播时间相同，利用 RTD 方法，即记录移动目标发射时间和基站捕获时间就可以消除基站与移动目标之间的时间误差。

③ 2 颗卫星和 2 个基站。利用 RTD 方法消除基站与移动目标之间的时间误差。

GPS One 技术可用来解决 CDMA 的全球定位，该技术由于其定位精度高、快速、灵敏度高等优点，具有很大的发展潜力，成为一股不容忽视的发展趋势。

3. WLAN+RSSI 定位

文献[1]提出了一种结合 WLAN 信道传播模型和 RSSI 信号强度值的定位算法来进行室

内位置指纹定位。基于 WLAN 在室内传播的无线信道模型是根据信号传播的强度和距离关系，以及在传播过程中由于多径效应和非视距因素的产生的 RSSI 损耗建立的，其优势是无须前期费时间进行离线指纹数据库的收集，并且可以尽快地适应定位区域环境的改变，然而却存在计算复杂、定位误差较大的缺点。另一方面，在 RSSI 定位算法中，使用的位置指纹法对 RSSI 进行离线阶段收集，并将采集好数据建立信号强度指纹库，将物理位置和各个 AP 对应的周期信号强度值对应到坐标，然而其离线阶段需要的人工成本和时间成本很高，并且当网络环境发生变化时，位置指纹数据库则需要重新建立。利用上述两种方法进行融合，比各自纯粹地使用算法要优化，选择合适的信号传播模型来建立指纹数据库，然后根据实测在某些地方测得一些参考点。实测的 RSSI 位置指纹精确度高，可以把实测的 RSSI 位置指纹结合到无线信道模型预测产生的数据库当中来修正信道模型预测的数据库。

4．UWB 定位

UWB 定位技术，指的是一种无载波通信技术，利用纳秒至微微秒级的非正弦波窄脉冲传输数据。有人称它为无线电领域的一次革命性进展，认为它将成为未来短距离无线通信的主流技术。UWB 定位是这些年使用很多的定位技术[2]，UWB 信号应对多径效应能力较好，具有较高的定位精度，而且刷新率较高。UWB 一开始是使用脉冲无线电技术，此技术可追溯至 19 世纪，后来由 Intel 等大公司提出了应用了 UWB 的 MB-OFDM 技术方案，由于两种方案的截然不同，而且各自都有强大的阵营支持，制定 UWB 标准的 802.15.3a 工作组没能在两者中决出最终的标准方案[3]，于是将其交由市场解决。为进一步提高数据速率，UWB 应用了超短基带丰富的 GHz 级频谱[4]。

文献[5]提出了融合 UWB 和 DGPS 定位方法，使用粒子滤波器和 Savitzky-Golay 滤波器混合来实现多传感器的数据融合，即可完成室内外定位的无缝切换功能，也可以作为混合室内外定位的情况的算法。最后，实验说明了使用该方法在不同滤波器融合计算处理后，定位精度得到了提高。

所谓的 DGPS 是指差分全球定位系统，方法是在一个精确的已知位置（基准站）上安装 GPS 监测接收机，计算得到基准站与 GPS 卫星的距离改正数。该差值通常称为 PRC（伪距离修正值），基准站将此数据传送给用户接收机作误差修正，从而提高定位精度。DGPS 是克服 SA 的不利影响，提高 GPS 定位精度的有效手段，可达到Ⅲ级及以上精度。DGPS 一般可分为单基站 DGPS、多基准站区域 DGPS、广域 DGPS 和全球 DGPS，全球 DGPS 正在酝酿中。

目前 GPS 系统提供的定位精度是优于 10 m，而为得到更高的定位精度，我们通常采用差分 GPS 技术：将一台 GPS 接收机安置在基准站上进行观测，根据基准站已知精密坐标，计算出基准站到卫星的距离改正数，并由基准站实时将这一数据发送出去。用户接收机在进行 GPS 观测的同时，也接收到基准站发出的改正数，并对其定位结果进行修正，从而提高定位精度。差分 GPS 分为位置差分和距离差分两大类，距离差分又分为伪距差分和载波相位差分两类。伪距差分是应用最广的一种差分，在基准站上观测所有卫星，根据基准站已知坐标和各卫星的坐标，求出每颗卫星每一时刻到基准站的真实距离，再与测得的伪距

第 6 章

比较，得出伪距改正数，将其传输至用户接收机，提高定位精度。这种差分，能得到米级定位精度，如沿海广泛使用的"信标差分"。

载波相位差分技术又称为 RTK（Real Time Kinematic）技术，是实时处理两个测站载波相位观测量的差分方法，将基准站采集的载波相位发给用户接收机，进行求差解算坐标。载波相位差分技术可使定位精度达到厘米级，大量应用于需要高精度位置的动态领域。

所谓粒子滤波，是指通过寻找一组在状态空间中传播的随机样本来近似地表示概率密度函数，用样本均值代替积分运算，进而获得系统状态的最小方差估计的过程，这些样本被形象地称为"粒子"，故而称为粒子滤波。

粒子滤波（Particle Filter，PF）的思想基于蒙特卡洛方法，它利用粒子集来表示概率，可以用在任何形式的状态空间模型上。其核心思想是通过从后验概率中抽取的随机状态粒子来表达其分布，是一种顺序重要性采样法。简单来说，粒子滤波法是指通过寻找一组在状态空间传播的随机样本对概率密度函数进行近似，以样本均值代替积分运算，从而获得状态最小方差分布的过程。这里的样本即粒子，当样本数量 $N \to \infty$ 时可以逼近任何形式的概率密度分布。

尽管算法中的概率分布只是真实分布的一种近似，但由于非参数化的特点，它摆脱了解决非线性滤波问题时随机量必须满足高斯分布的制约，能表达比高斯模型更广泛的分布，对变量参数的非线性特性有更强的建模能力。因此，粒子滤波能够比较精确地表达基于观测量和控制量的后验概率分布，可以用于解决 SLAM 问题。

粒子滤波技术在非线性、非高斯系统表现出来的优越性，决定了它的应用范围非常广泛。另外，粒子滤波器的多模态处理能力，也是它应用广泛的原因之一。国际上，粒子滤波已被应用于各个领域：在经济学领域，它被应用在经济数据预测；在军事领域，被应用于雷达跟踪空中飞行物，空对空、空对地的被动式跟踪；在交通管制领域，被应用在对车或人视频监控；它还用于机器人的全局定位。

虽然粒子滤波算法可以作为解决 SLAM 问题的有效手段，但是该算法仍然存在着一些问题，其中最主要的问题是需要用大量的样本数量才能很好地近似系统的后验概率密度。机器人面临的环境越复杂，描述后验概率分布所需要的样本数量就越多，算法的复杂度就越高。因此，能够有效地减少样本数量的自适应采样策略是该算法的重点。另外，重采样阶段会造成样本有效性和多样性的损失，导致样本贫化现象。如何保持粒子的有效性和多样性，克服样本贫化，也是该算法研究重点。

在粒子滤波算法下，一些传统的难点问题如目标检测、遮挡、交叉、失跟等得到更好的结果。在无线通信中，PF 被广泛用于信道盲均衡、盲检测、多用户检测等方面；其他的应用领域还有机器人视觉跟踪、导航、图像处理、生物信息、故障诊断和过程控制、金融数据处理等。研究表明，在有关非高斯、非线性系统的数据处理和分析领域，PF 都具有潜在的应用价值。值得一提的是国内学者在 PF 的研究上也取得许多成果，莫等人利用 PF 算法提出一种混合系统状态监测与诊断的新方法，这些工作推动了 PF 在国内的研究。

最近几年，粒子方法出现了又一些新的发展，某一领域用传统的分析方法解决不了的问题，现在可以借助基于粒子仿真的方法来解决。在动态系统的模型选择、故障检测和诊断方面，出现了基于粒子的假设检验、粒子多模型、粒子似然度比检测等方法；在参数估计方面，通常把静止的参数作为扩展的状态向量的一部分，但是由于参数是静态的，粒子会很快退化成一个样本，为避免退化，常用的方法有给静参数人为地增加动态噪声及 Kernel 平滑方法。

目前粒子滤波器的研究已取得许多可喜的进展，应用范围也由滤波估计扩展到新的领域。作为一种新方法，粒子方法还处于发展之中，还存在许多有待解决的问题，例如，随机采样带来 Monte Carlo 误差的积累甚至导致滤波器发散，为避免退化和提高精度而需要大量的粒子使得计算量急剧增加，粒子方法是不是解决非线性非高斯问题的万能方法还值得探讨。此外粒子滤波器还只是停留在仿真阶段，全面考虑实际中的各种因素也是深化 PF 研究不可缺少的一个环节。尽管如此，在一些精度要求高而经典的分析方法又解决不了的场合，这种基于仿真的逼近方法发挥了巨大潜力，而现代计算机和并行计算技术的迅速发展又为粒子方法的发展和应用提供了有力支持，相信粒子滤波器的研究将朝着更深、更广的方向发展。

Savitzky-Golay 滤波器（通常简称为 S-G 滤波器）是一种特殊的低通滤波器，又称 Savitzy-Golay 平滑器。低通滤波器的主要用途是平滑噪声数据，噪声是用来描述所观察现象提取信息中附加的不易区别的任意错误，而数据平滑能消除所有带有较大误差障碍的数据点，或者从图形中做出初步而又粗糙的简单参数估算。

Savitzky-Golay 滤波器最初由 Savitzky 和 Golay 于 1964 年提出，被广泛地运用于数据流平滑除噪，是一种在时域内基于多项式，通过移动窗口利用最小二乘法进行最佳拟合的方法。这是一种直接处理来自时间域内数据平滑问题的方法，而不是像通常的滤波器那样先在频域中定义特性后再转换到时间域。通过这种方法，计算机的唯一功能就是充当一个平滑噪声起伏的滤波器，并尽量保证原始数据的不失真。在这个过程中，计算机只需运行相对小型的程序，减少了对计算机内存和数据处理能力的要求，因此这种方法相对来说更加简单、快速，而且相对于其他类似的平均方法而言，这种方法更能保留相对极大值、极小值和宽度等分布特性。

文献[6]提出一种在蜂窝系统定位中，智能天线阵列的应用使得服务基站能提供较准确的移动台电波 AOA 测量值，从而可以用于对移动台的定位估计。文献对 TDOA 进行了改进，提出了一种既能继承原算法的优良性能，又可充分利用 AOA 测量值提高定位性能的 TDOA/AOA 混合定位算法，该算法还具有解析表达式解。文献的仿真结果表明，只要 AOA 测量值达到一定精度，该算法就能取得比单纯 TDOA 定位算法更好定位性能。可以看出，在定位领域中，通过混合定位方法和技术进行定位为定位领域提供了新的定位发展思路，而且也获得了较好的定位效果。

蜂窝移动通信系统是一种移动通信硬件架构，分为模拟蜂窝系统和数字蜂窝系统。由于构成系统覆盖的各通信基地台的信号覆盖呈六边形，从而使整个覆盖网络像一个蜂窝而得名。在蜂窝移动通信系统中，把信号覆盖区域分为一个个的小区，它可以是六边形、正方形、圆形或其他的一些形状，通常是六角蜂窝状。这些分区中的，每一个都被分配了多个频率（$f_1 \sim f_6$），具有相应的基站。在其他分区中，可使用重复的频率，但相邻的分区不能使用相同频率，否则会引起同信道干扰。

与单一基站相比，蜂窝移动通信系统在不同分区中可以使用相同的频率完成不同的数据传输（频率复用）。而单一基站在同一频率上，只能有一个数据传输。然而，蜂窝移动通信系统中，相同频率的使用不可避免地会干扰到使用相同的频率的其他基站，这意味着在一个标准的 FDMA 系统中，在两个使用相同频率的基站之间必须有一个不同频率的基站。

智能蜂窝技术是指基站采用具有高分辨阵列信号处理能力的自适应天线系统，智能地监测移动台所处的位置，并以一定的方式将确定的信号功率传递给移动台的蜂窝小区。对于上行链路而言，采用自适应天线阵接收技术，可以极大地降低多址干扰，增加系统容量；对于下行链路而言，则可以将信号的有效区域控制在移动台附近半径为 100～200 波长的范围内，使同信道干扰大小为减小。智能蜂窝小区既可以是宏蜂窝，也可以是微蜂窝，利用智能蜂窝小区的概念进行组网设计，能够显著地提高系统容量，改善系统性能。

文献[7]中，科研人员为了使室内定位具有更高的定位精确度、更好的鲁棒性，融合使用诸如 GPS、惯性传感器和多传感器系统来进行融合定位是新的选择。在室内定位领域可以采用惯性导航系统融合来提高定位精度，并且还可以利用其他很多传感器进行融合定位。例如，为了提高响应时间，还可以使用气压计、成像传感器、多普勒雷达和超声波传感器。

基于方差修正指纹距离的室内定位算法具有一定的适用范围，该算法基于室内 WLAN 信道传播模型，利用不同位置点和定位 AP 之间的距离远近不同，接收到的 RSSI 也不同，从而构建了室内定位算法。该算法由离线阶段和定位阶段两个阶段组成，每个阶段所利用的都是 AP 的信号强度值，并且两个阶段使用的 AP 个数都是相同的。另外，该算法的定位前提是，待测位置所在的区域环境内必须能够接收到 4 个或者 4 个以上的指定 AP 的信号强度。换句话说，也就是待测位置计算位置指纹距离时，即利用式（5.3）时 r_i 最小值必须大于-99 dBm。那么利用 Wi-Fi 进行定位的室内环境中，AP 部署都应该遵循一定的要求，如果 AP 过少，定位精度必然较差，因为不能够保证大部分位置接收到信号强度值；如果 AP 个数较多，会造成定位热点之间信号相互干扰，增加不确定因素，同样导致定位不准确，而且会增加时空复杂度和能耗。对于 AP 布局个数方面，文献[8]在基于 IEEE 802.11 平台的 Wi-Fi 覆盖的室内环境下，对于 AP 的个数对定位结果的影响做了调查实验，在定位实验当中采用的是指纹定位算法，因为基于同样的理论基础，第 3 章提出的算法同样可以用该实验进行验证。为了调查 AP 个数对于结果精度的影响，在离线阶段和定位阶段分别记录用于进行定位算法实验的 AP 个数，实验结果表明，定位结果误差很大程度上依赖于定位阶段使用的 AP 个数，如果离线阶段和定位阶段所使用的 AP 个数相同的话，定位结果误差较小。只要满足离线阶段和定位阶段使用的 AP 个数相同，离线阶段的 AP 个数对于定位结果没有决定性影响。定位过程中使用 AP 的数量为 4 个以上，不超过 8 个，同等定位条件下产生的定位结果误差不大。另外，在利用位置指纹算法这类算法中，定位阶段的 AP 个数一般不低于 4 个，才能保证定位阶段计算位置指纹距离的准确性。

由于定位 AP 有严格的要求，往往在定位中会遇到一个问题：在实际定位阶段，必然会存在理论上无法接收到信号强度值的时候，当然我们可以令 $r_i = -99\,\mathrm{dBm}$，但是如果当定位区域较大时，不仅某个待测位置根本无法获取离它较远的 AP 的信号强度值，而且当前获取的、能够用来定位的 AP 数量也不足以完成 KNN 算法或者 VFDA 算法时，那么利用位置指纹距离来定位的算法则遇到了问题。针对这一问题，我们考虑室内环境中不仅仅只有唯一的定位方法，并且在实际的室内定位环境中，利用第 5 章提供室内定位算法结果得到的待测点位置误差经过实验验证在可以接受的范围之内，定位的位置坐标可以尝试考虑用来对其他的待测点进行辅助定位。

鉴于当前室内定位领域，针对单一定位技术或者算法无法解决的问题，往往采用了定位技术融合或者算法融合的方法。国内定位算法中，有结合 WLAN 信道传播模型和 RSSI 信号强度值的定位算法来进行室内位置指纹定位[9]；文献[10]提出了融合 UWB 和 DGPS 定位方法，采用融合 Savitzky-Golay 滤波器与粒子滤波器来解决不同传感器的数据融合，实现室内外定位的无缝切换；除此以外，还有利用 AOA/TDOA 混合进行定位的算法[11]。

到达角度测距（Angle-of-Arrival，AOA）：基于信号到达角度的定位算法是一种典型的基于测距的定位算法，通过某些硬件设备感知发射节点信号的到达方向，计算接收节点和锚节点之间的相对方位或角度，然后利用三角测量法或其他方式计算出未知节点的位置。基于信号到达角度（AOA）的定位算法是一种常见的无线传感器网络节点自定位算法，算法通信开销低、定位精度较高。

TDOA 定位是一种利用时间差进行定位的方法，通过测量信号到达监测站的时间，可以确定到信号源的距离。利用信号源到各个监测站的距离（以监测站为中心，以距离为半径作圆），就能确定信号的位置。但是绝对时间一般比较难测量，通过比较信号到达各个监测站的时间差，就能做出以监测站为焦点，距离差为长轴的双曲线，双曲线的交点就是信号的位置。

还有很多种混合定位算法都在室内定位领域得到了应用，并取得了定位精度上的提高，以及定位效率方面的提升。但是相当大部分的混合定位算法还会导致定位成本偏高、定位过程冗长，定位操作难度较高，定位技术的多项掺杂会干扰影响定位分析和结果等。

本节除了用于基于位置指纹定位固定的静态 AP 之外，每个移动终端本身都相当于一个 Wi-Fi 热点，因为当前手机中都配备了 Wi-Fi 热点模块，所以当终端的 Wi-Fi 热点打开后，也可以向外辐射 Wi-Fi 信号。如果待定位终端接收到来自静态 AP 的 RSSI 和动态手机 AP 的 RSSI，则可以利用混合 Wi-Fi 的 RSSI 信号来进行定位。如上所述，本节提出的定位算法无须借助于 Wi-Fi 之外的其他定位工具，可以有效地避免不同定位源在工作过程中造成的干扰，并且整体的算法设计都针对 Wi-Fi 的信号强度值等相关信息，利用和改进三角定位算法，以及位置指纹算法的基础之上构建该定位系统。定位无须复杂的准备时间和工作，减少能耗和算法复杂度，定位算法较为成熟、定位精度较高、相比传统的单一定位及大部分混合定位算法，有一定优势和创新性。

第6章

6.2 基于混合 Wi-Fi 热点定位算法原理

6.2.1 定位场景

利用 WLAN 的无线信号强度值来进行定位的室内环境中，用来定位的 AP 固定静态分布在房间内，其相对位置是固定不变的，移动终端可以利用它进行基于位置指纹的定位等算法。除此以外，室内环境下还分布着很多具有 Wi-Fi 接收和辐射功能的移动终端，它们在室内的位置是随时变化的。无论是静态不变的 AP 信号，还是具有无线热点功能的移动终端，其信道传播都是符合 WLAN 信道传输模型的。根据文献[12]所述，AP 是用于无线网络的无线交换机，也是无线网络的核心，当打开终端的 Wi-Fi 传感器扫描 AP 信号时，可以获取周围 AP 的相关信息，除了可以得到指纹定位所用到的 RSSI，还可以获取接入点的BSSID（Basic Service Set Identifier）、SSID（Service Set Identifier）、信道（Channel）等信号参数，如表 6.1 所示。

表 6.1　无线网络参数

BSSID	BSSID 是指站点的 MAC 地址，BSS 是由 IEEE 802.11-1999 无线局域网规范定义的，这个区域唯一地定义了每个 BSS，在一个 BSS 中，BSSID 是一个本地管理 IEEE MAC 地址，从 46 位的任意编码中产生。地址的个体/组位设置为 0，通用/本地地址设置为 1
SSID	也可以写作 ESSID，用来区分不同网络，最多可以有 32 个字符，无线网卡通过连接不同的 SSID 可以连接到不同的网络，SSID 可以用来标识 AP 的名称
Channel	信道是数据信号传输的通道，当使用环境中两个以上的 AP 或者与邻居 AP 覆盖范围重叠时，需要为每个 AP 设定不同的频段，以免冲突

现在的移动终端一般都具备热点功能，当打开热点功能时，会向外辐射的无线信号（动态 AP），同样满足静态 AP 辐射的信息内容，具有唯一的 BSSID，以及信号强度值 RSSI和 SSID。如文献[13]所述，RSSI 值是由负数整数值来进行标识的，负数越大表明信号强度值越大，离该 AP 越近，当信号 RSSI 值越小则表明离 AP 越远，理论上无限远的距离接收到的信号强度值为-99 dBm，那么则表明无法接收到该 AP 的信号。

根据我们所知道的室内存在的影响定位的因素，室内的定位环境大致有以下三种定位场景。

1. 仅用静态 AP

室内环境下分布静态 AP 的个数是有限的，因为 WLAN 热点之间太过密集，会导致信号之间相互干扰，并且对于定位精度提高方面没有很大的作用，所以用来提高位置指纹算法的 AP 个数在一定的室内面积里面是有限的。如下定位区域为布置 6 个定位 AP 信号强度值，保证大部分定位区域内都可以接收到 4 个以上的静态 AP 用来定位，该种情况的定位场景如图 6.3 所示。

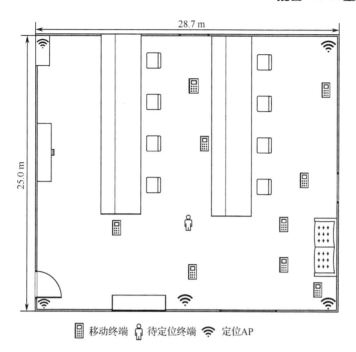

☐ 移动终端　👤 待定位终端　📶 定位AP

图 6.3　仅用静态 AP

如图 6.3 所示，静态 AP 分布在定位区域的周边，并且这种定位场景区域并不是很大，定位区域内信号接收都较为良好，待定位终端所处的位置可以接收数量足够的静态 AP，此时其完全可以采用第 3 章的 VFDA 算法或者其他基于位置指纹的定位算法。

2. 仅用动态 AP 进行定位

当定位区域较大，就会导致在定位区域内存在无法接收到静态 AP 信号强度的"盲点"，在这些"盲点"位置，待定位终端无法接收到足够数量的静态 AP 信号，并且室内存在一些动态 AP 向外辐射信号强度。

如图 6.4 所示，待定位终端周围存在一些相对很近的动态 AP，待定位终端衡量接收到的动态 AP 的信号强度，根据其强弱判断是否离自身很近，如果存在足够数量的、很近的动态 AP，则可以利用这些动态 AP 的已有的物理坐标来进行定位。

3. 动态、静态 AP 混合定位

如第二种情况所述，定位区域较大，存在某些"盲点"无法利用位置指纹算法进行定位，当扫描周围的动静态 AP 信号，如图 6.5 所示，如果不满足第二种情况周边存在很近的动态 AP，那么则需要利用周边的静态 AP 和动态 AP 来进行定位。信号强度值和距离的关系处理考虑使用 WLAN 室内的信道传输模型，根据合适的 AP 来计算定位结果。

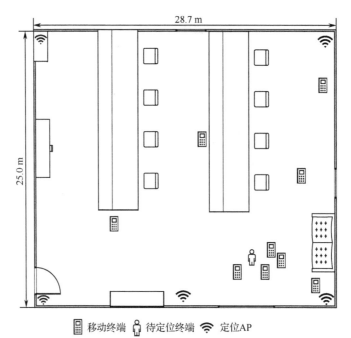

图 6.4　仅用动态 AP

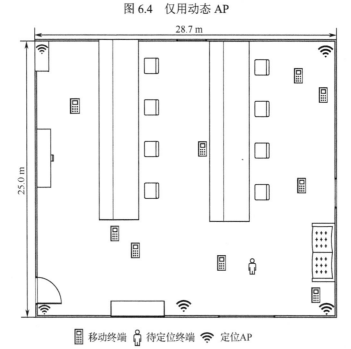

图 6.5　动态、静态 AP 组合定位

6.2.2　基于混合热点定位算法

以上描述了室内定位分布 AP 的三种场景，在利用静态 AP 和动态 AP 进行定位时，要根据实际的定位场景进行选择。算法过程中，系统会将待测区域的点分为完全接收到定位

AP 的位置点，以及部分接收到定位 AP 的位置点。

在完全接收到定位 AP 的位置情况下，VFDA 算法和其他基于位置指纹的室内定位算法相同，都是利用定位区域不同位置所具备的 RSSI 信息集合的不同来定位的。定位主要分为离线阶段和定位阶段，离线阶段将室内能够接收到用来定位 AP 的位置点的接收信号强度值收集来构建位置指纹数据库；定位阶段则利用移动终端接收到信号强度值，与指纹数据库中的信号强度值进行匹配，计算位置指纹距离来选择最佳的物理位置作为定位结果。

除了上述情况，则需要使用本章提出的基于混合热点的定位算法。部分接收到静态 AP 的情况下，则需要引入动态 AP 进行辅助定位。如上所述，待定位终端不仅可以接收来自普通的静态 AP 发射的信号，也可以接收来自其他已定位的终端动态 AP 的信号。利用室内原本已经布置的静态 AP，以及移动终端（手机）具有的动态 AP 共同组成的 Wi-Fi 网络进行定位，没有办法重新使用位置指纹法或者是基于位置指纹法的其他算法，因为位置指纹法在离线阶段首先要为定位区域绘制位置指纹地图，建立数据库，可是这对于位置不断变化的手机来说是无法实现的。室内环境下拥有动态 AP 的移动终端将利用第 5 章介绍的算法进行定位的结果和 BSSID 及时传输到定位服务器，待定位的终端接收到静态 AP 和动态 AP 时还会得到来自定位服务器的一张列表，如表 6.2 所示。

表 6.2　定位服务器信息列表

BSSID 信息	终端位置坐标
BSSID1	(x, y)
...	...

根据表 6.2，待定位的移动终端可以知道周围动态 AP 对应的物理坐标。

下面针对利用 HAPLA 算法定位的两种场景，详细描述算法实现原理。

1. 仅用动态 AP 定位

根据 6.2.1 节所述的动态 AP 的情况，我们知道它和静态 AP 一样都满足 WLAN 在室内的信道传播模型。在室内环境中，由于人员走动和各种可以变动的物理因素，信号强度的衰落特性和具体室内的环境布置有很大的关系。人员走动会阻碍信号的传播，从而使信道质量下降很多，在信号发射信号源附近，对信号强度的影响则会更大。当使用对数正态模型时，其信道传播公式[14]为

$$\mathrm{PL}(d)[\mathrm{dB}] = \overline{\mathrm{PL}}(d) + X_\sigma = \overline{\mathrm{PL}}(d_0) + 10n\lg\left(\frac{d}{d_0}\right) + X_\sigma \qquad (6.20)$$

式中，d 是接收设备到发射源的物理距离（m）；d_0 为参考距离值，在一般的定位过程中取值为 1 m；$\mathrm{PL}(d)$ 和 $\mathrm{PL}(d_0)$ 分别是对应 d 和 d_0 所对应接收信道强度值；X_σ 是均值为 0 的高斯随机变量；n 是路径损耗指数。

在室内实际的定位环境中，待定位终端周围存在的其他已经定位成功的移动终端，也

都向外辐射信号强度，待测的终端接收动态 AP 信号强度值有强有弱，将所能得到的动态 AP 进行大小排序。首先，第一种情况：如果较大的信号强度值满足大于或者等于-40 dBm，根据室内 WLAN 的信道传输模型，则表明两终端的实际物理位置十分接近，通过式（6.20）可知物理坐标差值很小，则可以使用该动态 AP 的物理位置作为待测点的结果；或者进一步有多个动态 AP 都满足这一条件，则可以利用加权平均公式进行结果计算，即

$$(x,y) = \sum_{k=1}^{n} w_k(x_k, y_k), \qquad w_k = 1 - \frac{|r_k|}{\sum\limits_{k=1}^{n}|r_k|} \tag{6.21}$$

式中，(x, y) 是最终定位结果的物理坐标；n 是满足 RSSI 大于等于-40 dBm 的信号值的动态 AP 个数；r_k 是第 k 个 AP 的信号强度值，$r_k \geqslant$-40 dBm；W_k 是权重值。

2. 动态、静态 AP 组合定位

然而还存在待测终端周围没有很近的动态 AP 信号值，那么我们根据信道传播模型，利用 TOA 原理对于动态 AP 和静态 AP 辐射的信号强度值，计算信号强度值对应的物理距离。根据文献[15]所述，利用 TOA 的三角形算法利用待测目标到至少 3 个已知参考点之间的距离信息估计目标位置，该算法的 Wi-Fi 信道环境下定位分为两个阶段：测距阶段和定位阶段。在测距阶段，待测点首先接收来自 3 个不同的已知位置的 AP 的 RSSI，然后依照无线信道的传输模型来计算待测点到 AP 距离。

在定位阶段，通过三角形算法计算待测点的位置时，是利用圆相交的几何原理，以及利用在室内定位的信道传播模型计算圆形半径的。在定位过程中，以任意 3 个 AP 的物理位置为圆心（已知），计算待测点位置接收 AP 的信号强度值，根据室内 WLAN 信道传输模型来计算待测点距离 AP 的相应的距离，以此来进行三角几何位置计算，如图 6.6 所示。

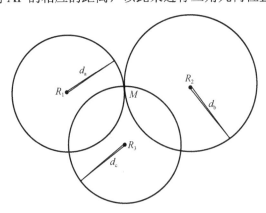

图 6.6　三角定位测量图

图 6.6 中，待测点 M 的位置坐标设为 $M(x, y)$，3 个 AP 点 A、B、C 的物理位置坐标分别为 $A(x_a, y_a)$、$B(x_b, y_b)$、$C(x_c, y_c)$，根据 WLAN 室内信道传播模型可以计算得到待测点 M 离 3 个 AP 的距离为 d_a、d_b、d_c，则待测点的位置 $M(x, y)$。可以由式（6.22）计算得到。

$$\begin{cases} d_a^2 = (x_a - x)^2 + (y_a - y)^2 \\ d_b^2 = (x_b - x)^2 + (y_b - y)^2 \\ d_c^2 = (x_c - x)^2 + (y_c - y)^2 \end{cases} \tag{6.22}$$

然而这一算法的定位稳定性差、精度不高，容易产生误差，本节对于其进行了进一步的优化。在实际室内 WLAN 信道传输过程中，由于多径效应和 NLOS 因素，根据信号未知位置点 M 来估算得到的距离 d_a、d_b、d_c 要比实际距离值大，那么如图 6.6 的情况一般不会出现，正如图 6.7 所示，定位过程中根据实际情况得到的三角定位数据图大部分为该图情况。设以 3 个 AP 为原点做相应半径的圆，交点分别是 D、E、F，根据式（6.23）计算出 D 点的坐标值，同理可以得到 E 点、F 点的坐标值。计算出这三点的坐标值之后，以这三点做三角形，其质心坐标位置则为待测位置 M 的坐标。

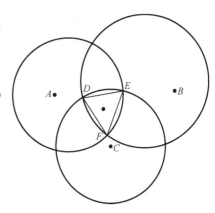

$$\begin{cases} d_a^2 \geqslant (x_a - x_d)^2 + (y_a - y_d)^2 \\ d_b^2 = (x_b - x_d)^2 + (y_b - y_d)^2 \\ d_c^2 = (x_c - x_d)^2 + (y_c - y_d)^2 \end{cases} \tag{6.23}$$

图 6.7　组合定位实际情况

根据式（6.23）计算得到 D（x_d, y_d），并且以此类推计算得到 E（x_e, y_e）、F（x_f, y_f）。那么三角形质心坐标为

$$M(x, y) = \left(\frac{x_d + x_e + x_f}{3}, \frac{y_d + y_e + y_f}{3} \right) \tag{6.24}$$

然而，在实际的定位过程中，获得的 AP 信号通常不止 3 个，这就导致了利用式（6.22）、式（6.23）和式（6.24）计算过程中选取 AP 源的组合不是一定的。按照一般的室内定位过程，至少存在 4 个以上的 AP 可以用来定位，因此选取哪 3 个 AP 信号则很重要。由于信号强度值越高，那么 AP 则越近，受到多径效应的影响及 NLOS 的影响越大。所以在定位过程中，根据上述方法测得的 M 坐标离 AP 距离 d 的值由小到大排序，挑选最前 4 个最小的 d 进行 M 坐标计算，每 3 个为一组，利用式（6.25）来计算待测点 M 的位置坐标，经过计算，结果得到 4 组待测点位置坐标，设为 M（x_1, y_1）、M（x_2, y_2）、M（x_3, y_3）、M（x_4, y_4），这 4 个位置点的物理坐标值为待测定位坐标的估算候选值，结果求其平均值就可以得到最终的坐标，如式（6.25）所示。

$$M(x, y) = \left(\frac{x_1 + x_2 + x_3 + x_4}{4}, \frac{y_1 + y_2 + y_3 + y_4}{4} \right) \tag{6.25}$$

6.2.3　算法流程

基于混合 Wi-Fi 热点的室内定位算法在进行定位时，首先要明确其使用的室内环境。

定位环境主要是由接收到的 Wi-Fi 热点来确定的，当待定位的移动终端接收到的 Wi-Fi 热点 BSSID 不满足基于位置指纹算法定位要求时，出现了"盲点"的时候，则采用 HALPA 算法进行定位。HALPA 算法首先需要待定位的移动终端对于当前定位区域能够接收到的 Wi-Fi 热点进行甄别，然后根据接收到的 BSSID 确定动态 AP 和静态 AP 的个数及信号强度值，根据信号强度值大小来确定采用混合定位的两种情况，根据不同的情况将信号强度值进行定位计算得到定位结果。

根据 HAPLA 算法的定位原理，算法流程如下。

步骤 1　待测位置的移动终端利用 Wi-Fi 功能搜寻指定的静态定位 AP 信号，接收到 2～3 个静态 AP 的移动终端继续接收定位区域的动态 AP 辐射的 RSSI，并且从服务器接收动态 AP 和其当前物理位置的对应信息，移动终端将动态 AP 按照信号强度值由大到小排序。

步骤 2　查看动态 AP 信号强度值 RSSI 是存在 r_k 满足 $r_k \geqslant -40$ dBm，如果有则按照式（6.21）计算得到待测点物理位置坐标。

步骤 3　当所有动态 AP 信号强度值满足 $r_k \leqslant -40$ dBm，综合选取 RSSI 最大的 4 个 AP，定位的 AP 有动态 AP 和静态 AP，三个一组利用式（6.22）到式（6.24）分别由其物理位置坐标计算待测点 M 物理坐标。

步骤 4　最后根据式（6.25）综合计算得到最后利用混合 Wi-Fi 进行定位的待测点位置，并且将待测点的 BSSID 和定位结果上传。

HAPLA 的定位流程如图 6.8 所示。

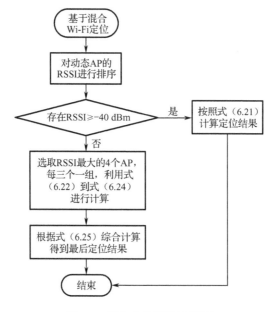

图 6.8　混合定位算法流程图

6.3 实验验证与性能分析

6.3.1 性能指标

同基于方差修正位置指纹距离的室内定位算法相同,我们采用绘制 CDF 来进行误差分析。其中,定位误差距离是计算实际所在点的物理坐标和通过定位算法计算得到的物理坐标之间的直线距离,如式(5.15)所示,error 是计算得到的定位误差距离值,x_l 和 y_l 是测试时实际的物理位置坐标,x_r 和 y_r 是定位算法测试得到的位置坐标值。

6.3.2 实验环境

本次实验的环境选择方形室内实验室,其中有桌椅等物品摆放和正常的人员走动,存在正常情况下的非视距因素和多径效应,室内的平面图尺寸如图 6.9 所示。

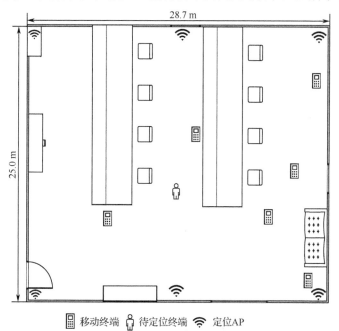

图 6.9 室内平面图(6 个 AP)

定位区域和第 5 章的实验室不同,是 25 m×28.7 m 较大的室内空间,内有桌椅等障碍物,以及频繁走动的人员,产生了相对较多的随机干扰因素,实验采用 TP-LINK TL-WR720N 型号热点作为 AP 信号热点;采用基于 Android 平台、具有 Wi-Fi 功能的智能移动终端在定位区域随意移动以持续扫描无线 Wi-Fi 信号信息,进行数据采集,这些动态 AP 的组成辅助进行混合 Wi-Fi 定位的热点。实验中,我们分别采用 5 个和 6 个静态 AP 进行定位实验。在含有 6 个静态 AP 的定位环境中,并且保证在靠近角落的位置点无法接收到来自对角的信号强度值。

　　同样，在利用 5 个静态 AP 的室内定位空间中仍然无法接收对角的信号强度，定位区域中存在适宜利用 HAPLA 算法的情况，因此包含一些接收静态 AP 信号个数较少的"盲点"，在该些"盲点"位置对定位结果进行测试。图 6.10 中标识了定位区域内的静态 AP 和动态 AP，以及待定位的终端位置。

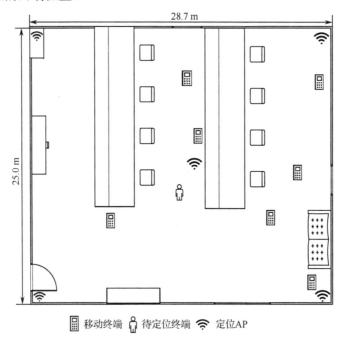

图 6.10　定位平面图（5 个 AP）

6.3.3　实验验证与分析

　　在本次实验中，我们对于传统的 KNN 算法、第 5 章提出的 VFDA，以及本章提出的 HAPLA 算法进行室内定位进行误差对比。VFDA 算法在第 5 章中做出了详细的描述和实验，而传统 KNN 定位算法作为经典的定位算法具有一定的理论依据和可行性，然而由于非视距因素及多径影响，整个定位空间都采用 KNN 定位，势必会导致信道传输过程中衰减严重或者干扰严重，最终导致其定位效率很低。除此之外，KNN 及 VFDA 算法在定位过程中存在定位"盲点"，其定位性能大幅下降。针对这种实验环境和算法选择，我们在图 6.9 和图 6.10 所示的实验空间中进行了 10 组定位误差实验，如表 6.3 所示。

表 6.3　定位误差分布

算法	KNN/m	VFDA/m	HAPLA/m	算法	KNN/m	VFDA/m	HAPLA/m
6 个静态 AP 定位区域结果				5 个静态 AP 的区域定位结果			
10%	1.61	0.81	0.92	10%	1.92	0.70	0.82
20%	3.04	1.18	1.24	20%	2.84	1.38	1.11

续表

算法	KNN/m	VFDA/m	HAPLA/m	算法	KNN/m	VFDA/m	HAPLA/m
30%	3.20	1.87	1.39	30%	4.90	3.88	1.60
40%	7.12	4.27	1.77	40%	5.07	4.28	1.98
55%	8.10	5.21	2.21	55%	6.90	5.21	3.21
60%	9.80	6.01	3.01	60%	9.01	7.71	3.71
70%	12.99	9.87	3.87	70%	10.06	8.87	3.87
80%	13.68	9.97	4.97	80%	12.92	10.05	4.05
90%	13.97	10.22	5.22	90%	14.57	10.89	4.89
100%	15.88	11.31	6.21	100%	15.39	12.11	5.11

在表 6.3 中，我们很明显看到了 10 次定位实验的数据，左侧的百分比实际是 10 次实验。例如，第一次实验中 KNN 算法定位产生的平面定位误差为 1.61 m，20%处表明两次定位误差叠加误差为 3.04 m。从定位数据中分析得到，第 5 章提出的基于误差修正的位置指纹算法仅从某次定位准确度上来说，达到了非常理想的定位精度，然而在某几次定位中却发生了较大的偏差；传统的 KNN 算法在定位环境中并不是很理想，和 VFDA 算法类似，其中几次的定位发生了较大的偏差，因为在定位的过程中测试定位点存在盲点，其计算结果误差则急剧升高。本章提出的基于混合 Wi-Fi 热点进行定位，其在不同的定位 AP 分布情形下采用不同的选择，很好地适应了较大定位区域内定位方式的选择，很好地解决了普通基于位置指纹定位算法对于"盲点"无法处理的问题。虽然 HALPA 算法每次定位其时间复杂度不确定，但综合定位中其达到了一定的节能效果，并且定位的精度方面对比传统的三角定位和 KNN 算法都具有较大的提升。

根据上述的定位结果绘制出了它们定位的 CDF 图，可以较为直观地对比算法的定位效果，如图 6.11 所示，在三种用来对比的定位算法中，VFDA 算法和 KNN 算法的定位精度在多次定位结果之后发现其定位误差较大，尤其是在某些时刻发生急剧的偏差，这是由于在区域范围较大的室内环境中，存在着"盲点"。本章提出的混合 Wi-Fi 定位则具有较大的提升，在大部分保证在 4 m 的定位误差距离之内，具有非常良好的适应性，解决盲点问题效果良好。然而在定位过程中，基于混合 Wi-Fi 的定位算法存在定位计算方式选择的过程，在定位时间复杂度方面具有一定的开销，所以在定位区域满足 VFDA 要求时，则优先考虑使用 VFDA 算法来进行室内定位计算。

图 6.12 为在两种 AP 部署环境下，利用混合 Wi-Fi 定位于 VFDA 算法的定位轨迹的比较结果。

定位轨迹显示的结果表明，混合 Wi-Fi 定位在较大的定位环境中取得了较好的定位效果，然而 VFDA 算法则在某些定位位置点则出现了偏差较大的情况。

第 6 章

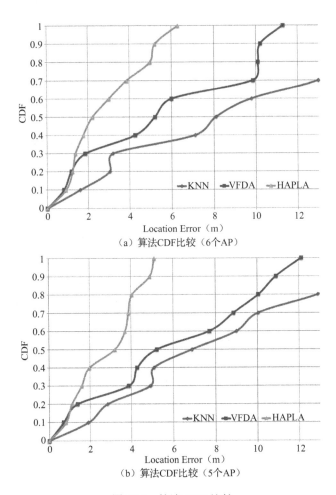

（a）算法CDF比较（6个AP）

（b）算法CDF比较（5个AP）

图 6.11　算法 CDF 比较

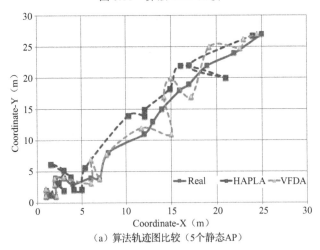

（a）算法轨迹图比较（5个静态AP）

图 6.12　两种 AP 部署环境下的定位轨迹图

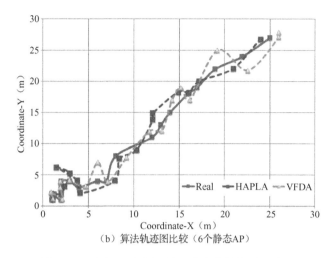

（b）算法轨迹图比较（6个静态AP）

图 6.12　两种 AP 部署环境下的定位轨迹图（续）

6.4　本章小结

在利用基于位置指纹进行室内定位的算法中，由于定位区域大小存在差异，以及能耗、计算复杂问题和热点间干扰问题，在室内用来进行定位的静态 AP 个数有一定限制，所以存在着定位区域中某些位置无法完全接收到定位点的情况，或者当某 1 个或者几个 AP 意外停止工作，也无法达到最低的定位 AP 个数；同时在当前移动终端上都具有开放 AP 热点的功能，并向外辐射同样的 Wi-Fi 信号。

基于上述情况，我们考虑在该情况下使用混合 Wi-Fi 进行定位，对于待定位的终端周围所存在的 AP 分布情况，确定不同的定位方式，从而很好地解决了上述定位问题。基于混合 Wi-Fi 的定位算法中，定位的精确度较为良好，在可以接受的范围之内，但其根据不同情况来确定定位结果如何计算很好地降低了时间复杂度，提高了定位效率，减少了重复计算，并且在定位方式上具有一定创新性。

本章得到了如下内容和结论：在任何基于位置指纹技术的室内定位算法中存在着 AP 个数不满足的特殊情况，针对该情况提出了利用静态 AP 和动态 AP 的创新性方法来解决，在定位精确度没有大幅下降的前提下，很好地提高了定位效率，减少了不必要的重复计算，降低时间复杂度。

参考文献

[1] Li W. F, Wu J, Wang D. A novel indoor positioning method based on key reference RFID tags [C]. // Proceeding of YC-ICT '09. IEEE Youth Conference on Information, Computing and Telecommunication. Beijing, 2009: 42-45.

[2] 吕振，谭鹏立. 一种基于 RSSI 校正的三角形质心定位算法[J]. 传感器与微系统. 2010, 29(5): 122-124.

[3] 颜俊杰. 基于 Wi-Fi 的室内定位技术研究[D]. 广州：华南理工大学，2013.

[4] 何颖. 基于 WLAN 室内定位系统的 AP 快速部署算法研究[D]. 哈尔滨：哈尔滨工业大学，2011.

[5] 苏凯，曹元，李俊，等. 基于 UWB 和 DGPS 的混合定位方法研究[J]. 计算机应用与软件. 2010, 27(5): 212-215.

[6] Mary G I, Prithiviraj V. Test measurements of improved UWB localization technique for precision automobile parking[C]// International Conference on Recent Advances in Microwave Theory and Applications, 2008. Jaipur: IEEE, 2008:550-553.

[7] Eom H S, Lee M C. Position error correction for DGPS based localization using LSM and Kalman filter[C]// International Conference on Control Automation and Systems. Gyeonggi-do: IEEE, 2010:1576-1579.

[8] 邓平，李莉，范平志. 一种 TDOA/AOA 混合定位算法及其性能分析[J]. 电波科学学报，2002, 17(6):633-636.

[9] Rantakokko J, Rydell J, Strömbäck P, et al. Accurate and reliable soldier and first responder indoor positioning: multisensor systems and cooperative localization[J]. IEEE Wireless Communications, 2011, 18(2):10-18.

[10] Han G, Choi D, Lim W. Reference node placement and selection algorithm based on trilateration for indoor sensor networks[J]. Wireless Communications & Mobile Computing, 2009, 9(8):1017–1027.

[11] Wang H, Tang Y. RFID Technology Applied to Monitor Vehicle in Highway[C]// Third International Conference on Digital Manufacturing and Automation. Guilin: IEEE, 2012: 736-739.

[12] Kalman R E. A new approach to linear filtering and prediction problems [J]. Journal of Fluids Engineering, 2008, 82(1): 35-45.

[13] Paleologu C, Benesty J, Ciochina S. Study of the optimal and simplified Kalman filters for echo cancellation[C]// IEEE International Conference on Acoustics, Speech and Signal Processing. Vancouver, BC: IEEE, 2013:580-584.

[14] Zhao Y, Yang Y, Kyas M. Comparing centralized Kalman filter schemes for indoor positioning in wireless sensor network[C]// International Conference on Indoor Positioning and Indoor Navigation. Guimaraes: IEEE, 2011:1-10.

[15] Wang H T, Jia Q S, Song C, et al. Building occupant level estimation based on heterogeneous information fusion [J]. Information Sciences, 2014, 272(C):145-157.

第7章
Wi-Fi+RFID 数据融合室内定位

7.1 问题分析

1. 定位系统和定位算法目前普遍存在的问题

（1）采用单一类型的无线信号难以达到理想的定位精度。在结构复杂的大型室内环境中进行定位时，单独基于 Wi-Fi 或 RFID（RFID 作为一种通过电磁传输来进行数据存储和检索的通信技术，使得个人和设备的识别变得更加便宜和流畅）等定位技术，难以解决因活动人群引起的室内噪声和障碍物的干扰造成的定位误差和定位盲区（Blind Area，BA）等问题；单独基于红外线的定位系统则易受到阳光及日光灯的影响，仅优化定位算法也难以有效提高定位精度和定位性能。

（2）产生价格高昂的硬件成本，难以适应大范围室内环境。一些定位系统，如基于热红外摄像机的定位系统，本身设备成本较高，且对环境要求苛刻。红外线室内定位技术定位的原理是，热红外线（IR）设备发射调制的红外射线，通过安装在室内的光学传感器接收进行定位。虽然红外线具有相对较高的室内定位精度，但是由于光线不能穿过障碍物，使得红外射线仅能视距传播。直线视距和传输距离较短这两大主要缺点使其室内定位的效果很差。当设备放在口袋里或者有墙壁及其他遮挡时就不能正常工作，需要在每个房间、走廊安装接收天线，造价较高。因此，红外线只适合短距离传播，而且容易被荧光灯或者房间内的灯光干扰，在精确定位上有局限性。

（3）另外一些定位系统，如 Active Bat 定位系统，主要采用反射式测距法，通过三角定位等算法确定物体的位置，即发射超声波并接收由被测物产生的回波，根据回波与发射波的时间差计算待测距离，有的则采用单向测距法。超声波定位系统可由若干个应答器和一个主测距器组成，主测距器放置在被测物体上，在微机指令信号的作用下向位置固定的应答器发射同频率的无线电信号，应答器在收到无线电信号后同时向主测距器发射超声波信号，得到主测距器与各个应答器之间的距离。当同时有 3 个或 3 个以上不在同一直线上的应答器做出回应时，可以根据相关计算确定出被测物体所在的二维坐标系下的位置。为了提高定位精度需要部署造价较高的超声波传感器设备，若定位区域面积很大，大量的超声波传感器的部署会产生高昂的设备成本，使其难以推广普及。

（4）环境适应性差，移动定位时需要配置有限制的硬件设备或室内定位时有环境限制。例如，TOR 定位系统，在进行室内定位时，除了定位技术本身的要求外，还必须在消防员身上的固定位置，如在小腿上部署惯性传感器，在肩上部署基于射频信号的交互式探测器来进行定位。又比如 Active Badge 定位系统，由于红外传感器的自身限制，应用该系统进行室内定位时要求室内环境的光线亮度保持稳定，对定位设备的硬件配置有额外的需求，对室内定位有特别的限制条件，环境适应性不好。

针对上述问题，提出一种基于 Wi-Fi 与 RFID 数据融合的室内定位机制。所谓的数据融合技术，是指利用计算机对按时序获得的若干观测信息，在一定的准则下加以自动分析、综合，以完成所需的决策和评估任务而进行的信息处理技术。

2. 数据融合技术发展背景

随着计算机技术、通信技术的快速发展，且日趋紧密地互相结合，加之军事应用的特殊迫切需求，作为数据处理的新兴技术——数据融合技术，在近十年中得到惊人发展，并已进入诸多军事应用领域。

数据融合技术，包括对各种信息源给出的有用信息的采集、传输、综合、过滤、相关及合成，以便辅助人们进行态势/环境判定、规划、探测、验证和诊断。这对战场上及时准确地获取各种有用的信息，对战场情况和威胁及其重要程度进行适时的完整评价，实施战术、战略辅助决策与对作战部队的指挥控制，是极其重要的。未来战场瞬息万变，且影响决策的因素更多、更复杂，要求指挥员在最短的时间内，对战场态势做出最准确的判断，对作战部队实施最有效的指挥控制。而这一系列"最"的实现，必须有最先进的数据处理技术做基本保证，否则再高明的军事领导人和指挥官也会被浩如烟海的数据所淹没，或导致判断失误，或延误决策、丧失战机而造成灾难性的后果。

数据融合技术为先进的作战管理系统提供了重要的数据处理技术基础，在多信息源、多平台和多用户系统内起着重要的处理和协调作用，保证了数据处理系统各单元与汇集中心间的连通性与及时通信，而且原来由军事操作人员和情报分析人员完成的许多功能均由数据处理系统快速、准确、有效地自动完成。数据融合技术对未来作战技术和武器系统的影响极为深远，大量新的作战技术的发展迫切需要数据融合技术的应用和支持。例如，现代作战原则强调纵深攻击和遮断能力，要求能描述目标位置、运动及其企图的信息，这已超过了使用的常规传感器的性能水平。未来的战斗车辆、舰艇和飞机将对射频和红外传感器呈很低的信号特征。为维持其低可观测性，它们将依靠无源传感器和从远距离信息源接收的信息。那么，对这些信息数据的融合处理就是至关重要的了。

数据融合技术还是作战期间对付敌人时使用隐身技术（如消声技术、低雷达截面、低红外信号特征），以及进行大面积目标监视的重要手段。数据融合技术将帮助战区指挥员和较低层次的指挥员从空间和水下进行大范围监视、预报环境条件、管理电子对抗和电子反对抗设备等分散资源。同样还能协助先进的战术战斗机、直升机的驾驶员进行超低空飞行。

高速、低成本及高可靠性的数据融合技术不仅在军事领域得到越来越广泛的应用，而且在自动化制造领域、商业部门，乃至家庭都有极其广阔的应用前景。例如，自动化制造过程中的实时过程控制、传感器控制元件、工作站，以及机器人和操作装置控制等均离不开数据融合技术的应用。数据融合技术为需要可靠控制本部门敏感信息和贸易秘密的部门提供了实现新的保密系统的控制擅自进入的可能性。对于来自无源电子支援测量、红外、声学、运动探测器、火与水探测器等各种信息源的数据融合，可以用于商店和家庭的防盗防火。军事应用领域开发的一些复杂的数据融合应用同样可以应用于民用部门的城市规划、资源管理、污染监测和分析，以及气候、作物和地质分析，以保证在不同机关和部门之间实现有效的信息共享。

数据融合的概念虽始于 20 世纪 70 年代初期，但真正的技术进步和发展是 20 世纪 80 年代的事，尤其是近几年来引起了世界范围内的普遍关注，美、英、日、德、意等发达国家不但在所部署的一些重大研究项目上取得了突破性进展，而且已陆续开发出一些实用性系统并投入实际应用和运行。不少数据融合技术的研究成果和实用系统已在 1991 年的海湾战争中得到实战验证，取得了理想的效果。

我国"八五"规划亦已把数据融合技术列为发展计算机技术的关键技术之一，并部署了一些重点研究项目，尽可能给予了适当的经费投入。但这毕竟是刚刚起步，我们所面临的挑战和困难是十分严峻的，当然也有机遇并存。这就需要认真研究，针对我国的国情和军情，采取相应的对策措施，以期取得事半功倍的效果。

3．数据融合技术的发展状况

（1）数据融合技术还处于初级发展阶段，迫切需要在理论和实现技术上进行开拓性的研究。我们虽然起步很晚，但可以借鉴国外的已有成果和经验，力争在目标相关、跟踪识别、融合算法等基础理论上有所突破，并着手建立我国的 C3I 系统数据融合模型。

（2）我国已相继建立了一批自动化指挥系统，但基本上都是对单一类型的传感器信息进行综合处理。在战术 C3I 系统中虽已具备多类信息的收集手段，但只是按类分别进行数据融合，而不能进行统一的融合处理。加之最近几年我国装备部队的传感器种类越来越多，对于多平台多种类传感器的数据融合技术的研究已势在必行。特别需要尽快解决获取多种类、多平台传感器的传感器元素、分类航迹元素、识别分析元素、数据融合报告等融合元素，以及如何利用融合元素来优化有效的情报数据、得到准确可靠的信息、做出及时正确的决策，以及如何在数据融合系统中使用专家系统的方法等关键技术问题。

（3）制订切实可行的数据融合科技发展规划，既要考虑我国的经济实力、现有技术水平和我军装备应用需求，又要着眼于未来的科技发展和未来战争的需要。统一规划，选定目标，有选择、有重点地适度投入必需的财力和人力，避免过分分散、摊子铺得过大、短期内搞不出应有成果等弊端。

随着系统复杂性的日益提高，依靠单个传感器对物理量进行监测显然限制颇多，因此在故障诊断系统中使用多传感器技术进行多种特征量的监测（如振动、温度、压力、流量等），并对这些传感器的信息进行融合，以提高故障定位的准确性和可靠性。此外，人工的观测也是故障诊断的重要信息源，但是，这一信息来源往往由于不便量化或精确不够而被人们所忽略。信息融合技术的出现为解决这些问题提供了有力的工具，为故障诊断的发展和应用开辟了广阔的前景。通过信息融合将多个传感器检测的信息与人工观测事实进行科学、合理的综合处理，可以提高状态监测和故障诊断智能化程度。

信息融合是利用计算机技术对来自多个传感器或多源的观测信息进行分析、综合处理，从而得出决策和估计任务所需的信息的处理过程。另一种说法是信息融合就是数据融合，但其内涵更广泛、更确切、更合理，也更具有概括性，不仅包括数据，而且包括了信号和知识。信息融合的基本原理是：充分利用传感器资源，通过对各种传感器及人工观测信息的合理支配与使用，将各种传感器在空间和时间上的互补与冗余信息依据某种优化准则或算法组合，产生对观测对象的一致性解释和描述。其目标是基于各传感器检测信息分解人工观测信息，通过对信息的优化组合来导出更多的有效信息。

复杂工业过程控制是数据融合应用的一个重要领域，通过时间序列分析、频率分析、小波分析，从传感器获取的信号模式中提取出特征数据，同时，将所提取的特征数据输入神经网络模式识别器，神经网络模式识别器进行特征级数据融合，以识别出系统的特征数据，并输入模糊专家系统进行决策级融合。在专家系统推理时，从知识库和数据库中取出领域规则和参数，与特征数据进行匹配（融合）。最后，决策出被测系统的运行状态、设备工作状况和故障。

数据融合中心对来自多个传感器的信息进行融合，也可以对来自多个传感器的信息和人机界面的观测事实进行信息融合（这种融合通常是决策级融合），提取特征信息，在推理机作用下，将特征与知识库中的知识匹配，做出故障诊断决策并提供给用户。在基于信息融合的故障诊断系统中可以加入自学习模块，故障决策经过学习模块后反馈给知识库，并对相应的置信度因子进行修改，更新知识库。同时，自学习模块能根据知识库中的知识，以及用户对系统提问的动态应答进行推理，以获得新知识，总结新经验，不断扩充知识库，实现专家系统的自学习功能。

（1）数据层融合：它是直接在采集到的原始数据层上进行的融合，是在各种传感器的原始测报、未经预处理之前就进行数据的综合与分析。数据层融合一般采用集中式融合体系进行融合处理过程。这是低层次的融合，例如，成像传感器中通过对包含若干像素的模糊图像进行图像处理来确认目标属性的过程就属于数据层融合。

（2）特征层融合：特征层融合属于中间层次的融合，它先对来自传感器的原始信息进行特征提取（特征可以是目标的边缘、方向、速度等），然后对特征信息进行综合分析和处理。特征层融合的优点在于实现了可观的信息压缩，有利于实时处理，并且由于所提取的特征直接与决策分析有关，因而融合结果能最大限度地给出决策分析所需的特征信息。特征层融合一般采用分布式或集中式的融合体系，可分为两大类：一类是目标状态融合，另一类是目标特性融合。

（3）决策层融合：决策层融合通过不同类型的传感器观测同一个目标，每个传感器在本地完成基本的处理，其中包括预处理、特征抽取、识别或判决，以建立对所观察目标的初步结论，然后通过关联处理进行决策层融合判决，最终获得联合推断结果。

这种基于 Wi-Fi 与 RFID 数据融合的室内定位机制主要贡献包括：

（1）提出基于 Wi-Fi 与 RFID 数据融合的室内定位模型，通过在室内按需部署稀疏 Wi-Fi 接入点与低廉的 RFID 标签，实现 Wi-Fi 与 RFID 数据的有机融合，有效降低移动主体和障碍物等带来的噪声影响，同时确保室内信号的全覆盖，消除定位盲区，从而实现低成本、高精度的室内定位目标。

（2）提出一种基于奇异值判定的改进型 Kalman 滤波器算法（Kalman Fliter Algorithm based on Singular Value Judgement，KFASVJ），并将此算法有效应用于定位机制中，对室内无线信号的优化，进一步改善室内噪声对定位精度的影响问题，强化室内定位系统的定位稳定性，提高定位系统在人员众多且活动频繁、结构复杂的大型室内环境中的定位性能。

4．Kalman 滤波器算法

传统的滤波方法，只有在有用信号与噪声具有不同频带的条件下才能实现。20 世纪 40 年代，N．维纳（Wiener）和 A．H．柯尔莫哥洛夫（Kolmogorov）把信号和噪声的统计性质引进了滤波理论，在假设信号和噪声都是平稳过程的条件下，利用最优化方法对信号真值进行估计，达到滤波目的，从而在概念上与传统的滤波方法联系起来，被称为维纳滤波。这种方法要求信号和噪声都必须以平稳过程为条件。60 年代初，卡尔曼（R．E．Kalman）和布塞（R．S．Bucy）发表了一篇重要的论文《线性滤波和预测理论的新成果》，提出了一种新的线性滤波和预测理论，被称为卡尔曼滤波，其特点是在线性状态空间表示的基础上对有噪声的输入和观测信号进行处理，求取系统状态或真实信号。

这种理论是在时间域上来表述的，基本的概念是：在线性系统的状态空间基础上，从输出和输入观测数据求系统状态的最优估计。这里所说的系统状态，是总结系统所有过去的输入和扰动对系统的作用的最小参数的集合，知道了系统的状态就能够与未来的输入与系统的扰动一起确定系统的整个行为。

卡尔曼滤波不要求信号和噪声都是平稳过程，对于每个时刻的系统扰动和观测误差（即噪声），只要对它们的统计性质做某些适当的假定，通过对含有噪声的观测信号进行处理，就能在平均的意义上求得误差为最小的真实信号的估计值。因此，自从卡尔曼滤波理论问世以来，在通信系统、电力系统、航空航天、环境污染控制、工业控制、雷达信号处理等许多部门都得到了广泛应用，取得了许多成功应用的成果。例如，在图像处理方面，应用卡尔曼滤波对由于某些噪声影响而造成模糊的图像进行复原。在对噪声做某些统计性质的假定后，就可以用卡尔曼滤波算法以递推的方式从模糊图像中得到均方差最小的真实图像，使模糊的图像得到复原。

5. 卡尔曼滤波器算法性质

（1）卡尔曼滤波是一个算法，它适用于线性、离散和有限维系统，每一个有外部变量的自回归移动平均系统或可用有理传递函数表示的系统都可以转换成用状态空间表示的系统，从而能用卡尔曼滤波进行计算。

（2）任何一组观测数据都无助于消除 $x(t)$ 的确定性，增益 $K(t)$ 也同样与观测数据无关。

（3）当观测数据和状态联合服从高斯分布时，用卡尔曼递归公式计算得到的是高斯随机变量的条件均值和条件方差，从而卡尔曼滤波公式给出了计算状态的条件概率密度的更新过程线性最小方差估计，也就是最小方差估计。

6. 卡尔曼滤波器算法的具体描述

首先，我们先要引入一个离散控制过程的系统，该系统可用一个线性随机微分方程（Linear Stochastic Difference Equation，LSDE）来描述。

$$X(k)=AX(k-1)+BU(k)+W(k)$$

再加上系统的测量值

$$Z(k)=HX(k)+V(k)$$

上面两式中，$X(k)$ 是 k 时刻的系统状态；$U(k)$ 是 k 时刻对系统的控制量；A 和 B 是系统参数，对于多模型系统，它们为矩阵；$Z(k)$ 是 k 时刻的测量值；H 是测量系统的参数，对于多测量系统，H 为矩阵；$W(k)$ 和 $V(k)$ 分别表示过程和测量的噪声，假设是高斯白噪声（White Gaussian Noise，WGN），它们的协方差分别是 Q、R（这里我们假设它们不随系统状态变化而变化）。

对于满足上面的条件（线性随机微分系统，过程和测量都是高斯白噪声），卡尔曼滤波器是最优的信息处理器。下面结合它们的协方差来估算系统最优化输出。

首先利用系统的过程模型来预测下一状态的系统，假设现在的系统状态是 k，根据系统的模型，可以基于系统的上一状态而预测出现在状态，有

$$X(k|k-1)=A\ X(k-1|k-1)+B\ U(k) \tag{7.1}$$

式中，$X(k|k-1)$ 是利用上一状态预测的结果，$X(k-1|k-1)$ 是上一状态最优的结果，$U(k)$ 为现在状态的控制量，如果没有控制量，它可以为 0。

到现在为止，我们的系统结果已经更新了，但对应于 $X(k|k-1)$ 的协方差还没更新。我们用 P 表示协方差：

$$P(k\,|\,k-1) = AP(k-1\,|\,k-1)A^{\mathrm{T}} + Q \tag{7.2}$$

式中，$P(k|k-1)$ 是 $X(k|k-1)$ 对应的协方差，$P(k-1|k-1)$ 是 $X(k-1|k-1)$ 对应的协方差，A^{T} 表示 A

的转置矩阵，Q 是系统过程的协方差。式（7.1）和式（7.2）就是卡尔曼滤波器 5 个公式当中的前两个，也就是对系统的预测。

现在我们有了现在状态的预测结果，然后再收集现在状态的测量值。结合预测值和测量值，可以得到现在状态 k 的最优化估算值 $X(K|K)$。

$$X(K\mid K)=X(k\mid k-1)+K_g(k)(Z(k)-HX(k\mid k-1)) \tag{7.3}$$

式中，K_g 为卡尔曼增益。

$$K_g(k)=\frac{P(k\mid k-1)H^{\mathrm{T}}}{HP(k\mid k-1)H^{\mathrm{T}}+R} \tag{7.4}$$

到现在为止，我们已经得到了 k 状态下最优的估算值 $X(K|K)$。但是为了要令卡尔曼滤波器不断地运行下去直到系统过程结束，还要更新 k 状态下 $X(K|K)$ 的协方差。

$$P(k\mid k)=(I-K_g(K)H)P(k\mid k-1) \tag{7.5}$$

式中，I 为 1 的矩阵，对于单模型单测量，$I=1$。当系统进入 $k+1$ 状态时，$P(k|k)$ 就是式（7.5）的 $P(k-1|k-1)$。这样，算法就可以自回归地运算下去了。

卡尔曼滤波器的原理基本描述了，式（7.1）到式（7.5）就是它的 5 个基本公式，根据这 5 个公式，可以很容易用计算机编程实现。

本节在 Wi-Fi 与 RFID 数据融合的基础上，参考基于三边测量的参考节点选择算法[28]（Reference Node Selection Algorithm based on Trilateration，RNST）的思想，提出了基于 KFASVJ 的室内定位算法（KFASVJ-based Indoor Localization Algorithm，KILA），实现了按需部署的、环境自适应的、有机互补的高效室内定位机制。

7.2 定位场景分析

利用已部署并主要用于通信的 Wi-Fi 网络进行室内定位，常常受到严重的噪声干扰。对于 Wi-Fi 信号来说，其通信频率为 2.4 GHz，和水的共振频率一样，而人体的含水比例约为 70%，可成为无线信号噪声。若室内环境的人数较多且频繁移动（如博物馆等），会对 Wi-Fi 信号造成很大的干扰，使信号在传播过程中出现严重失真现象。因此，仅基于 Wi-Fi 信号在人流量大、结构复杂的室内环境进行定位时，定位误差较大。

若单独采用 RFID 技术进行定位，虽然设备成本低廉且 RFID 标签简便、灵活，但其较短的通信范围使其难以适应大型室内空间：一方面，难以确保有效的全覆盖定位，容易产生定位盲区；另一方面，如果 RFID 标签出现故障时将导致覆盖区域出现无法定位的情况，鲁棒性差，定位稳定性也不够理想。

本节的思路是将 Wi-Fi 热点与 RFID 标签联合作为接入点（Access Point，AP），在数据融合的基础上，对具备 Wi-Fi 和 RFID 信号收发功能的移动设备（Mobile Objects，MO）进行定位。

首先设计了一个具体的室内定位环境，即一个 120 m×60 m 的大型博物馆展厅，如图 7.1 所示。

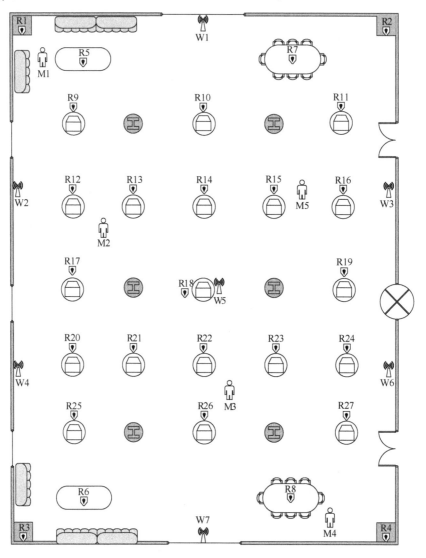

图 7.1 定位模型场景示意图

博物馆展厅部署了 7 个 Wi-Fi 路由器 W1～W7，作为 Wi-Fi 定位锚节点，呈近似正三角形分布，纵、横向分别相互间隔约 30 m。R1～R27 是 RFID 标签，进入标签射频信号范围的 MO 可通过配置的 RFID 阅读器与 RFID 标签交互，其中 R9～R27 是布置于展柜上的 RFID 标签，站台之间相互间隔约 6 m，R5 和 R6 是布置在休息区茶几上的 RFID 标签，R7 和 R8 是布置在会议桌上的 RFID 标签，R1～R4 是布置在展厅四角的 RFID 射频标签。M1～M5 为手持移动设备的移动主体（即参观者），作为待定位的 MO。

基于 Wi-Fi 和 RFID 数据融合的定位模式为进入室内的 MO 提供自适应的可用信号，即自动兼容仅能获得可用的 Wi-Fi 定位信号、仅能获得 RFID 射频信号，以及同时获得可用的 Wi-Fi 定位信号和 RFID 射频信号的复杂室内区域，从而可以灵活地在低成本的前提下实现室内有效定位区域的全覆盖和高定位精度。由于进入 RFID 信号覆盖范围时，还可以和 Wi-Fi 信号进行融合定位，从而有效降低室内噪声对 Wi-Fi 信号的影响，提高系统的定位精度。此外，利用 RFID 标签能够永久存储一定大小数据的特点[1]，在定位过程中能够记录被标签物体的相关信息，将这些信息提前离线存储在数据库中。在定位时，不仅可以得到坐标式的定位结果，还可以获得基于定位场景的直观的定位描述。例如，坐标 (x, y) 为沙发附近，坐标 (x', y') 为书桌附近。

7.3 基于 Wi-Fi 和 RFID 数据融合的室内定位算法

7.3.1 基于奇异值判定的卡尔曼滤波器

在高噪声均值且噪声变化幅度较大的室内环境中，目前的室内定位算法对接收信号的降噪处理效果不理想，定位误差较大，定位精度不高。卡尔曼滤波器[2]是一种解决离散数据线性滤波问题的递归优化方法。基于标准卡尔曼滤波器对接收信号进行优化，可在一定程度上减少室内噪声对定位精度的影响。但是由于缺乏对室内环境各噪声均值的细致区分，因此对于人流量大、结构复杂、很少出现很低或很高噪声均值的室内环境，基于标准卡尔曼滤波器的定位算法性能仍不够理想，定位精度存在进一步提升的空间。基于 RSSI 的定位关键是对距离的测量，而 RSSI 测距容易受到干扰噪声的影响，实验结果表明[3]，利用卡尔曼滤波器能够优化 RSSI 值，提高定位精度和稳定性。然而，随着迭代次数的增加，卡尔曼滤波器的累积误差（Accumulative Error）效应也不断递增，对定位精度造成负面影响，尤其是在人员众多且活动频繁的室内环境当中，标准卡尔曼滤波器的优化效果已不理想，接收到的 RSSI 值较大地偏离了实际值。

如图 7.2 所示，我们对同一 150 Mbps 的无线 Wi-Fi 路由在不同情况下的 RSSI 值做了两组共 6 次实验，第一组的信号接收端和 Wi-Fi 路由端之间没有障碍物，第二组的信号接收端和 Wi-Fi 路由端之间有障碍物阻挡，且障碍物是人。在图 7.2（a）中，空心方块、空心圆形和空心菱形分别表示距离同一 Wi-Fi 路由 1 m、5 m 和 10 m 的情况下并且中间没有障碍物阻挡时的 RSSI 值，可以看出，随着距离的增加，RSSI 的绝对值也在增加，且波动幅度越来越大，波动频率也越来越大，这反映的是第一组实验的情况；相反地，实心方块、实心圆形和实心菱形分别表示距离同一 Wi-Fi 路由 1 m、5 m 和 10 m 的情况下并且中间有人阻挡时的 RSSI 值，可以看出，随着距离的增加，RSSI 的绝对值也在增加，且波动幅度越来越大，波动频率也越来越大，这反映的是第二组实验的情况。从图 7.2（a）中可以看出，Wi-Fi 信号接收端距离 Wi-Fi 路由器越远，RSSI 值的变化幅度也越大越不稳定，当信号传播途径中有人作为障碍物阻挡时，相比于无障碍物的情况下，RSSI 会出现明显的失真情况，同时 RSSI 值的变化幅度变得更大也更不稳定。从图 7.2（b）的箱线图可以看出，RSSI 的绝对值最小，波动变化最小最稳定，方差也最小的是距离 Wi-Fi 路由 1 m 且没有障碍物阻挡的情形，RSSI 的绝对值最大，波动最大且方差也最大的是距离 Wi-Fi 路由 10 m 且有人作为障碍物阻挡在信号传播途径的情形。本实验证明了人体作为室内定位场景下的障碍物，会使得 Wi-Fi 信号出现失真的情况，且距离 Wi-Fi 路由越远，失真情况也越严重。

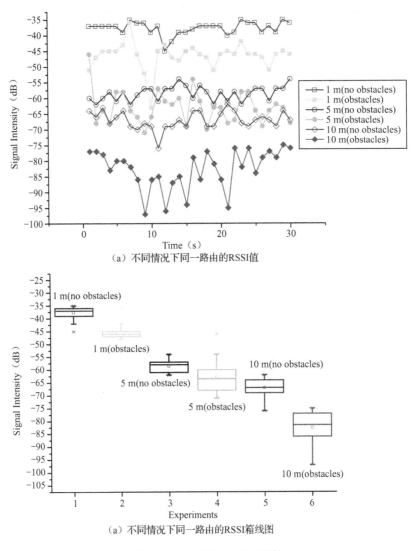

（a）不同情况下同一路由的RSSI值

（a）不同情况下同一路由的RSSI箱线图

图 7.2　Wi-Fi 路由 RSSI 比较

　　本章提出的 KFASVJ 算法利用改进型卡尔曼滤波器的时间更新过程和状态更新过程的迭代来得到 RSSI 的优化值，从而便于得到更为精确的定位坐标。KFASVJ 算法的核心思想是根据矩阵论中的奇异值理论，在卡尔曼滤波器的自循环过程中设置奇异值判定过程，并结合经验阈值选择性地在卡尔曼滤波器第 k 次自循环中将残余的增益置零，使第 k 次的自循环跳空，利用卡尔曼滤波器的惯性预测特性进行第 $k+1$ 次 RSSI 值的估算，减少累积误差的叠加。

　　减轻定位系统中非线性特性稍强或者噪声特性偏离高斯分布较大所带来的影响，从而优化了 RSSI 值。

KFASVJ 算法中的离散过程[4]可由下面的差分方程和观测方程来表示,其中 n 维状态变量 $\boldsymbol{X} \in R^m$, m 维观测变量 $\boldsymbol{\mu} \in R^m$。

差分方程:

$$X_k = AX_{k-1} + B\omega_{k-1} + \varepsilon_{k-1} \tag{7.6}$$

观测方程:

$$\mu_k = HX_k + \varphi_k \tag{7.7}$$

在式(7.6)和式(7.7)中,ε 和 φ 分别表示定位系统的过程激励噪声和观测噪声,都是期望为 0 的白噪声向量;A 为一个 $n \times n$ 阶增益方阵,将 $k-1$ 时刻的 RSSI 值和 k 时刻的 RSSI 值联系起来;B 为一个 $n \times l$ 阶控制增益矩阵,在实际定位系统中通常取零值;ω_{k-1} 为 l 维控制向量;H 表示状态变量 X_k 对观测变量 μ_k 的增益[5]。

这里定义 $\hat{X}'_k$ 为已知第 $k-1$ 步及以前的情况下,对第 k 步的先验状态估计,即对 RSSI 的一个先验估计值,$\hat{X}_k \in R^n$;$\hat{X}_k$ 为已知观测变量 μ_k 的第 k 步的后验状态估计值,即经过观测变量 μ_k 修正之后的 RSSI 的后验估计值,$\hat{X}_k \in R^n$。由此可得室内定位系统中 RSSI 值的计算公式

$$\hat{X}_k = \hat{X}'_k + K(\mu_k - H\hat{X}'_k) \tag{7.8}$$

式中,$\mu_k - H\hat{X}'_k$ 称为残余,若残余值为零时,则 $X'_k = \hat{X}'_k$,即后验 RSSI 估计值与先验 RSSI 估计值一致;K 为残余的增益矩阵。根据 RSSI 值先验状态误差 e_k 和后验状态误差 e'_k,可以分别得到它们的协方差 p'_k 和 p_k,则增益矩阵 K 的求解公式为

$$K_k = P'_k H^T (HP'_k H^T + R)^{-1} \tag{7.9}$$

式中,R 为观测噪声 φ 的协方差矩阵,这里设为常数。

KFASVJ 算法提出了对残余求最大奇异值的操作,即根据残余推测第 $k-1$ 次 RSSI 估计值和第 $k+1$ 次 RSSI 估计值的关系。残余越大表示两个估计 RSSI 值之间的差值越大[6],而残余各个奇异值共同衡量了这个差值的大小程度。标准卡尔曼滤波器的优化过程可以看成一个"惯性"的优化过程,两次迭代之间的估计 RSSI 值也遵循"惯性"的特点,差值不会突然变大。但由于累积误差的逐渐增加,估计计算的 RSSI 值会逐渐偏离实际值,会逐渐出现较大的残余奇异值。如果残余奇异值的最小值已经很大,此时所有的奇异值都会很大,说明此时的累积误差非常大,得到的 RSSI 值也将非常不准确,并严重影响定位精度,所以选取残余奇异值的最大值来参与判定过程,使估计 RSSI 值还能维持一定程度的准确性。每一次对增益矩阵 K 求解之前,都需参照一个经验阈值,对残余奇异值的最大值进行一次判定,根据不同的判定情况对增益矩阵 K 做出不同处理。经验阈值 ρ 的计算式为:

$$\rho = \sqrt{(1+\lambda)^2 + \delta^2} \tag{7.10}$$

若残余奇异值的最大值大于或等于经验阈值，则将增益矩阵 K 置零并进入第 $k+1$ 次自循环中，否则不对 Kalman 滤波器采取额外操作，λ 为测距误差阈值，δ 为定位系统误差阈值。

KFASVJ 算法的伪代码如下所示。

Input：the raw value of RSSI, A, B, H, n	
Output：the optimized value of RSSI	

```
01    For  （int k = 1, k<=n, k++)
02    Set  X̂'_k = AX̂_{k-1} + BW_{k-1}              /*B is a gain matrix, B= 0 */
03    Get  P'_k = AP_{k-1}A^T + Q                  /* begin a stage of time updating*/
04    Get  Z = μ_k - HX̂'_k
05    Set  ρ = √((1+λ)² + δ²)                      /* threshold */
06    If  （norm(Z) ≥ ρ）  Then                    /* compare the max singular value with the threshold */
07    Set K_k=0
08    Else
09    Set  K_k = P'_k H^T (HP'_k H^T + R)^{-1}
10    End If
11    Get  X̂_k = X̂'_k + K_k Z                      /* the stage of state updating */
12    Get  P_k = (I - K_k H)P'_k
13    End
```

由于 KFASVJ 算法的优化过程可看作对无线信号 RSSI 值的预测-判定-校正的循环迭代过程，其最优化自回归的循环流程如图 7.3 所示。

7.3.2　KILA 室内定位算法

KILA 融合了 Wi-Fi 和 RFID 定位信号，首先基于 KFASVJ 对无线信号的 RSSI 值进行优化，再利用三边测量算法进行距离测算，最终结合 Wi-Fi 信号和 RF 信号对 MO 进行综合位置的估算，得到一个较为精确的位置坐标。KILA 中基于 RFID 的定位部件既是对基于 Wi-Fi 的定位部件的优化，又是对 Wi-Fi 定位的补充。这主要得益于 RFID 标签可以灵活布置在室内任何位置，当 MO 接近 RFID 标签时可以配合 Wi-Fi 信号进行融合定位，从而提高定位精度。室内边角处容易出现定位盲区，RFID 标签的布置可增强定位系统的鲁棒性[7]。KILA 中的节点布置为：

- 在定位场景中，参考 RNST 算法[8]，Wi-Fi 节点呈近似等边三角形分布，而不采用规则的、均匀的网格状 AP 部署方式。
- 在对 MO 进行位置定位时，选取周围所有能构成等边三角形 Wi-Fi 节点组进行位置估算。
- 在定位环境的边角位置额外布置 RFID 标签，以避免出现定位盲区。
- 在人员可能大量聚集和流动的地方布置 RFID 标签，以提高 KILA 的定位精度。

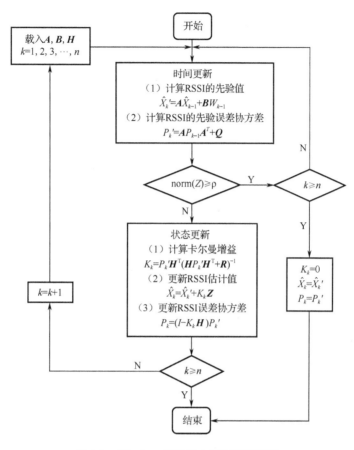

图 7.3　KFASVJ 算法的自回归循环流程

　　与其他的 Wi-Fi 节点布置方案相比，RNST 的缺陷在于：在 Wi-Fi 节点密度为 1.0 个/100 m²～3.2 个/100 m² 的环境中，定位精度得到了提高，但在节点密度大于 3.2 个/100 m² 的情况下，定位误差变大。KILA 通过将 Wi-Fi 节点密度控制在 1.0 个/100 m²～3.2 个/100 m² 的范围内并在室内固定物上配置 RFID 射频标签的方式，在继承了 RNST 算法的定位实时性好、定位时间开销较小，以及在噪声环境中拥有较高定位精度等优点的同时，克服了 RNST 的缺陷。

　　当 MO 进入室内环境后，KILA 会判断 MO 所处的网络覆盖环境，利用 Shadowing 模型进行距离测量：

$$d=10^{\frac{-(\mathrm{RSSI}_0+\mathrm{RSSI})}{10\alpha}} \tag{7.11}$$

式中，α 为路径损耗系数，具体取值是一个经验值；d 为 MO 和 AP 之间的距离；RSSI 为 MO 的接收信号强度；RSSI_0 为距离 AP 节点 1 m 处的信号强度值。

　　当 MO 只能接收到 Wi-Fi 信号时，假设一共能接收 n 个 Wi-Fi 节点的信号，以 3 个 MO 能接收到信号的 Wi-Fi 节点为一组，筛选出所有能组成近似等边三角形的 Wi-Fi 节点组，共有 n' 组。对所有 Wi-Fi 信号的 RSSI 值用 KFASVJ 算法进行优化，用三边测量的方法，分别根据符合等边三角形分布的 n' 组 Wi-Fi 节点和其他 $C_n^3 - n'$ 组 Wi-Fi 节点计算出估计坐标 (x_i', y_i') 和 (x_i, y_i)，然后对所有坐标求均值，得到定位坐标 (x, y)：

$$(x, \ y) = (1 / (n' + 1))((1 / (C_n^3 - n')) \sum(x_i, y_i) + \sum(x_i', y_i')) \tag{7.12}$$

当 MO 只能接收到 m 个 RFID 信号的时，则根据相应的 RSSI 值[9]，应用三边测量定位的方法对 MO 进行位置计算，得到坐标值 $(x_j, \ y_j)$，最后对求得的坐标值取平均值，得到定位坐标 $(x, \ y)$。

$$(x, \ y) = (1 / C_m^3) \sum(x_j, y_j) \tag{7.13}$$

当 MO 既能接收到 Wi-Fi 信号又能接收到 RFID 的信号时，根据 RFID 信号的 RSSI 值，用三边测量定位的方法对 MO 进行位置估算，得到基于 RFID 的位置估算坐标 $(x', \ y')$，再筛选出所有近似正三角形的 Wi-Fi 节点组，用 KFASVJ 算法优化其 RSSI 值并进行三边定位，得到基于 Wi-Fi 的位置估算坐标 $(x', \ y')$，然后将上述两个坐标取平均值，得到 MO 的定位坐标 $(x, \ y)$。

$$(x, \ y) = (1 / 2)((x', y') + (x'', y'')) \tag{7.14}$$

KILA 算法的伪代码如下所示。

Input：the RSSI of Wi-Fi signal（$RSSI_1$）, the RSSI of RFID signal（$RSSI_2$）, $RSSI_0$, α; the coordinate of APs, the distance between per pair of APs, Algorithm 1, Trilateration-based Positioning Algorithm（TPA）

Output：the coordinate of MO

```
01    Set n= num of the received RSSI₁s
02    Set m= num of the received RSSI₂s
03    Set n'=num of the sets of the equilateral triangle    /* a set is an equilateral triangle composed of three
      different Wi-Fi routers */
04    While （n+m>=3）
05      If （n>=3 && m==0）
06        Get all values of the RSSI'₁ by Algorithm 1    /* RSSI'₁ is the optimized RSSI₁ */
07        Get dᵢ = 10^((-(RSSI₀+RSSI'₁))/10α)               /*i = 1, 2, 3, 4...n. */
08        While （n'）
09          Get the coordinate (x'ᵢ, y'ᵢ) by TPA
10        End While
11        Get the coordinate (xᵢ, yᵢ) by TPA from the other C³ₙ - n' sets
12        Get （x, y) = (1 / n' + 1)((1 / (C³ₙ - n')) Σ(xᵢ, yᵢ) + Σ(x'ᵢ, y'ᵢ))
13      Else If （m>=3 && n==0）
14        Get all values of the RSSI'₂
15        Get dⱼ = 10^((-(RSSI₀+RSSI'₂))/10α)               /*j = 1, 2, 3, 4...m */
16        Get the coordinate (xⱼ, yⱼ) by TPA
17        Get （x, y) = (1/C³ₘ) Σ(xⱼ, yⱼ)
18      Else
```

19	Repeat 6 and 7
20	While （$n>=3$)
21	While （n')
22	Get the coordinate (x_i', y_i') by TPA
23	End While
24	Get the coordinate (x_i, y_i) by TPA from the other $C_n^3 - n'$ sets
25	End While
26	Get $(x', y') = (1/(n'+1))((1/(C_n^3 - n'))\sum(x_i, y_i) + \sum(x_i', y_i'))$
27	Repeat 14 and 15
28	While （$m>=3$)
29	Get the coordinate (x_j, y_j) by TPA
30	End While
31	Get $(x'', y'') = (1/C_m^3)\sum(x_j, y_j)$
32	Get
33	End If
34	End While

7.4 实验验证与性能分析

7.4.1 实验环境

本章构建的实验场景是一个 120 m×60 m 的矩形室内空间，如图 7.4 所示，其中圆点代表 Wi-Fi 接入点，共有 7 个，呈近似正三角形的方式分布；方块代表 RFID 标签，共有 30 个，随机分布在室内空间内；三角代表待定位的 MO，共有 100 个。

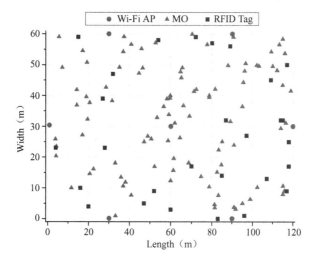

图 7.4　实验场景示意图

7.4.2 实验验证与分析

实验 1：在不同的噪声均值情况下，将 KILA 与基于 Taylor 的定位算法（Taylor-based Localization Algorithm，TLA）和基于卡尔曼滤波器的定位算法（Kalman Fliter-based Localization Algorithm，KFLA）进行实验对比。

如图 7.5 所示，实验选取[5 dB，100 dB]区间内的不同噪声均值的环境，以对应的均方根误差为依据，对三种算法的定位精度进行实验分析。

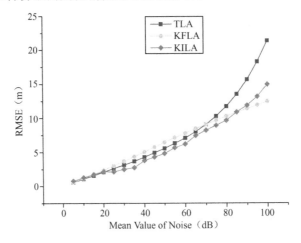

图 7.5　不同噪声均值下的均方根误差

从图 7.5 可以看出，噪声均值在区间[5 dB，20 dB]时三种算法的定位精度接近；噪声均值在区间[20 dB，85 dB]时，与 KFLA 和 TLA 相比，KILA 的定位精度较高，特别是噪声均值在区间[35 dB，65 dB]时，KILA 的定位精度性能明显优于其他两个算法，这主要得益于算法中的奇异值判定过程，减缓了累积误差效应的影响，且与 RFID 的融合进一步优化了定位效果；当噪声均值在区间[70 dB，85 dB]时，KILA 与 KFLA 的定位精度均有一定程度的下降，此时 TLA 的定位精度大幅下降；当噪声均值大于 85 dB 时，KILA 的定位精度虽然比 TLA 高，但其本身定位精度大幅下降，这主要是因为在高噪声均值环境下，卡尔曼滤波器的累积误差会迅速达到 KILA 中设定的阈值，导致"过度优化"的现象，反而会降低定位精度。总之，在不大于 85 dB 的噪声均值下，KILA 的定位精度比 KFLA 和 TLA 更高，特别是在[35 dB，65 dB]的中噪声均值区间，KILA 定位精度提升明显，分别比 KFLA 和 TLA 提高了 28%和 16%左右，表明 KILA 在中噪声均值的室内环境中，依然能够拥有较高的定位精度。

实验 2：在低幅度噪声变化、中幅度噪声变化和高幅度噪声变化环境中，MO 由实验场景内不规则移动时，KILA、KFLA 和 TLA 的 MO 估计轨迹与 MO 真实轨迹的拟合情况。

如图 7.6（a）所示，在噪声标准差为 1 dB 时，此时噪声变化幅度不大，定位环境较为稳定，KILA、KFLA 和 TLA 所对应的 MO 估计轨迹和 MO 真实轨迹均相差不大且波动幅度较小。图 7.6（b）为噪声标准差为 3 dB 时的 MO 轨迹图，较大的噪声变化幅度使得定位环境较不稳定，KILA、KFLA 和 TLA 的 MO 估计轨迹与真实轨迹之间偏差变大，其中 TLA 的 MO 估计轨迹波动最大且定位稳定性最差，KILA 和 KFLA 的 MO 估计轨迹相近，定位稳定程度相仿，均优于 TLA。图 7.6（c）为噪声标准差为 5 dB 时的 MO 轨迹图，噪声变化幅度进一步增加，使得定位环境更为恶化，KILA 和 KFLA 的 MO 估计轨迹与真实轨迹之间偏差也进一步增大，而 TLA 的 MO 估计轨迹已远离 MO 真实轨迹，且波动很大，定位稳定性很低；在 KILA 和 KFLA 之间，KILA 算法所对应的轨迹波动变化程度低于 KFLA，可见 KILA 的抗噪声骤变能力更强，定位稳定性更高。可见，在中、高幅度噪声变化环境中，KILA 的稳定性较好，表明 KILA 的奇异值判定机制能够优化累积噪声对定位所带来的影响；又因为 RFID 的通信距离短，并且在有噪声变化的环境中，RFID 信号所受到的影响比 Wi-Fi 信号要小，在与 Wi-Fi 融合定位时可以进一步优化定位精度，抗噪声骤变能力强，定位稳定性好，适合人员活动频繁，人流量较大的室内场景。

实验 3：KILA，KFLA 和 TLA 的时间开销对比。

如图 7.6（d）所示，KILA 和 KFLA 的时间开销相近，且均明显小于 TLA。KFLA 中的卡尔曼滤波器存在自循环优化的机制，但是计算并不复杂，时间开销不高；而 KILA 中的奇异值判定机制将某些奇异值状态下的循环过程提前结束，进一步减少了计算量，虽然与 RFID 的融合定位增加了 KILA 的计算量，但增加的计算量较小。TLA 的时间复杂度为 $O(n^2)$，KILA 和 KFLA 的时间复杂度均为 $O(n)$。

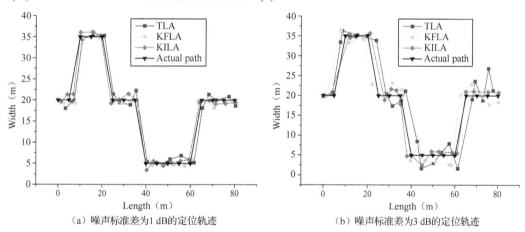

（a）噪声标准差为1 dB的定位轨迹　　　　　（b）噪声标准差为3 dB的定位轨迹

图 7.6　定位性能比较

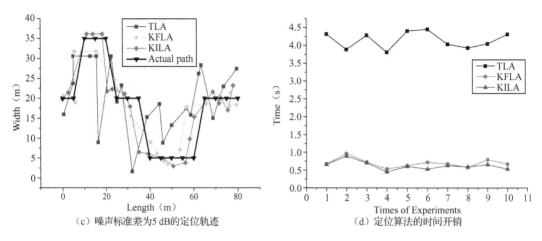

（c）噪声标准差为5 dB的定位轨迹   （d）定位算法的时间开销

图7.6　定位性能比较（续）

7.5　本章小结

本章提出了一种针对人员活动频繁的大型室内场景的定位算法 KILA，KILA 利用奇异值判定机制，利用 KFASVJ 对室内噪声，特别是人体对无线信号造成的噪声进行优化处理，将 Wi-Fi 与 RFID 按需部署并进行有机地融合定位，在中噪声均值的室内定位环境中展现出较高的定位精度。KILA 具有抗噪声能力强、定位稳定性好、时间开销较低等优点。

参考文献

[1] Zampella F, Antonio R J R, Seco F. Robust indoor positioning fusing PDR and RF technologies: The RFID and UWB case[C]// International Conference on Indoor Positioning and Indoor Navigation, Montbeliard-Belfort: IEEE, 2014:1-10.

[2] Qian J, Fang B, Yang W, et al. Accurate Tilt Sensing With Linear Model[J]. IEEE Sensors Journal, 2011, 11(10):2301-2309.

[3] Gupta S K, Wilson R E. Low cost infrastructure free form of indoor positioning[C]// International Conference on Indoor Positioning and Indoor Navigationk, Busan: IEEE, 2014:11-18.

[4] Madsen K, Nielsen H.B, Tingleff O, Methods for non-linear least squares problems[M]. Informatics and Mathematical Modelling Technical University of Denmark, 2004.

[5] Lafferty, John D, McCallum, et al. Conditional Random Fields: Probabilistic Models for Segmenting and Labeling Sequence Data[M]// Departmental Papers (CIS). 2001.

[6] 李航. 统计学习方法[M]. 北京：清华大学出版社，2012.

[7] Liu K, Liu X, Li X. Guoguo:enabling fine-grained indoor localization via smartphone[C]// Proceeding of the, International Conference on Mobile Systems, Applications, and Services, Taipei, Taiwan: ACM, 2013:235-248.

[8] Want R, Hopper A, Gibbons J. The active badge location system[J]. Acm Transactions on Information Systems, 1992, 10(1):91-102.

[9] Barshan B, Kuc R. A bat-like sonar system for obstacle localization[J]. IEEE Transactions on Systems Man & Cybernetics, 1992, 22(4):636-646.

[10] Priyantha N B, Chakraborty A, Balakrishnan H. The cricket location-support system[C]//Proc of the 6th Annual International Conference on Mobile Computing and Networking, New York, NY: ACM, 2000: 32-43.

[11] Orr R J, Abowd G D. The smart floor: a mechanism for natural user identification and tracking [C]//Proc of the Conference on Human Factors in Computing System, Hague, Netherlands: 2000: 275-276.

[12] Krumm J, Harris S, Meyers B, et al. Multi-camera multi-person tracking for easyliving [C]// Proc of the 3rd IEEE International Workshop on Visual Surveillance, Dublin, Ireland: IEEE, 2000: 3-10.

[13] Bahl P, Padmanabhan V N. RADAR: An in-building RF-based user location and tracking system[C]//INFOCOM 2000. Proc of the 19th Annual Joint Conference of the IEEE Computer and Communications Societies, Tel, Aviv: IEEE, 2000, 2: 775-784.

[14] Gwon Y, Jain R, Kawahara T. Robust indoor location estimation of stationary and mobile users[C]//INFOCOM 2004. Proc of the 23th Annual Joint Conference of the IEEE Computer and Communications Societies, IEEE, 2004, 2: 1032-1043.

[15] Hightower J, Want R, Borriello G. SpotON: an indoor 3D location sensing technology based on RF signal strength [R]. Seattle, WA: University of Washington, Department of Computer Science and Engineering, 2000, 1.

[16] Fan B, Leng S.P, Liu Q. GPS: A method for data sharing in Mobile Social Networks [C]. // Proceedings of Networking Conference, 2014 IFIP. Trondheim, 2014: 1-9.

[17] Huang J.Y, Tsai C.H. Improve GPS positioning accuracy with context awareness [C]. // Proceedings of 2008 First IEEE International Conference on Ubi-Media Computing. Lanzhou, 2008: 94-99.

[18] Binjammaz T, Al-Bayatti A, Al-Hargan A. GPS integrity monitoring for an intelligent transport system [C]// Proceedings of 2013 10th Workshop on Positioning Navigation and Communication. Dresden, 2013: 1-6.

第
7
章

[19] 卢恒惠，刘兴川，张超，等. 基于三角形与指纹识别算法的 Wi-Fi 定位比较[J]. 移动通信，2010, (10): 72-75.

[20] Idris A.N, Suldi A.M, Hamid, J.R.A, et al. Effect of radio frequency interference（RFI）on the Global Positioning System （GPS） signals [C]// Proceedings of 2013 IEEE 9th International Colloquium on Signal Processing and its Applications. Kuala Lumpur, 2013: 199-204.

[21] 生丽. 基于 GPS 的室内无线定位系统研究[D]. 上海：华东师范大学，2012.

[22] Mosavi M.R. Use of Accurate GPS Timing Based on Radial Basis Probabilistic Neural Network in Electric Systems [C]// Proceedings of 2010 International Conference on Electrical and Control Engineering. Wuhan, 2010: 2572-2575.

[23] Drawil N. M, Amar H. M, and Basir O. A. GPS localization accuracy classification: a context-based approach [J]. IEEE Transactions on Intelligent Transportation Systems. 2013, 14(1): 262-273.

[24] Zhu G.W, Hu J.H. Distributed network localization using angle-of-arrival information Part I: Continuous-time protocol [C]// Proceedings of American Control Conference. Washington, DC, 2013: 1000-1005.

[25] Hwang S.S, Kwon G.R, Pyun J.Y, et al. AOA selection algorithm for multiple GPS signals [C]. // Proceedings of 2013 Asilomar Conference on Singals, Systems and Computers. Pacific Grove, CA, 2013: 481-485.

[26] Huang B.Q, Xie L.H, Yang Z. Analysis of TOA localization with heteroscedastic noises [C]// Proceedings of 2014 33rd Chinese Control Conference. Nanjing, 2014: 327-332.

[27] Sharp I, Yu K. Indoor TOA Error Measurement, Modeling, and Analysis [J].IEEE Transactions on Instrumentation and Measurement. 2014, 63(9): 2129-2144.

[28] Shikur B.Y, Weber T. TDOA/AOD/AOA localization in NLOS environments [C]// Proceedings of 2014 IEEE International Conference on Acoustics, Speech and Signal Processing. Florence, 2014: 6518-6222.

[29] Hara S, Anzai D, Yabu T, et al. A Perturbation Analysis on the Performance of TOA and TDOA Localization in Mixed LOS/NLOS Environments [J]. IEEE Transactions on Communications. 2013, 61(2): 679-689.

第 **8** 章
IMU 多源定位

8.1 问题分析

随着微电子技术和无线传感器技术的不断发展，以及便携智能移动终端的广泛普及，市面上出现的智能手机、平板电脑等都集成了越来越多的各式各样的微型传感器，我们称之为微型机电系统（Micro Electron Mechanical System，MEMS）。微型机电系统中常见的传感器有三轴加速度传感器、三轴陀螺仪、三轴磁力计、可见光传感器、距离传感器、Wi-Fi模块、BLE 模块等，因此，这些智能移动终端也具备了越来越强大的计算能力和感应感知能力[10]。其中，三轴加速度传感器和三轴陀螺仪因其自身特点，分别用来感知智能终端的加速度特征和欧拉角特征，因此它们被统称为惯性测量单元（Inertial Measurement Unit，IMU）。

在加速度传感器中有一种是三轴加速度传感器，它是基于加速度的基本原理实现工作的。加速度是个空间矢量，一方面，要准确了解物体的运动状态，必须测得其三个坐标轴上的分量[11]；另一方面，在预先不知道物体运动方向的场合下，只有应用三轴加速度传感器来检测加速度信号。由于三轴加速度传感器也是基于重力原理的，因此用三轴加速度传感器可以实现双轴正负 90°或双轴 0～360°的倾角，通过校正后的精度要高于双轴加速度传感器，大于测量角度为 60°情况[12]。

三轴加速度传感器具有体积小和重量轻的特点，如图 8.1 所示，可以测量空间加速度，能够全面、准确地反映物体的运动性质，在航空航天、机器人、汽车和医学等领域得到广泛的应用[13]。

目前的三轴加速度传感器大多采用压阻式、压电式和电容式的工作原理，产生的加速度正比于电阻、电压和电容的变化，通过相应的放大和滤波电路进行加速度的采集[14]。它和普通的加速度传感器是基于同样的原理的，所以采用一定的技术，三个单轴可以变成一个三轴。对于多数的传感器应用来看，两轴加速度传感器已经能满足

图 8.1　三轴加速度传感器

多数应用，但是有些方面的应用还是采用三轴加速度传感器，例如在数采设备[15]、贵重资产监测、碰撞监测、测量建筑物振动、风机、风力涡轮机和其他敏感的大型结构振动。

　　三轴加速度传感器的好处是在预先不知道物体运动方向的场合下，可以应用三维加速度传感器来检测加速度信号。三维加速度传感器具有体积小、重量轻等特点，可以测量空间加速度，能够全面、准确地反映物体的运动性质[16]。

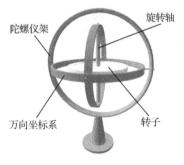

陀螺仪架　　　　旋转轴

万向坐标系　　　　转子

图 8.2　三轴陀螺仪

　　三轴陀螺仪（见图 8.2）最大的作用就是测量角速度，以判别物体的运动状态，所以也称为运动传感器。换句话说，这东西可以让设备知道自己"在哪儿和去哪儿"。惯性测量单元是测量物体三轴姿态角（或角速率）及加速度的装置，一个 IMU 一般包含三个单轴的加速度计和三个单轴的陀螺，加速度计检测物体在载体坐标系统独立三轴的加速度信号；而陀螺检测载体相对于导航坐标系的角速度信号，测量物体在三维空间中的角速度和加速度，并以此解算出物体的姿态，在导航中用着很重要的应用价值。为了提高可靠性，还可以为每个轴配备更多的传感器，IMU 一般要安装在被测物体的重心上。

　　IMU 大多用在需要进行运动控制的设备，如汽车和机器人上，也常用在需要用姿态进行精密位移推算的场合，如潜艇、飞机、导弹和航天器的惯性导航设备等。利用三轴地磁解耦和三轴加速度计受外力加速度影响很大，在运动/振动等环境中，输出方向角误差较大，此外地磁传感器有缺点，它的绝对参照物是地磁场的磁力线，地磁的特点是使用范围大，但强度较低，约零点几高斯，非常容易受到其他磁体的干扰。如果融合了 Z 轴陀螺仪的瞬时角度，就可以使系统数据更加稳定。加速度测量的是重力方向，在无外力加速度的情况下，能准确输出 ROLL/PITCH 两轴姿态角度，并且此角度不会有累积误差，在很长的时间尺度内都是准确的。但是加速度传感器测角度的缺点是加速度传感器实际上是用 MEMS 技术检测惯性力造成的微小形变[17]，而惯性力与重力本质是一样的，所以加速度计就不会区分重力加速度与外力加速度，当系统在三维空间做变速运动时，它的输出就不正确了。

　　陀螺仪的输出角速度是瞬时量，角速度不能直接在姿态平衡上使用，需要角速度与时间积分计算角度，将得到的角度变化量与初始角度相加即可得到目标角度，其中积分时间越小，输出角度越精确。但陀螺仪的原理决定了它的测量基准是自身，并没有系统外的绝对参照物，加上积分时间不可能无限小，所以积分的累积误差会随着时间迅速增加，最终导致输出角度与实际不符，所以陀螺仪只能工作在相对较短的时间内。

　　惯性测量装置 IMU 属于捷联式惯导，如图 8.3 所示，该系统由两个加速度传感器与三个速度传感器（陀螺）组成，加速度计用来感受物体相对于地垂线的加速度分量；速度传感器用来感受物体的角度信息，该子部件主要由两个 A/D 转换器 AD7716BS

图 8.3　IMU 装置

与 64 KB 的 E/EPROM 存储器 X25650 构成，A/D 转换器将 IMU 各传感器的模拟变量转换为数字信息后经过 CPU 计算后输出物体俯仰角度、倾斜角度与侧滑角度，E/EPROM 存储器主要存储 IMU 各传感器的线性曲线图与 IMU 各传感器的件号及序号，部品在刚开机时，图像处理单元读取 E/EPROM 内的线性曲线参数为后续角度计算提供初始信息。

微型机电系统的发展使得智能手机、平板电脑在实现常规通信功能之余，也能集成微型的加速度计[18]、陀螺仪和磁力计，虽然不如船舶、车辆上所配备的传感器精密，但是对于个人定位而言，能起到很好的位置感知的作用，通过相应的校正技术，在短时间内，能得到较为准确的定位信息[19]。

本章将从分析 IMU 中的传感器数据开始，提出适用于 IMU 的粒子群优化算法，最终通过室内定位的实验验证。

在定位领域中，基于 GPS 的定位技术已发展得比较成熟，能够较为准确地确定人和物在室外的位置。但是随着城市化的加速发展，人群的聚集地是高楼大厦和钢筋水泥的密集处。据调查显示，人们的日常活动有 80% 是在室内进行的，而基于卫星信号的 GPS 定位在钢筋水泥的建筑物内的定位效果很差，由于卫星信号衰落严重，位置定位误差极大，无法提供精确的室内位置服务。现有的室内定位策略主要包括：

（1）指纹定位法，如 Wi-Fi 指纹定位、BLE 指纹定位等[20]；

（2）高精度传感器定位法，如 UWB 定位，激光定位等；

（3）基于 IMU 与其他定位方式融合的室内定位方法，如基于 IMU 和 BLE 指纹定位的融合定位方式等。

蓝牙低能耗（BLE）技术是低成本、短距离、可互操作的鲁棒性无线技术，工作在免许可的 2.4 GHz ISM 射频频段。它从一开始就设计为超低功耗（ULP）无线技术，它利用许多智能手段最大限度地降低功耗。蓝牙低能耗技术采用可变连接时间间隔，这个间隔根据具体应用可以设置为几毫秒到几秒不等[21]。另外，因为 BLE 技术采用非常快速的连接方式，因此平时可以处于"非连接"状态（节省能源），此时链路两端相互间只是知晓对方，只有在必要时才开启链路，然后在尽可能短的时间内关闭链路。

BLE 技术的工作模式非常适合用于从微型无线传感器（每半秒交换一次数据）或使用完全异步通信的遥控器等其他外设传送数据。这些设备发送的数据量非常少（通常只有几个字节），而且发送次数也很少（如从每秒几次到每分钟一次，甚至更少），还可以结合高精度传感器定位法，如 UWB 定位、激光定位等[22]。

基于 IMU（惯性测量装置）与其他定位方式融合的室内定位方法中，如基于 IMU 和 BLE（蓝牙技术）指纹定位的融合定位方式等，基于 IMU 的定位方法只需要一台智能移动终端，无需任何其他基础设备（如 Wi-Fi 路由器、BLE 信号发射器等）就可以进行位置定位。但是，对于基于 IMU 的定位方法而言，受限于集成的微传感器本身，随着定位时间的不断增加或其他大功率电子设备的干扰（如电梯、机房服务器等），累积定位误差也将不断增加，最终会严重影响定位精度，所以基于 IMU 的定位方法往往会与其他定位方式进行融合，从而实现更高精度的室内定位[23]。

基于 IMU 的 PDR 算法可以进行室内定位，PDR 算法的第一步是使用加速度计精确检测脚步。这个过程的基本原理是，智能手机在行人的腰带后部无论如何放置，都能自动发现垂直主轴；然后，将加速度测量数据与第一个参考阈值对比，参考阈值将根据不同的运动类型自动更新，因此，加速度计可以准确计算行人步行、跑步和上下楼梯时的步数。

第二步是当 GPS 信号很强时校准步长[24]。智能手机计算行人的平均步长的方法是，用从 GPS 开始测量起经过的距离除以上面的计步器算法得出的步数。行人的所有的运动类型，如慢走、快走、慢跑、快跑、上下楼梯等，都需要执行步长校准步骤，不同的行人有不同的运动方式，因此，PDR 与用户有关，所有的行人都需要一个自动校准或自我训练的步长估算算法[25]。

第三步是整合加速度计、陀螺仪、磁力计和 GPS 接收器的数据求解精确的前进信息。在估算完步长后，求解航位推测应用的另一个关键参数——以地球北极为参考点的绝对前进方向。在一个无磁场干扰的环境内，用加速度计和磁力计测量结果产生的倾斜度修正的数字罗盘能够提供以地球北极为参照点的精确的前进方向。

在进入建筑物前，GPS 定位信息能够根据位置检索倾斜角[26]，然后把罗盘提供的前进方向数据转化成地理前进方向信息。如果周围环境没有干扰磁场，可以利用磁力计的测量数值提取前进方向信息；如果发现干扰磁场，陀螺仪将接替磁力计的工作，在上一次无干扰的罗盘前进信号输出基础上提供连续的前进信息输出[27]。一旦发现外界磁场干扰消失，陀螺仪将立即停止运行，罗盘将接替陀螺仪恢复运转，这个过程被称为陀螺仪辅助数字罗盘。当智能手机处于静止状态时，加速度计就会让陀螺仪定期更新零角速率电平以备将来使用。

第四步是从压力传感器和 GPS 接收器获得精确的高度信息。当行人在购物中心乘坐电梯或上下楼梯时，压力传感器会更新数字地图，显示行人当前所在楼层。压力传感器还能利用卡尔曼滤波器滤除加速度计的 Z 轴漂移[28]。

第五步是开发卡尔曼滤波算法，合并 10-D 传感器模组数据与 GPS 数据。所有的 GPS 接收器都有 1 个 pps（脉冲/秒）输出信号，使 GPS 与传感器的数据传输同步，传感器的采样速率可以更快，如 50 Hz 或 100 Hz。当能够收到 GPS 卫星信号时，卡尔曼滤波器将使用 GPS 输出数据计算导航信息；相反，当 GPS 卫星信号被屏蔽时，则使用航位推测算法输出的数据，当 GPS 信号恢复时，该滤波器还能估算需要修正的传感器误差。

最后一步是在智能手机上测试 PDR 的性能。对于消费电子产品，5%的行进距离误差通常是可以接受的。例如，当一个人在室内走过 100 m 的距离时，定位误差应该在 5 m 范围内[1]。

PDR 算法源于导航应用中的 DR 算法。航位推算最初应用在船舶、飞机、车辆等室外交通工具中，这些交通工具配备了高精度的三轴加速度计、陀螺仪和磁力传感器，通过加速度的二次积分，结合陀螺仪和磁罗盘的方向判断，从而计算出相对位移，确定位置信息。基于 IMU 的航位推算算法可以实现对移动目标的定位和跟踪，在室外环境下，融合 GPS

技术；在室内环境下，融合 Wi-Fi 定位或其他无线定位技术，这样就可以分别实现室内外环境下，对移动目标的定位和轨迹跟踪[2]。

根据设备固定方式的不同，基于 IMU 的定位可分为捷联式和非捷联式两种。这里，捷联就是指将定位设备和移动物体固定在一起，捷联式惯性导航系统在工作时不依赖外界信息，也不向外界辐射能量，不易受到干扰破坏，是一种自主式导航系统。捷联式惯性导航系统与平台式惯性导航系统比较有两个主要的区别。

① 省去了惯性平台，陀螺仪和加速度计直接安装在飞行器上[3]，使系统体积小、重量轻、成本低、维护方便。但陀螺仪和加速度计直接承受飞行器的振动、冲击和角运动，因而会产生附加的动态误差。这对陀螺仪和加速度计就有更高的要求。

② 需要用计算机对加速度计测得的飞行器加速度信号进行坐标变换，再进行导航计算得出需要的导航参数（航向、地速、航行距离和地理位置等）。这种系统需要进行坐标变换，而且必须进行实时计算，因而要求计算机具有很高的运算速度和较大的容量[4]。

非捷联即定位设备和移动物体不固定在一起，捷联式的定位方法往往需要将定位设备固定在移动物体的指定位置，往往在达到较好的定位效果的同时也多了一些限制，因此捷联式的定位方法广泛应用于飞机、船舶或特种作业人员的定位与导航的应用之中。非捷联式的航位推算不需要将定位设备固定在移动物体的指定位置，通常应用于生活场景下的移动智能终端，如使用智能移动终端进行室内定位等，更具有普适性。对于行人的定位和追踪而言[5]，捷联式的行人定位应用于特种作业的工作人员，例如，将特定的定位设备固定在消防员的腰部进行火场定位；将特定的定位设备固定在地下矿井工作人员的小腿部进行定位等。但是，在大众的日常生活，特别是在室内环境下，行人的运动轨迹具有高度的自由性和不确定性，无法要求大众把智能终端统一地固定在身体的某一部位。尽管具有更高的定位精度[6]，但捷联式的行人定位对于大众而言，暂时无法普及。因此，对于室内定位以及室内外无缝定位的应用领域中，非捷联式的航位推算则更加适合。基于 IMU 的非捷联式定位的最大特点就是无须任何诸如 Wi-Fi 路由的基础设备，仅通过集成于智能移动终端中的 IMU 即可实现行人的位置推算。

8.2 行人定位识别场景分析

在本章的以下小节中，我们讨论的都是非捷联式的定位方法。本节将对智能终端中的一些传感器数据进行分析和建模，进而对行人的定位姿态进行判断和识别。行人的定位识别分为两个部分：

● 行人的步态识别，即确认行人的行走识别和行人前进的方向；
● 行人的步长识别，即确认行人的前进距离。

由于在实际定位过程中，智能终端通常是被行人手持进行各种基于位置的应用，而不同的人在不同的情境下手持终端的姿态也不尽相同[7]。因此，在对行人的步态和步长进行识别之前，还需要对智能终端与行人之间相对姿态进行校准。

8.2.1　相对姿态校准

在利用 IMU 进行室内定位之前，先要确定智能终端的相对姿态，再利用旋转矩阵，将不同姿态下的智能终端所采集到的三轴传感器数据匹配计算到行人自身所在的三维空间中。我们所生活的空间可以用三个互相正交的轴表示，即人们常说的三维空间。在利用智能终端进行定位时，由于不能将终端的位置固定，所以终端传感器所在的三轴是一直变化的。如图 8.4 所示，X、Y 和 Z 这三个轴代表行人的所处空间的三轴，由于 Z 轴的负方向是永远指向地球地心的[8]，从行人定位的微观上而言，可以理解为 X 轴与 Y 轴的平面平行于地面，Z 轴垂直于地面，即垂直于 X 轴和 Y 轴所组成的平面。X'轴，Y'轴和 Z'轴这三个轴代表智能终端自身的三个方位轴，其中 Z'轴始终垂直于终端显示屏，X'轴与 Y'轴所组成的平面平行于终端显示屏。从图 8.4 中可以看出，对于终端的不同姿态，终端的三轴与行人的三轴存在着不同的夹角，这个夹角与终端本身的姿态有关。在行人定位过程中，在同一楼层的前提下，其实就是对 X 轴与 Y 轴的平面进行位置定位，如果能够根据终端的欧拉角来确定终端的不同姿态，就能实现对终端不同姿态的数学描述，从而为基于 IMU 的行人定位打下基础。

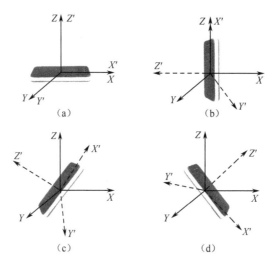

图 8.4　智能移动终端坐标系与行人坐标系

欧拉角主要由俯仰角（Pitch）、翻滚角（Roll）、旋转角（Yaw）构成，它们通常用来描述物体在惯性空间中的相对姿态，其中，俯仰角和翻滚角通常由三轴加速度计计算而得，旋转角通常根据陀螺仪或三轴磁力计确定。结合图 8.4，在图 8.5 所示的坐标系中，俯仰角表示了 X' 轴相对于 XOY 平面的相对位置（XOY 平面即定位场景中平行于地面的二维平面），即表示了物体绕 Y 轴的旋转程度，若 X'轴在 XOY 平面的上方，则表示俯仰角为正，反之为负；翻滚角表示 Y'轴相对于 XOY 平面的相对位置，即表示了物体绕 X 轴的旋转程度，若 Y'轴在 XOY 平面的上方，则表示翻滚角为正，反之为负；旋转角表示了物体绕 Z 轴的旋转程度。

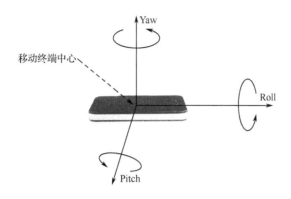

图 8.5　智能移动终端的欧拉角

　　因为智能移动终端中的三轴加速度计和三轴磁力计的三轴坐标系是建立在终端上的，所以终端所在的坐标系（记为坐标系 T）和定位坐标系（近地坐标系，记为坐标系 G）的夹角会随着终端姿态的变化而变化。对于三轴磁力计而言[9]，移动终端的东、南、西、北的朝向的改变会让其与坐标系 G 的夹角也发生变化，如图 8.6 所示，实验是在同一平面上进行的，将终端水平放在桌面上，仅仅使终端的朝向（这里指听筒位置的朝向）发生了变化。

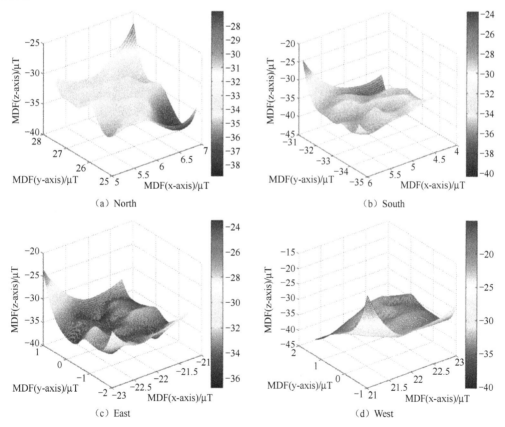

图 8.6　三轴磁力计在不同朝向时的坐标系

　　因此只观察 X 轴和 Y 轴的变化情况即可，从图 8.6（a）中可以看出，当且仅当终端的

X'轴指向正北方向时，T坐标系的 X' 轴和 Y' 轴分别与 G 坐标系的 X 轴和 Y 轴重合，与南向夹角 180°，与东向夹角 90° [10]，与西向夹角 270°。下面以三轴加速度计为例，计算坐标系 T 和 G 之间的欧拉角。

不妨设俯仰角为 P、翻滚角为 Q、旋转角为 Y，O_x、O_y、O_z 分别为三轴加速度传感器 X、Y 和 Z 轴的加速度值。当终端静止时，三轴加速度计的矢量和为

$$g = \sqrt{O_x^2 + O_y^2 + O_z^2} \qquad (8.1)$$

式中，g 表示重力加速度。

俯仰角 P 为

$$P = \arctan(Q_y / \sqrt{O_x^2 + O_z^2}) \qquad (8.2)$$

翻滚角 Q 为

$$Q = \arctan(Q_x / \sqrt{O_y^2 + O_z^2}) \qquad (8.3)$$

在矩阵论中，旋转矩阵（Rotation Matrix，RM）是一个模为 1 且具有唯一的实特征值的矩阵。当 RM 应用在向量的乘法中时，可以改变一个向量方向的同时却不改变该向量的大小。也就是说，利用 RM 就可以改变 T 坐标系的方向[11]，使之与 G 坐标系的夹角为 0°，同时又能保留 T 坐标系中三个方向的值的大小。

不妨设 T 坐标系的 X' 轴与 G 坐标系的 X 轴、Y 轴、Z 轴之间的夹角分别为 $r_{x'x}$、$r_{x'y}$、$r_{x'z}$。同理，Y' 轴与 G 坐标系三个轴之间的夹角分别为 $r_{y'x}$、$r_{y'y}$、$r_{y'z}$，Z' 轴与 G 坐标系三个轴之间的夹角分别为 $r_{z'x}$、$r_{z'y}$、$r_{z'z}$。设点 $W(x', y', z')$ 是 T 坐标系上一点，对应地，点 W 在 G 坐标系上的坐标为 (x, y, z)，有

$$\begin{aligned}
x &= x' \cos r_{x'x} + y' \cos r_{x'y} + z' \cos r_{x'z} \\
y &= x' \cos r_{y'x} + y' \cos r_{y'y} + z' \cos r_{y'z} \\
z &= x' \cos r_{z'x} + y' \cos r_{z'y} + z' \cos r_{z'z}
\end{aligned} \qquad (8.4)$$

由式（8.4）变形可得

$$(x, y, z)^{\mathrm{T}} = \boldsymbol{R}(x', y', z')^{\mathrm{T}} \qquad (8.5)$$

式中，$\boldsymbol{R}$ 是旋转矩阵，可以表示为

$$\boldsymbol{R} = \begin{pmatrix} \cos r_{x'x} & \cos r_{x'y} & \cos r_{x'z} \\ \cos r_{y'x} & \cos r_{y'y} & \cos r_{y'z} \\ \cos r_{z'x} & \cos r_{z'y} & \cos r_{z'z} \end{pmatrix} \qquad (8.6)$$

相应地，当终端绕坐标系三个不同的轴旋转时，旋转矩阵 $\boldsymbol{R}$ 的表达式分别为

$$\boldsymbol{R}_\alpha = \begin{pmatrix} 1 & 0 & 0 \\ 0 & \cos r_{y'y} & \cos r_{y'z} \\ 0 & \cos r_{z'y} & \cos r_{z'z} \end{pmatrix} = \begin{pmatrix} 1 & 0 & 0 \\ 0 & \cos\alpha & \sin\alpha \\ 0 & -\sin\alpha & \cos\alpha \end{pmatrix} \qquad (8.7)$$

$$\boldsymbol{R}_\beta = \begin{pmatrix} \cos r_{x'x} & 0 & \cos r_{x'z} \\ 0 & 1 & 0 \\ \cos r_{z'x} & 0 & \cos r_{z'z} \end{pmatrix} = \begin{pmatrix} \cos\beta & 0 & -\sin\beta \\ 0 & 1 & 0 \\ \sin\beta & 0 & \cos\beta \end{pmatrix} \qquad (8.8)$$

$$\boldsymbol{R}_\chi = \begin{pmatrix} \cos r_{x'x} & \cos r_{x'y} & 0 \\ \cos r_{y'x} & \cos r_{y'y} & 0 \\ 0 & 0 & 1 \end{pmatrix} = \begin{pmatrix} \cos\chi & \sin\chi & 0 \\ -\sin\chi & \cos\chi & 0 \\ 0 & 0 & 1 \end{pmatrix} \qquad (8.9)$$

式（8.7）表示终端绕 X 轴旋转时的旋转矩阵，即与俯仰角有关的旋转，旋转角度为 α；式（8.8）表示终端绕 Y 轴旋转时的旋转矩阵，即与翻滚角有关的旋转，旋转角度为 β；式（8.9）表示终端绕 Z 轴旋转时的旋转矩阵，即与旋转角有关的旋转，旋转角度为 χ。利用旋转角和旋转矩阵[12]，就能确保终端 IMU 组件的数据收集方向与行人前进方向一致。

8.2.2 行人步态识别

在 8.2.1 节中，我们利用旋转矩阵将终端 IMU 中的三轴传感器进行了坐标系的统一，使得行人的前进方向就是传感器的 X 轴方向。这样就可以采集得到较为准确的传感器数据，用数学的方法对行人步态进行分析。在行走的过程中，人的双腿交替迈步使得整个行走过程中会遵循一定的迈步周期，行人的身体也会出现周期性的起伏和摇晃，这些小幅度的身体摆动都将以数据的形式反映在相应的三轴传感器上[13]。和 8.2.1 节一样，不妨设行人的前进方向为 X 轴方向，行人左右摇摆的方向为 Y 轴方向，Z 轴方向表示重力加速度的方向，三个坐标轴方向两两正交。本节对行人的步态识别进行研究，主要研究两个方面：行人行走识别，以及行人行走的方向识别；也对波峰法、快速傅里叶滤波法（Fast Fourier Transformation，FFT）等进行了研究；同时还对 FFT、Savitzky-Golay 滤波器、邻近平均值法（Adjacent Averaging），以及分位数滤波法（Percentile Fliter）四种算法进行了实验对比和评估。

从图 8.7（a）和图 8.7（b）中可以看出，相比于静止状态，如图 8.7（a）所示，行人在行走时，三轴加速度计有明显变化，并且 X 轴波形和 Z 轴波形变化尤为明显，存在一个周期性的变化，即在行人的前进方向和重力方向的加速度值随行人的步行过程产生周期性的变化。在行人行走的过程中[15]，迈步前行的那条腿伴随着一个"落地-抬脚-落地"的过程，在 X 轴和 Z 轴方向上都会出现一个"加速-减速"的过程，因而相应的加速度值会出现一个"波谷-波峰-波谷"的变化，正好对应了图中 X 轴和 Z 轴的一个波动周期，即代表了行人步行一步的过程。因此，如果将 X 轴或 Z 轴上每个周期的波形上升情形记录为前进了一步，那么只要判断 X 轴或 Z 轴是否发生波形上升就能判断行人是否发生步行，这是对行人步态估计的第一种计算方法，即波峰法。

第 8 章

图 8.7（c）是行人在室内保持匀速行走时三轴加速度计得到的数据，但是依然有较多的噪声，不便于观察和分析，因为行人行走时加速度的周期性变化，这里我们选择使用 FFT 方法对采集的数据进行滤波处理[16]，FFT 的本质是离散傅里叶变换（Discrete Fourier Transform，DFT）的一个快速计算方法。

在应用快速傅里叶变换进行滤波后，得到图 8.7（d），从图中可以看出，Z 轴的波形和 X 轴的波形具有明显的周期性，利用 FFT 法就可以对原始数据进行去噪，滤除一些加速度值的噪声点和奇异点，从而进行行人步行判断[17]。

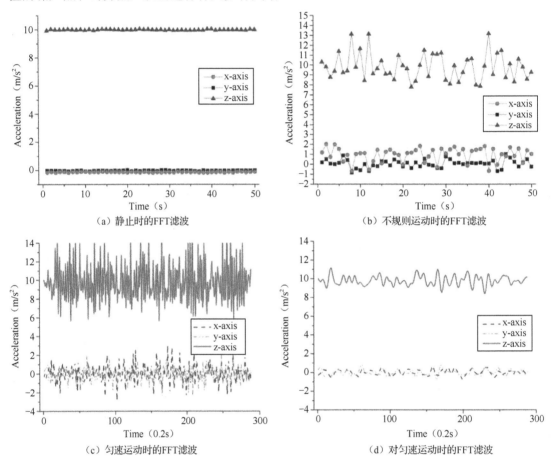

（a）静止时的FFT滤波

（b）不规则运动时的FFT滤波

（c）匀速运动时的FFT滤波

（d）对匀速运动时的FFT滤波

图 8.7　加速度计数据采集

鉴于行人步行时的加速度数据采集具有连续性，除了上述的波峰法和 FFT 方法外，还可以用 Savitzky-Golay 滤波器、邻近平均值法及分位数滤波对采集得到的数据进行滤波和分析。由于波峰法只是单纯地根据 X 轴或 Z 轴加速度值的上升来判断是否发生步行行为，并没有对加速度值进行去噪处理，当遇到信号噪声时，极易产生误判，所以在实际使用中，波峰法并不会被直接使用[18]。

本节提到的邻近平均值法采用滑动平均值法的方式进行加速度值的滤波，假设 α_k 为 k 时刻的加速度值，总共有 n 个加速度值，m 为邻近范围，这里设 $m=5$，k 时刻的加速度值就是与该时刻相邻的 5 个时刻（k-2，k-1，k，k+1，k+2）的加速度值的平均值，如式（8.10）所示。因此，可得邻近平均法的公式，如式（8.11）所示。

$$a_3 = (a_1, a_2, a_3, a_4, a_5) / 5$$
$$a_4 = (a_2, a_3, a_4, a_5, a_6) / 5 \qquad (8.10)$$
$$a_5 = (a_3, a_4, a_5, a_6, a_7) / 5$$

$$a_k = \frac{1}{2n+1} \sum_{k=-(m-1)/2}^{(m-1)/2} a_{k+i}$$
$$k \in \left[\frac{m+1}{2}, n - \frac{m-1}{2} \right] \qquad (8.11)$$

Savitzky-Golay 滤波法需要对加速度值进行回归计算，假设 a_j 为 j 时刻的加速度值，总共有 n 个加速度值，C_i 为卷积系数，m 为邻近范围，设 m=5。与邻近平均值法不同，Savitzky-Golay 滤波法是对 j 时刻周围 5 个时刻（j-2，j-1，j，j+1，j+2）的加速度值求卷积和，如式（8.12）所示，可得 Savitzky-Golay 滤波法如式（8.13）所示。

$$a_3 = C_{-2}a_1 + C_{-1}a_2 + C_0a_3 + C_1a_4 + C_2a_5$$
$$a_4 = C_{-2}a_2 + C_{-1}a_3 + C_0a_4 + C_1a_5 + C_2a_6 \qquad (8.12)$$
$$a_5 = C_{-2}a_3 + C_{-1}a_4 + C_0a_5 + C_1a_6 + C_2a_7$$

$$a_j = \sum_{i=-m(m-1)/2}^{(m-1)/2} C_i a_{j+1}$$
$$j \in \left[\frac{m+1}{2}, n - \frac{m-1}{2} \right] \qquad (8.13)$$

对于快速傅里叶变换、Savitzky-Golay 滤波器、邻近平均值法及分位数（Percentile）滤波法，我们在相同的条件下进行了 10 组对比实验，分析各个算法之间的准确率。在这 10 组实验中，每一组实验都是在同一实验环境同一实验道路（直线）进行的，实验距离 50 m，每一组均利用不同的步行速度进行实验，记录实际步行步数，如图 8.8 所示。由于篇幅原因，这里我们只列出其中 5 组样本数据，见表 8.1，第一列表示实际步行步数，第二、三、四、五列分别表示不同算法测出的步行步数，观察各个算法的准确率，其余 5 组实验均以相同的方法进行对比。

表 8.1　四个算法的计步统计样例

实验步数/算法	FFT	Savitzky-Golay	Adjacent Averaging	Percentile Fliter
62	56	63	64	68
78	76	78	80	82
82	82	81	84	84
89	86	89	92	92
90	88	89	90	87

第8章

如图 8.8 所示，我们列举了实验中的 10 组数据，对 4 个计步算法进行误差比较。从图中可以看出，Savitzky-Golay 滤波算法误差最小，10 组实验中，平均误差率在 0.9%左右，误差率低于其他三个算法，具有最好的识别性；邻近平均值法的误差率在 1.3%左右，精度略低于 Savitzky-Golay 滤波算法，但相差不大，两个算法都可以满足对步态的估计。

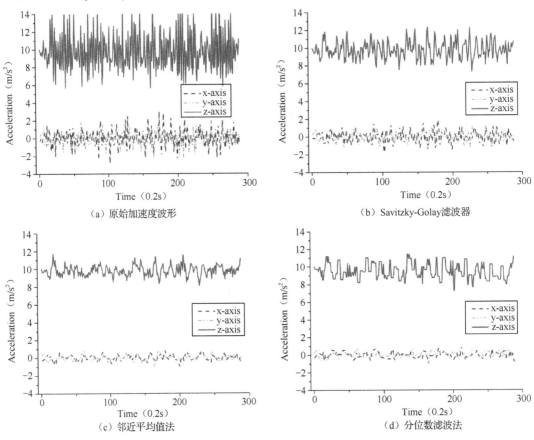

图 8.8　步频统计方法

根据上述实验可知，利用 Savitzky-Golay 滤波算法或邻近平均值法可以对行人的步态进行识别[19]，即可对行人步行状态进行识别。对于行人步态识别的另一个方面，即行人步行方向的识别，可以通过陀螺仪和磁力计数据的变化情况进行判断。

如图 8.9 所示，显示的是行人转向过程中，对应的陀螺仪和磁力计数据的变化情况。

如图 8.10（a）所示，显示的是行人实际的转向情况，这里用 0-1 变化对行人的转向进行表示，其中，非跳变的 0 和 1 表示行人直线行走，由 1 跳变到 0 表示行人左转，由 0 跳变到 1 表示行人右转，所以图 8.10（a）所对应的行人步行情况是"直行-左转-直行-右转-直行-左转-直行"的过程，共经历了 3 次行人转向过程。陀螺仪和磁力计的对应数据如图 8.10（c）所示，从图中可以看出，对比于图 8.10（a），陀螺仪有很明显的阶跃数据显示[20]，和真实情况的行人转向过程十分相似。因磁力计 Z 轴数据变化不大且特征不明显，在这里仅显示 X 轴和 Y 轴的数据，其中 X 轴数据与陀螺仪数据变化相似，但是相比于陀螺仪，磁

力计 X 轴的数据的变化过程会提前一些时间进行。从磁力计 Y 轴的数据变化中，我们可以很容易地识别出 3 次行人转向所对应的数据变化[21]。图 8.10（b）和图 8.10（d）分别是图 8.10（c）中的两个传感器数据的放大图，因此，我们可以利用陀螺仪和磁力计对行人的行进方向和转向变化进行识别。

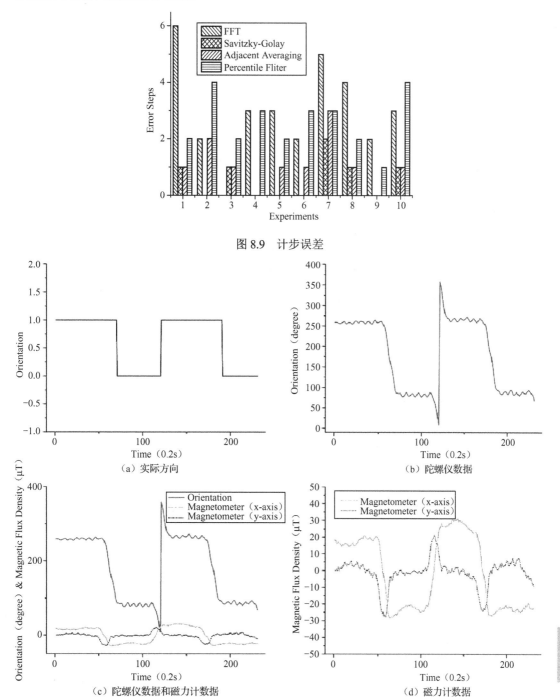

图 8.9　计步误差

（a）实际方向

（b）陀螺仪数据

（c）陀螺仪数据和磁力计数据

（d）磁力计数据

图 8.10　行人转向识别

8.2.3　行人步长识别

在 8.2.2 节中，我们利用智能终端中的 IMU 和三轴磁力计，进行了行人步态识别的研究。通过对行人步态的识别，具体来说，就是对行人步行动作的识别，以及行人步行方向的识别，我们可以得到行人每一步的前进方向，如果再得到行人每一步的前进距离，那么行人每行走一步都可以根据上一步的定位坐标计算得到这一步的定位坐标。在 8.2.2 节中，经实验验证，通过 Savitzky-Golay 滤波算法或邻近平均值法（滑动平均值法）能够较为准确地对行人进行步态识别，现在只需要得到每一步的步长数据，就能够对行人每一步的坐标变化进行计算，从而实现行人的实时定位[22]。

由于每个人的身高、体重、性别等因素的不同，每个人的步长也不相同。对同一个人而言，奔跑状态下和常规步行状态下的步长也是不同的。即使对同一个人而言，步行速度的不同也会导致步长的不同，因此，行人步长不能够仅仅用一个常数来表示，每个人的行走步长应该是由一个个性的多变量的模型决定的。

根据智能终端中的 IMU 以及 8.2.2 小结中的研究[23]，行人在行走的过程中，我们可以得到行人的步行加速度值、步行方向角度值、磁力计值，以及每走一步的时间间隔等数据。通过这些行人步行数据，建立相应的行人步长模型[24]，对行人的步长进行个性化的计算。以下，将利用最优化方法和神经网络方法对行人步长模型进行研究和实验。

1. 线性模型

上文提到，在行人步行过程中，根据智能终端中的 IMU 可以得到一系列的相关数据，利用这些数据可以建立行人步长的线性模型来估算行人步长，通用线性模型如式（8.14）所示。其中，x_n 表示变量，θ_n 表示对应于 x_n 的参数值，这里 x_n 可以用行人步行时的变量参数表示。

$$h_\theta(x) = \theta_0 x_0 + \theta_1 x_1 + \theta_2 x_2 + \cdots + \theta_n x_n$$
$$x_0 = 1 \tag{8.14}$$

根据线性模型的一般特点以及行人行走时的数据变化，行人步长识别的一般线性模型为

$$L = \lambda + bF(k) + cV(a) + \delta$$
$$F(k) = \frac{1}{t_{k+1} - t_k}, \qquad k = 0, 1, 2, \cdots \tag{8.15}$$
$$V(a) = E(a^2) - (E(a))^2$$

式中，L 表示行人步长，$F(k)$ 表示行人步频，$V(a)$ 表示行人加速度值的方差，$E(a)$ 表示行人加速度值的期望，a 表示行人步行加速度值，行人每步行一步，记为一个 t_k 时刻，λ 表示常数项，b 和 c 分别表示对应变量的参数值，δ 表示模型系统噪声，设 $\delta=0$。

只要能够确认出式（8.15）中的常数项 λ 以及各变量的参数 b、c，就可以得出完整的行

人步长模型。这里采集 8 组实验观测数据，如表 8.2 所示，并利用这些数据进行建模。

表 8.2　步长模型观测数据

步　　数	平均步长	平均步频	加速度方差	加速度均值
82	0.609756098	1.576923077	1.753139576	9.97442584
85	0.588235294	1.517857143	1.659882786	9.996843662
96	0.520833333	1.371428571	1.484592613	9.896800822
79	0.632911392	1.717391304	2.247803805	9.787527783
75	0.666666667	1.973684211	2.911824167	10.01595459
71	0.704225352	2.21875	3.784105261	9.822991224
89	0.561797753	1.479245283	2.493383583	10.00494717
77	0.649350649	2.2	1.260306794	9.79070949

表 8.2 中的 8 组实验均是在同一实验环境下进行的，如图 8.11 所示，图中直虚线为实验时行走距离，长为 50 m。下面使用批量梯度下降法对行人步长线性模型进行建模。

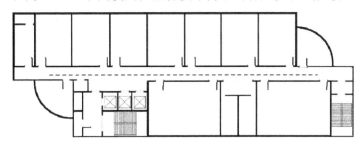

图 8.11　行人步长模型实验环境

这里以一般线性模型为例，根据式（8.14）有：

$$\theta_i = \theta_i - \alpha \frac{\partial}{\partial \theta_i} J(\theta)$$

$$J(\theta) = \frac{1}{2} \sum_{i=1}^{m} (h_{\theta i}(x) - y_i)^2$$

（8.16）

式中，α 表示学习速度参数，是一个经验值，表示模型参数收敛的快慢。m 表示样本数量，y 表示样本的输出值。式（8.16）可以简化为

$$\boldsymbol{\theta} = \boldsymbol{\theta} - \nabla_\theta J(\theta) = \boldsymbol{\theta} - \nabla_\theta J$$

（8.17）

关于输出函数 $h_\theta(x)$，根据式（8.16）和式（8.17），有

$$h_\theta(x) - y = x\boldsymbol{\theta} - y$$

$$\frac{1}{2}(x\boldsymbol{\theta} - y)^{\mathrm{T}}(x\boldsymbol{\theta} - y) = \frac{1}{2} \sum_{i=1}^{m} (h_i(x) - y_i)^2 = J(\boldsymbol{\theta})$$

（8.18）

令 $J(\theta)=0$，结合矩阵论中关于迹的定理，可以得到

第 8 章

$$\boldsymbol{\theta} = (\boldsymbol{x}^{\mathrm{T}}\boldsymbol{x})^{-1}\boldsymbol{x}^{\mathrm{T}}\boldsymbol{y} \tag{8.19}$$

这里，结合表 8.2 的观测数据，以及式（8.15）、式（8.16）和式（8.19），将平均步长设为样本输出值，将加速度方差和平均步频设为变量值，就可以得到行人步长的线性模型。

2．非线性模型

非线性模型和线性模型的输入变量是一样的[25]，都是行人步频 $F(k)$ 和行人加速度值的方差 $V(a)$，输出为行人的步长 L。根据式（8.15）可得非线性行人步长模型，即

$$L' = \lambda + b_1 F(k) + c_1 V(a) + b_2 F^2(k) + c_2 V^2(a) + dF(k)V(a) + \delta \tag{8.20}$$

式中，L' 表示非线性模型的行人步长，表示行 $F(k)$ 人步频，$V(a)$ 表示行人加速度值的方差，λ 表示常数项，b_i、c_i 和 d 分别表示对应变量的参数值，δ 表示模型系统噪声，设 $\delta=0$。

3．神经网络模型

在本节提出的神经网络模型中，采用 Levenberg-Marquardt 算法对行人步长模型进行训练。Levenberg-Marquardt 算法是一种非线性最小二乘算法，它是利用梯度求最大（小）值的算法，需要对每一个输入变量求偏导。无论是线性模型、非线性模型还是神经网络模型，本质上都是想要通过已知的观测数据集拟合出估计模型，使得计算得到的预测值和真实值的偏差最小，都是一种误差最小化算法。

Levenberg-Marquardt 算法的实现并不算难，它的关键是用模型函数 f 对待估参数向量 $\boldsymbol{p}$ 在其领域内做线性近似，忽略掉二阶以上的导数项，从而转化为线性最小二乘问题，它具有收敛速度快等优点。Levenberg-Marquardt 算法属于一种"信赖域法"，所谓的信赖域法，即在最优化算法中，都是要求一个函数的极小值，每一步迭代中，都要求目标函数值是下降的，而信赖域法，顾名思义，就是从初始点开始，先假设一个可以信赖的最大位移 s，然后在以当前点为中心，以 s 为半径的区域内，通过寻找目标函数的一个近似函数（二次的）的最优点，来求解得到真正的位移。得到了位移之后，再计算目标函数值，如果其使目标函数值的下降满足了一定条件，那么就说明这个位移是可靠的，则继续按此规则迭代计算下去；如果其不能使目标函数值的下降满足一定的条件，则应减小信赖域的范围，再重新求解，如式（8.21）所示。

$$S(\boldsymbol{\beta}) = \sum_{i=1}^{m}[y_i - f(x_i, \boldsymbol{\beta})]^2 \tag{8.21}$$

式中，设共有 m 组观测数据，x_i 表示观测变量值，y_i 表示真实输出值，β 是对应于 x_i 的参数向量，$f(x_i, \beta)$ 表示拟合模型计算出的预测值，$S(\beta)$ 表示真实值和预测值的偏差，$S(\beta)$ 越小表示拟合模型越准确。

类似于其他的最小化算法，Levenberg-Marquardt 算法也是用一种迭代的方式计算最优化的 β 值，在算法迭代开始之前需要初始化参数向量 β，不妨设 $\beta = (1,\ 1,\ \cdots,\ 1)^{\mathrm{T}}$。在每一步的迭代过程中，参数向量 β 总是会在下一步的迭代过程中被 $\beta+\delta$ 所代替。关于函数

$f(x_i,\boldsymbol{\beta}+\delta)$，有

$$f(x_i, \boldsymbol{\beta} + \delta) \approx f(x_i, \boldsymbol{\beta}) + J_i\delta$$

$$S(\boldsymbol{\beta} + \delta) \approx \sum_{i=1}^{m} (y_i - f(x_i, \boldsymbol{\beta}) - J_i\delta)^2 \qquad (8.22)$$

$$J_i = \frac{\partial f(x_i, \boldsymbol{\beta})}{\partial \boldsymbol{\beta}}$$

分别用 $\boldsymbol{y}$、$\boldsymbol{f}$ 和 $\boldsymbol{J}$ 表示 y_i、$f(x_i,\boldsymbol{\beta}+\delta)$ 和 J_i 的矢量矩阵，式（8.21）可表示为

$$S(\boldsymbol{\beta} + \delta) \approx \| \boldsymbol{y} - \boldsymbol{f}(\boldsymbol{\beta}) - \boldsymbol{J}\delta \|^2 \qquad (8.23)$$

令式（8.22）右半部分置为 0，可得

$$(\boldsymbol{J}^{\mathrm{T}}\boldsymbol{J})\delta = \boldsymbol{J}^{\mathrm{T}}[\boldsymbol{y} - \boldsymbol{f}(\boldsymbol{\beta})] \qquad (8.24)$$

在式（8.23）的基础上，引入非负衰减因子 λ，如果公式衰减速度较快，则引入一个较小的 λ 值，使得本算法接近高斯-牛顿算法。若在算法迭代过程中，迭代残余衰减不足，衰减速度减慢，则会增加 λ 值，使得算法类似于梯度下降法进行迭代[26]。

$$(\boldsymbol{J}^{\mathrm{T}}\boldsymbol{J} + \lambda\boldsymbol{I})\delta = \boldsymbol{J}^{\mathrm{T}}[\boldsymbol{y} - \boldsymbol{f}(\boldsymbol{\beta})] \qquad (8.25)$$

神经网络模型大致可看成一个三层次结构，由输入层、隐含层和输出层组成，如图 8.12 所示，其中，隐含层的层数是人为确定的。神经网络（Neural Networks，NN）是由大量的、简单的处理单元（称为神经元）广泛地互相连接而形成的复杂网络系统，它反映了人脑功能的许多基本特征，是一个高度复杂的非线性动力学习系统。神经网络具有大规模并行、分布式存储和处理、自组织、自适应、自学能力，特别适合处理需要同时考虑许多因素和条件的、不精确和模糊的信息处理问题。神

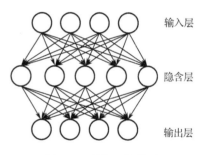

输入层

隐含层

输出层

图 8.12　神经网络模型

经网络的发展与神经科学、数理科学、认知科学、计算机科学、人工智能、信息科学、控制论、机器人学、微电子学、心理学、光计算、分子生物学等有关，是一门新兴的边缘交叉学科。

神经元是以生物神经系统的神经细胞为基础的生物模型。在人们对生物神经系统进行研究，以探讨人工智能的机制时，把神经元数学化，从而产生了神经元数学模型。大量的形式相同的神经元连接在一起就组成了神经网络。神经网络是一个高度非线性动力学系统，虽然，每个神经元的结构和功能都不复杂，但是神经网络的动态行为则是十分复杂的，因此，用神经网络可以表达实际物理世界的各种现象。

神经网络模型是以神经元的数学模型为基础来描述的，人工神经网络是对人类大脑系统的一阶特性的一种描述。简单地讲，它是一个数学模型。神经网络模型由网络拓扑、节

第 8 章

点特点和学习规则来表示。神经网络对人们的巨大吸引力主要体现在下列几点：

- 并行分布处理。
- 高度鲁棒性和容错能力。
- 分布存储及学习能力。
- 能充分逼近复杂的非线性关系。

在控制领域的研究课题中，不确定性系统的控制问题长期以来都是控制理论研究的中心主题之一，但是这个问题一直没有得到有效的解决。利用神经网络的学习能力，使它在对不确定性系统的控制过程中自动学习系统的特性，从而自动适应系统随时间的特性变异，以求达到对系统的最优控制；显然这是一种十分振奋人心的意向和方法。

人工神经网络的模型现在有数十种之多，应用较多的典型的神经网络模型包括 BP 神经网络、Hopfield 网络、ART 网络和 Kohonen 网络。

学习是神经网络一种最重要也最令人注目的特点。在神经网络的发展进程中，学习算法的研究有着十分重要的地位。目前，人们所提出的神经网络模型都是和学习算法相应的，所以，有时人们并不去祈求对模型和算法进行严格的定义或区分。有的模型可以有多种算法，而有的算法可能用于多种模型。在神经网络中，对外部环境提供的模式样本进行学习训练，并能存储这种模式，则称为感知器；对外部环境有适应能力，能自动提取外部环境变化特征，则称为认知器。神经网络在学习中，一般分为有教师和无教师学习两种[84]。感知器采用有教师信号进行学习，而认知器则采用无教师信号学习。在主要神经网络，如 BP 网络、Hopfield 网络、ART 网络和 Kohonen 网络中，BP 网络和 Hopfield 网络是需要教师信号才能进行学习的；而 ART 网络和 Khonone 网络则无须教师信号就可以学习。所谓教师信号，就是在神经网络学习中由外部提供的模式样本信号。

4．神经网络的四个基本特征

（1）非线性：非线性关系是自然界的普遍特性，大脑的智慧就是一种非线性现象。人工神经元处于激活或抑制两种不同的状态的行为在数学上表现为一种非线性关系。具有阈值的神经元构成的网络具有更好的性能，可以提高容错性和存储容量。

（2）非局限性：一个神经网络通常由多个神经元广泛连接而成，一个系统的整体行为不仅取决于单个神经元的特征，而且取决于单元之间的相互作用、相互连接，可以通过单元之间的大量连接模拟大脑的非局限性。联想记忆是非局限性的典型例子。

（3）非常定性：人工神经网络具有自适应、自组织、自学习能力，神经网络处理的信息可以有各种变化，而且在处理信息的同时，非线性动力系统本身也在不断变化。经常采用迭代过程描写动力系统的演化过程。

（4）非凸性：一个系统的演化方向，在一定条件下将取决于某个特定的状态函数，例如，能量函数，它的极值相应于系统比较稳定的状态，非凸性是指这种函数有多个极值，故系统具有多个较稳定的平衡态，这将导致系统演化的多样性。

1943 年，心理学家 W.S.McCulloch 和数理逻辑学家 W.Pitts 建立了神经网络和数学模型，称为 MP 模型。他们通过 MP 模型提出了神经元的形式化数学描述和网络结构方法，证明了单个神经元能执行逻辑功能，从而开创了人工神经网络研究的时代。1949 年，心理学家提出了突触联系强度可变的设想。20 世纪 60 年代，人工神经网络的得到了进一步的发展，更完善的神经网络模型被提出，其中包括感知器和自适应线性元件等。M.Minsky 等仔细分析了以感知器为代表的神经网络系统的功能及局限后，于 1969 年出版了 "Perceptron" 一书，指出感知器不能解决高阶谓词问题。他们的论点极大地影响了神经网络的研究，加之当时串行计算机和人工智能所取得的成就，掩盖了发展新型计算机和人工智能新途径的必要性和迫切性，使人工神经网络的研究处于低潮。在此期间，一些人工神经网络的研究者仍然致力于这一研究，提出了适应谐振理论（ART 网）、自组织映射、认知机网络，同时进行了神经网络数学理论的研究，以上研究为神经网络的研究和发展奠定了基础。1982 年，美国加州工学院物理学家 J.J.Hopfield 提出了 Hopfield 神经网格模型，引入了 "计算能量" 概念，给出了网络稳定性判断；1984 年，他又提出了连续时间 Hopfield 神经网络模型，为神经计算机的研究做了开拓性的工作，开创了神经网络用于联想记忆和优化计算的新途径，有力地推动了神经网络的研究。1985 年，又有学者提出了波耳兹曼模型，在学习中采用统计热力学模拟退火技术，保证整个系统趋于全局稳定点。1986 年有学者进行了认知微观结构的研究，提出了并行分布处理的理论。90 年代初，又有脉冲耦合神经网络模型被提出。人工神经网络的研究受到了各个发达国家的重视，美国国会通过决议将 1990 年 1 月 5 日开始的十年定为 "脑的十年"，国际研究组织号召它的成员国将 "脑的十年" 变为全球行为。在日本的 "真实世界计算（RWC）" 项目中，人工智能的研究成了一个重要的组成部分。

在本算法中，输入层包括行人加速度方差、行人步频、行人加速度值三个变量，输出行人步长变量。为了确定模型隐含层数量，这里用二分法对隐含层的层数逐一实验，并用均方误差来衡量不同隐含层的神经网络所对应的行人步长模型准确性，如图 8.13 所示。

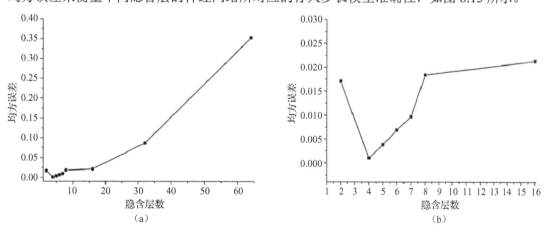

图 8.13 不同数目隐含层神经网络的均方误差

从图 8.13（b）中可以看出，当神经网络隐含层的层数大于 15 层后，均方误差成非线性的上升，模型的准确度也随之成非线性的下降。从图 8.13（a）中可以看出，神经网络隐含层的层数很少，即当层数为 2 层时，模型的均方误差大于 4 层、5 层、6 层、7 层所对应的均方误差，可以看到，对于本模型而言，当隐含层层数为 4 层时，模型能提供最小的均方误差，此时模型最准确。因此，神经网络隐含层数量和均方误差呈非线性关系分布，太多或太少的隐含层都会使得模型的均方误差增加，相应地，行人步长模型的误差也就会随之增加。

8.2.4 行人定位算法

由于集成在智能移动终端的微电子传感器的自身局限，相比于飞机、船舶上的大型精密的 IMU 设备，更容易产生累积误差，使得定位精度随定位时间的增加而非线性地衰减，可能在通过其他定位技术来纠正定位误差之前就已严重失真，或者需要通过密集部署其他定位设备才能有效地进行辅助纠偏。本节提出的 IMU 定位模型旨在基于较为准确的 IMU 定位的基础上，用更少的定位设备、更自由的定位技术组合，从而达到或接近那些密集部署定位设备的定位方案所提供的定位精度。对于室内定位而言，一方面，行人的步行方向和步行速度这两方面因素都是不可控的，只能通过传感器的实时计算，以及行人步行模型来进行预估和判断；另一方面，室内地图的构建和纠偏地标节点的标注，以及定位算法的选择，这两个因素都是可控的。对于基于 IMU 的室内定位技术，下文将会从以上提及的两个可控因素进行研究。

首先，基于 IMU 的定位方法需要一个定位算法来实现对行人定位位置的追踪。由于行人在行走过程中前进方向的不确定性，很难像 8.2.2 节和 8.2.3 节一样拟合出一个具体的线性或非线性的模型来判断行人的定位轨迹。又因为传感器数据具有一定的噪声，相应的传感器数据会发生无规律的跳变，若是直接利用实时的传感器数据进行定位会使得定位轨迹十分不稳定。因此，本文提出一种自纠正粒子群优化（APSO）算法，实现对行人定位位置的跟踪。

粒子群优化（Particle Swarm Optimization，PSO）算法最初是于 1995 年由 J. Kennedy 和 R. C. Eberhart 等提出的一种迭代演化计算技术，现广泛应用于神经网络训练、模糊控制理论，以及其他遗传算法之中。在室内定位应用中，可以利用粒子群算法来追踪行人的位置轨迹。

粒子群算法，也称为粒子群优化（Particle Swarm Optimization，PSO）算法，是近年来由 J. Kennedy 和 R. C. Eberhart 等开发的一种新的进化算法（Evolutionary Algorithm，EA）。PSO 算法属于进化算法的一种，和模拟退火算法相似，它也是从随机解出发，通过迭代寻找最优解，它也是通过适应度来评价解的品质，但它比遗传算法规则更为简单，它没有遗传算法的"交叉"（Crossover）和"变异"（Mutation）操作，它通过追随当前搜索到的最优值来寻找全局最优。这种算法以其实现容易、精度高、收敛快等优点引起了学术界的重视，并且在解决实际问题中展示了其优越性。粒子群算法是一种并行算法。

粒子群优化算法是一种进化计算技术，1995 年由 Eberhart 博士和 kennedy 博士提出，源于对鸟群捕食的行为研究。该算法最初是受到飞鸟集群活动的规律性启发，进而利用群体智能建立的一个简化模型。粒子群算法在对动物集群活动行为观察基础上，利用群体中的个体对信息的共享使整个群体的运动在问题求解空间中产生从无序到有序的演化过程，从而获得最优解。

PSO 同遗传算法类似，是一种基于迭代的优化算法。系统初始化为一组随机解，通过迭代搜寻最优值。但是它没有遗传算法用的交叉（Crossover）及变异（Mutation），而是粒子在解空间追随最优的粒子进行搜索。同遗传算法比较，PSO 的优势在于简单容易实现并且没有许多参数需要调整。目前已广泛应用于函数优化、神经网络训练、模糊系统控制，以及其他遗传算法的应用领域。

如前所述，PSO 模拟鸟群的捕食行为。设想这样一个场景：一群鸟在随机搜索食物，在这个区域里只有一块食物，所有的鸟都不知道食物在那里。但是它们知道当前的位置离食物还有多远，那么找到食物的最优策略是什么呢？最简单、有效的就是搜寻目前离食物最近的鸟的周围区域。

PSO 从这种模型中得到启示并用于解决优化问题，在 PSO 中，每个优化问题的解都是搜索空间中的一只鸟，我们称之为"粒子"。所有的粒子都有一个由被优化的函数决定的适应值（Fitness Value），每个粒子还有一个速度决定它们飞翔的方向和距离，然后粒子们就追随当前的最优粒子在解空间中搜索。

PSO 初始化为一群随机粒子（随机解），然后通过迭代找到最优解。在每一次迭代中，粒子通过跟踪两个"极值"来更新自己。第一个就是粒子本身所找到的最优解，这个解是个体极值 pBest；另一个极值是整个种群目前找到的最优解，这个极值是全局极值 gBest。另外，也可以不用整个种群而只是用其中一部分作为粒子的邻居，那么在所有邻居中的极值就是局部极值。在找到这两个最优值时，粒子根据如下的公式来更新自己的速度和新的位置。

$$v[] = w \times v[] + c_1 \times \text{rand}() \times (\text{pBest}[] - \text{present}[]) + c_2 \times \text{rand} \times (\text{gBest}[] - \text{present}[](a))$$
$$\text{present}[] = \text{present}[] + v[](b)$$

(8.26)

式中，$v[]$ 是粒子的速度，w 是惯性权重，present[] 是当前粒子的位置，pBest[] 和 gBest[] 如前定义，rand() 是介于（0，1）之间的随机数，c_1、c_2 是学习因子，通常情况下 $c_1 = c_2 = 2$。

在每一维粒子的速度都会被限制在一个最大速度 V_{max}，如果某一维更新后的速度超过用户设定的 V_{max}，那么这一维的速度就被限定为 V_{max}。

应用 PSO 解决优化问题的过程中有两个重要的步骤：问题解的编码和适应度函数。它采用实数编码而不需要像遗传算法一样是二进制编码，或者采用针对实数的遗传操作。例如，对于问题 $f(x) = x_1^2 + x_2^2 + x_3^2$ 求解，粒子可以直接编码为（x_1，x_2，x_3），而适应度函数就是 $f(x)$。接着我们就可以利用前面的过程去寻优，这个寻优过程是一个迭代过程，中止条件一般设置为达到最大循环数或者最小错误。

PSO 中有一些需要调节的参数，下面列出了这些参数以及经验设置粒子数，一般取 20～40。其实对于大部分的问题 10 个粒子已经足够可以取得好的结果，不过对于比较难的问题或者特定类别的问题，粒子数可以取到 100 或 200。

（1）粒子的长度：这是由优化问题决定的，就是问题解的长度。

（2）粒子的范围：由优化问题决定，每一维可以设定不同的范围。

（3）V_{max}：最大速度，决定粒子在一个循环中最大的移动距离，通常设定为粒子的范围宽度，例如上面的例子里，粒子（x_1，x_2，x_3），x_1属于[−10，10]，那么V_{max}的大小就是20。

（4）学习因子：c_1、c_2通常等于2，不过在文献中也有其他的取值。但是一般$c_1=c_2$并且范围在0~4。

（5）中止条件：最大循环数以及最小错误要求，例如，在上面的神经网络训练例子中，最小错误可以设定为1个错误分类，最大循环设定为2000，这个中止条件由具体的问题确定。

（6）全局PSO和局部PSO：我们介绍了两种版本的粒子群优化算法——全局版和局部版，前者速度快不过有时会陷入局部最优，后者收敛速度慢一点不过很难陷入局部最优。在实际应用中，可以先用全局PSO找到大致的结果，再用局部PSO进行搜索。另外的一个参数是惯性权重，当V_{max}很小时，使用接近于1的惯性权重；当V_{max}不是很小时，使用权重$w=0.8$较好。如果没有V_{max}的信息，使用0.8作为权重也是一种很好的选择。惯性权重w很小时偏重于发挥粒子群算法的局部搜索能力；惯性权重很大时将会偏重于发挥粒子群算法的全局搜索能力。

我们将行人的位置看成行人位置追踪过程中的一个定位点，或者称为一个定位个体。在粒子群算法中，这个定位个体的位置是由m个没有质量没有体积的粒子所决定的。对于每个粒子而言，都可以将粒子的位置用一个N维向量$X_i=(x_1, x_2, \cdots, x_N)$表示，对应地，每个粒子的移动速度也可由一个$N$维向量$V_i=(v_1, v_2, \cdots, v_N)$表示，在室内定位的应用中，通常定义$N=2$或$N=3$。由于定位点的位置坐标可由$m$个粒子计算得到，那么每一个粒子和定位点的距离就也能够通过欧几里得距离d_i所表示，在当前定位时刻之前的k次定位过程中，粒子x_i都会产生一个d_i，对于单个粒子而言，我们将这k个d_i中的最小值所对应的粒子坐标记为p_i，作为粒子自己的经验值；对于所有粒子而言，我们将这$m×k$个d_i中的最小值所对应的粒子坐标记为g_i，作为粒子同伴的经验值。由此可得粒子群算法公式：

$$v_i = \omega \cdot v_i + a_1 \cdot f(\xi) \cdot (p_i - x_i) + a_2 \cdot f(\xi) \cdot (g_i - x_i)$$
$$x_i = x_i + v_i \qquad (8.27)$$
$$\xi \in [0,1]$$

式中，ϖ表示惯性权重，$f(\xi)$是一个取随机值的函数，a_1和a_2是加速常数。

在定位和导航的应用中，地图是一个重要的组成部分，一个准确直观的室内地图不仅可以给使用者一个直观的位置信息描述，还可以对定位应用起到很好的约束作用，纠正定位误差和逻辑错误，从而提高定位的准确性。图8.11所示的是室内定位实验的实验场景图，可以看出，对于室内地图而言，是由"点"、"线"和"面"这三要素组成的。"点"要素规定了整张地图的大小；"线"要素将相关联的"点"要素相连接，对地图的物理结构做出了划分；"面"要素是根据"线"要素的划分规定了不同的功能区域，如教研室、办公室、电梯等。行人在室内进行定位和位置追踪，在跨越不同的定位功能区域时，往往是按照固定的一条或几条轨迹到达的，即：假设行人目前在 A 房间，现在要从 A 房间转移到 B 房间，那么行人必须从 A 房间外的走廊或 A、B 房间内的固定通道前往，不能直接穿墙而过。但是在实际的 IMU 定位过程中，随着累积误差的不断增加，以及自身定位精度的限制，常常会出现穿墙而过的情况，这不仅损失了定位精度，也是一种定位逻辑错误。因此在进行室内定位和行人位置跟踪的过程中，需要根据室内地图的结构，对行人位置的跟踪轨迹进行纠正。

此外，由于智能手机大多配备的是廉价的集成传感器，在使用的过程中，随着定位应用使用时间的增加，传感器数据也会出现一定的"漂移"情况，导致定位误差的产生。由此，本文定义两次定位间的传感器方向角变化夹角为 $\Delta\theta_i$，θ_1 和 θ_h 分别是低角度阈值和高角度阈值。APSO 大致可处理"漂移问题"和"撞墙问题"这两种情况，如图 8.14 所示。

由于智能手机陀螺仪的自身原因，随着室内定位应用过程时长的增加，传感数据可能出现"漂移问题"，此时 $\theta_1 < \Delta\theta_i < \theta_h$，使得行人位置 Pl 定位到了 C 点（其中 B 点是预测的正确定位点），出现定位误差，如图 11（a）所示。此时初始化 APSO 算法，将粒子的位置从 B 点更新到 C 点并在以 C 点为圆心，以 r 为半径的范围内初始化 N 个位置坐标随机，方向角取值为 $[\theta_A \pm \Delta\theta_i]$ 的粒子。

由于定位系统的累积误差，行人在转弯后的下一个步行时刻，行人位置出现"撞墙"情况，即线段 AB 与"墙"所在直线有交点，如图 8.14（b）所示。此时，初始化 APSO 算法，将粒子的位置从 B 点更新到点 $\left(x_0 - \delta \cdot \dfrac{x_{i+1} - x_0}{|x_{i+1} - x_0|}, y_0 \right)$ 处（其中，$0 < \delta < 1$），并在以该点为圆心，以 r 为半径的范围内初始化 N 个位置坐标随机，方向角取值为 $[\theta_A \pm \Delta\theta_i]$ 的粒子。

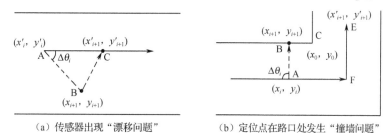

（a）传感器出现"漂移问题"　　　　　（b）定位点在路口处发生"撞墙问题"

图 8.14 "漂移问题"和"撞墙问题"

对于上文提到的利用粒子群算法对行人位置轨迹进行追踪，如果不对算法进行改进，在定位过程中，特别是在步行道路转弯时，很可能出现穿墙而过的情况，如图 8.15（a）所示，由于定位点的坐标是由 m 个粒子共同决定的，当多数粒子穿墙而过时，定位点也会出现穿墙而过的情况。

为了纠正这种定位逻辑错误，经过 APSO 算法纠正后，当定位点再次撞墙时，即可继续进行正常的室内定位，不会再"穿墙而过"，如图 8.15（b）所示。

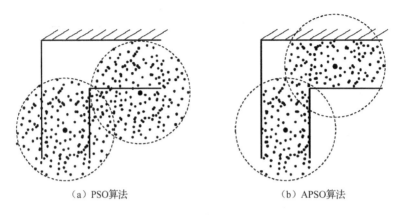

（a）PSO算法　　　　　　　　　　（b）APSO算法

图 8.15　PSO 算法和 APSO 算法

如图 8.16 所示，我们对 APSO 算法进行了实验验证。在本实验中，共直线步行 50 m，行走方向为图中从左向右的方向。黑色长直线是实际行走路线，段状虚线表示的是利用 PSO 算法进行行人位置轨迹跟踪，点状虚线表示的是利用本文提出的 APSO 算法进行行人位置轨迹跟踪。从图 8.16（a）和（b）中不难看出，利用 PSO 算法的定位方案随着定位时间的增加，累积误差不断增加，行走轨迹距离真实路径越来越远，最终行人轨迹穿墙而过；利用 APSO 算法的定位方案则有很大改善，在行人定位轨迹撞墙后，APSO 算法对定位点进行纠正，因此行人轨迹被不会再出现穿墙而过的情形。在同一室内实验场景下直线行走 50 m，图 8.16（a）和图 8.16（b）的 PSO 算法提供的最终定位点与实际位置点距离 5 m 左右，即最大定位误差约为 5 m，相应地，APSO 提供的最大定位误差距离在 2 m 以内，定位精度优化效果明显，最大定位误差降低了 150%左右。图 8.16（c）是在房间内绕圈两周后走出房间，步行方向如图中黑色箭头所示，可以看出，利用 PSO 算法的定位方案在行人尚未走出房间时就已经发生穿墙的情况，使得行人定位点定位在了房间之外，在走出房间走上走廊通道后，由于累积误差较大，很快地行人轨迹也穿墙而过了。相反地，利用 APSO 算法的定位方案在行人走出房间之前，定位点一直是在房间内移动的，当行人走出房间之后也没有发生定位点穿墙的情况。由此可见，本文提出的 APSO 算法有效地避免了行人穿墙的逻辑性错误，同时也提高了定位精度。

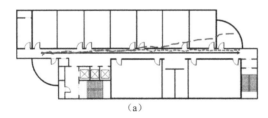

（a）

图 8.16　用粒子群算法追踪行人位置轨迹

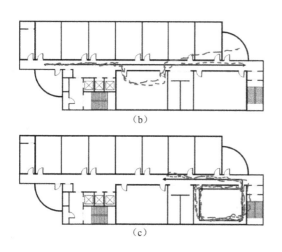

实际路程
PSO算法
APSO算法

图 8.16 用粒子群算法追踪行人位置轨迹（续）

8.3 基于惯性测量单元的多源定位模型算法原理

1．多源定位模型简介

信息融合是现代信息技术与多学科交叉、综合、延拓产生的新的系统科学，随着计算机科学，网络通信技术，微电子技术和控制技术的飞速发展，它也得到了迅猛的发展，尤其近年来，它已受到广泛关注，它的理论和方法已被应用到许多研究领域。本文从信息融合的定义、发展现状、融合方法，以及融合过程分别进行论述，最后，给出了几个面临的挑战问题。

2．多源信息融合的定义及发展现状

多源信息融合就是由多种信息源如传感器、数据库、知识库和人类本身获取有关信息，并进行滤波、相关和集成，从而形成一个表示构架，这种构架适合获得有关决策，如对信息的解释，达到系统目标（如识别、跟踪或态势评估），传感器管理和系统控制等。

根据信息融合的定义，信息融合技术包括以下方面的核心内容。

（1）信息融合是在几个层次上完成对多源信息处理的过程，其中每一个层次都具有不同级别的信息抽象。

（2）信息融合包括探测、互联、相关、估计以及信息组合。

（3）信息融合的结果包括较低层次上的状态估计和身份估计，以及较高层次上的整个战术态势估计。

因此，多传感器是信息融合的硬件基础，多源信息是信息融合的加工对象，协调优化和综合处理是信息融合技术的核心。

3. 国内外多源信息融合技术的发展现状

美国是信息融合技术起步最早、发展最快的国家，美国国防部早在 20 世纪 70 年代就资助从事声纳信号理解及融合的研究。我国对信息融合理论和技术的研究起步较晚，也是从军事领域和智能机器人的研究开始的。20 世纪 90 年代以后，信息融合的研究在我国逐渐形成高潮，不仅召开了关于数据融合的会议，出版了关于信息融合的专著和译著，国家自然科学基金和国家"863"计划也将其列入重点支持项目。目前已有许多高校和研究机构正积极开展这方面的研究工作，也分别在军用、民用方面取得了一些成果。

4. 研究多源信息融合的理论基础及主要方法

利用多个传感器所获取的关于对象和环境全面、完整信息，主要体现在融合算法上，因此，多传感器系统的核心问题是选择合适的融合算法。对于多传感器系统来说，信息具有多样性和复杂性，因此，对信息融合方法的基本要求是具有鲁棒性和并行处理能力。此外，还有方法的运算速度和精度；与前续预处理系统和后续信息识别系统的接口性能；与不同技术和方法的协调能力；对信息样本的要求等。一般情况下，基于非线性的数学方法，如果它具有容错性、自适应性、联想记忆和并行处理能力，则都可以用来作为融合方法。多传感器数据融合虽然未形成完整的理论体系和有效的融合算法，但在不少应用领域根据各自的具体应用背景，已经提出了许多成熟并且有效的融合方法。

（1）多源信息融合的理论基础。目前，在多源信息融合技术中，常用的理论包括：

- 信号处理与估计理论：包括不确定、不精确、含糊的数学分支，如概率论、模糊数学、随机集理论、粗糙集理论等。
- 统计学：包括统计推断和决策理论等。
- 各种逻辑、推理和证据理论：包括证据推理、条件事件代数、不确定性推理、可能性理论，以及近似推理等。
- 认知科学与脑科学：包括认知理论与脑科学等。
- 学习理论：包括统计学习和机器学习等。
- 计算机科学：包括人工智能和数据库等。
- 工程：特别是机器人、信号与图像处理、传感器和网络等。
- 其他：如信息论、控制论与系统论、神经元网络等。

（2）多源信息融合技术的常用算法。针对不同的理论基础，在多源信息的融合技术中，运用了不同的算法。

- 信号处理与估计理论方法：包括小波变换技术、加权平均、最小二乘、卡尔曼滤波等线性估计技术，以及扩展卡尔曼滤波、Gauss 和滤波等非线性估计技术等，近年来主要研究 UKF 滤波、粒子滤波，以及期望极大化（EM）算法等。
- 统计推断方法：包括经典推理、贝叶斯推理、证据推理，以及随机集理论、支持向量机理论等。
- 信息论方法：运用优化信息度量的手段融合多源数据，从而获得问题的有效解决，典型算法有熵方法、最小描述长度方法等。

● 决策论方法：往往应用于高级别的决策融合。

● 人工智能方法：包括模糊逻辑、神经网络、遗传算法、基于规则的推理，以及专家系统、逻辑模板法、品质因数法等。

● 几何方法：通过充分探讨环境，以及传感器模型的几何属性来达到多传感信息融合的目的。

在多源信息融合技术里，常用的算法有加权平均法、卡尔曼滤波法、贝叶斯估计法、统计决策理论法、证据推理法、模糊推理法、神经元网络法和产生式规则法，这些算法的应用很广。

5. 多源信息融合的处理过程

信息融合的五级融合模型通过动态监视融合处理过程，优化资源和传感器管理，实时反馈融合结果信息，以使融合处理过程具有自适应性，从而达到最佳融合效果。处理过程主要包括以下五个方面。

● 信息预处理：预处理过程，根据当前的形式确定数据处理的重点。

● 目标识别：综合目标的位置、参数及特征信息以提取目标的表征。

● 态势分析：综合各种信息，将目标和事件融入背景描述，确立目标各自的含义和联系。

● 冲突评价：在目标信息发生冲突的时候，建立合适的评价机制，确定提取信号的优先级。

● 过程优化：优化其他过程的源过程。

6. 多源信息融合技术研究存在的问题

虽然信息融合技术广泛应用于当前生活、军事的很多方面，但至今尚未形成完整的理论框架，尤其是在信息融合系统的功能模型、抽象层次、系统体系结构设计和性能评价等方面还有待于从系统角度进行探讨。

当前信息融合研究存在的问题有：

（1）未形成基本的理论框架和有效广义模型及算法。由于理论欠缺现象阻碍了研究者对信息融合本身的深入认识，也使得信息融合在某种程度上仅被看成一种多传感器信息处理概念；人们无法对面向对象的融合系统做出综合分析和评估，使得融合系统的设计常有一定的盲目性。

（2）关联的二义性是信息融合中的主要障碍。怎样确立信息可融性的判别准则，如何进一步降低关联的二义性已成为如何研究领域亟待解决的问题。

（3）融合系统的容错性和稳健型没有得到很好的解决。冲突信息或传感器故障产生的错误信息等的有效处理，即融合系统的容错性和稳健型是必须考虑的问题。

（4）信息融合系统的设计还存在许多的实际问题。如严格的系统设计工程和规范，传感器测量误差模型的建立，复杂环境下的系统实时响应，大知识库的建立以及管理等。

本章提出了基于 IMU 的室内定位方案，利用提出的 APSO 算法结合 IMU 的实时数据计算行人的定位位置，以及实现行人的位置轨迹追踪。但是由于集成于智能移动终端中的微传感器并不是精密的专业用于定位和导航的传感器，随着定位时间的增加，定位的累积误差也会不断增加，如果无法对行人位置进行校准，将会导致定位精度失准，误差逐渐变大，以致无法定位和位置追踪。因此，可以用其他的定位技术对基于 IMU 的定位方案进行校准，常见室内定位技术有 RF 定位和指纹定位。

RF 定位主要指基于 Wi-Fi 信号强度或基于 BLE 信号强度的位置校准，即当定位点进入某个设备的信号强度区域后，将定位点校正到该设备附近，可看成一个用定位地标校正的方案。指纹定位主要指采集和建立室内的 Wi-Fi 或 BLE 的指纹库，将指纹定位法和 IMU 定位方案相结合，进行融合定位。本章提出的的基于 IMU 的多源定位方案旨在部署最少的额外定位设备（如 Wi-Fi 路由器、BLE 设备等需要额外部署的定位设备），实现较高精度的室内定位和行人的定位位置跟踪。

RF 定位技术是一种操控简易，适用于自动控制领域的技术，它利用了电感和电磁耦合或雷达反射的传输特性，实现对被识别物体的自动识别。射频（RF）是具有一定波长的电磁波，它的频率描述为 kHz、MHz、GHz，范围从低频到微波不一。

7．RF 室内定位系统的基本结构

RF 系统通常由电子标签、射频读写器、中间件及计算机数据库组成，结构如图 8.17所示。射频标签和读写器是通过由天线架起的空间电磁波的传输通道进行数据交换的，在定位系统应用中，将射频读写器放置在待测移动物体上，射频电子标签嵌入操作环境中。电子标签上存储有位置识别的信息，读写器则通过有线或无线形式连接到信息数据库。

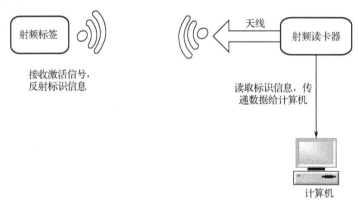

图 8.17 RF 系统结构图

8．RF 室内定位技术典型系统 LANDMARK

LANDMARK 系统是应用 RF 的典型的室内定位系统，该系统通过参考标签和待定标

签的信号强度 RSSI 的分析计算，利用"最近邻居"算法和经验公式计算出带定位标签的坐标。该系统定位精度为平均 1 m。

缺陷：LANDMARK 系统有几方面缺陷，首先，系统定位精度由参考标签的位置决定，参考标签的位置会影响定位；第二，系统为了提高定位精度需要增加参考标签的密度，然而密度较高会产生较大的干扰，影响信号强度；第三，因为要通过公式计算欧几里德公式得到参考标签和待定标签的距离，所以计算量较大。

9. 不同频段 RF 技术适用性

RF 常用频段包括低频、高频、超高频、微波，针对室内定位系统，将不同频段的射频信号进行对比，结果如表 8.3 所示。

表 8.3　不同 RF 频段射频信号特性对比

频段	低频	高频	超高频		微波
	135 kHz	13.56 MHz	433.92 MHz	860~960 MHz	2.45 GHz
识别范围/m	<0.6	0.1~1.0	1~100	1~6	1~15
数据传输速率/kbps	8	64	64		64
防碰撞性能	一般	优良	优良	优良	优良
识别速度	低速 ⟵			⟶ 高速	
系统性能	价格比较高，已发生衍射，损耗严重	价格比较低廉，适合距离短，多重标准标签识别	长识别距离，适时跟踪，对温度等环境敏感	性能与超高频相似，系统损耗小，受环境影响也比较大	

不同的室内定位环境也具有各自独特的特点，由于建筑规划或控制成本等因素，室内场景中的各种设备的部署也不是固定的。有的室内场景部署了多天线、高功率 Wi-Fi 设备，主要用于覆盖 Wi-Fi 网络，这样就可以利用与 Wi-Fi 相关的定位技术来定位和跟踪行人的位置；有的室内场景需要部署近场通信设备实现区域通信功能，这就需要 BLE 或 NFC 等近场通信技术，其中 BLE 设备就可被用于行人的室内定位；有的室内场景因为条件限制，很难部署 Wi-Fi 路由等定位设备，也就很难利用 RF 方法或传统的指纹法进行定位，那么此时就可结合磁场指纹进行辅助定位。

NFC 是近距离无线通信技术（Near Field Communication，NFC），这个技术由非接触式射频识别演变而来，由飞利浦半导体（现恩智浦半导体公司）、诺基亚和索尼共同研制开发，其基础是 RFID 及互连技术。近场通信是一种短距高频的无线电技术，在 13.56 MHz 频率运行于 10 cm 距离内，其传输速度有 106 kbps、212 kbps 或者 424 kbps 三种。目前近场通信已通过成为 ISO/IEC IS 18092 国际标准、ECMA-340 标准与 ETSI TS 102 190 标准。NFC 采用主动和被动两种读取模式。

NFC 近场通信技术是由非接触式射频识别及互连互通技术整合演变而来的，在单一芯片上结合感应式读卡器、感应式卡片和点对点的功能，能在短距离内与兼容设备进行识别和数据交换，工作频率为 13.56 MHz，目前这项技术在日韩被广泛应用。手机用户凭着配置了支付功能的手机就可以行遍全国，但是使用这种手机支付方案的用户必须更换特制的手机，手机可以用作机场登机验证、大厦的门禁钥匙、交通一卡通、信用卡、支付卡等。NFC 标识如图 8.18 所示。

图 8.18　NFC 标识

　　NFC 芯片是具有相互通信功能，并具有计算能力，在 Felica 标准中还含有加密逻辑电路，MIFARE 的后期标准也追加了加密/解密模块，它的标准兼容了索尼公司的 FeliCaTM 标准，以及 ISO 14443 A、B，也就是使用飞利浦的 MIFARE 标准，在业界简称为 TypeA、TypeB 和 TypeF，其中 A、B 为 Mifare 标准，F 为 Felica 标准。

　　为了推动 NFC 的发展和普及，业界创建了一个非营利性的标准组织——NFC Forum，促进 NFC 技术的实施和标准化，确保设备和服务之间协同合作。NFC Forum 在全球拥有数百个成员，包括 NOKIA、SONY、Philips、LG、摩托罗拉、NXP、NEC、三星、Atoam、Intel、其中中国成员有魅族、步步高 vivo、OPPO、小米、中国移动、华为、中兴通讯、上海同耀等公司。

　　NFC Forum 发起成员公司拥有董事会席位，这些成员公司包括惠普、万事达卡国际组织、微软、NEC、诺基亚、恩智浦半导体、松下、瑞萨科技、三星、索尼和维萨国际组织。

　　大概在 2003 年，当时的 Philips 半导体和 SONY 公司计划基于非接触式卡技术发展一种与之兼容的无线通信技术。Philips 派了一个团队到日本和 SONY 工程师一起闭关三个月，然后联合对外发布关于一种兼容当前 ISO14443 非接触式卡协议的无线通信技术。

　　该技术规范定义了两个 NFC 设备之间基于 13.56 MHz 频率的无线通信方式，在 NFC 的世界里没有读卡器，没有卡，只有 NFC 设备。该规范定义了 NFC 设备通信的两种模式：主动模式和被动模式，并且分别定义了两种模式的选择和射频场防冲突方法、设备防冲突方法，定义了不同波特率通信速率下的编码方式、调制解调方式等等最最底层的通信方式和协议，说白了就是解决了如何交换数据流的问题。该规范最终被提交到 ISO 标准组织获得批准成为正式的国际标准，这就是 ISO 18092，后来增加了 ISO 15693 的兼容，形成新的 NFC 国际标准 IP2，也就是 ISO 21481。同时 ECMA（欧洲计算机制造协会）也颁布了针对 NFC 的标准，分别是 ECMA 340 和 ECMA 352，对应的是 ISO 18092[2]与 ISO 21481[3]，其实两个标准内容大同小异，只是 ECMA 的是免费的，大家可以到网上下载到，而 ISO 标准是收费的。不过，所幸的是，为了促进标准化，ISO/IEC 18092—2013 和 ISO/IEC 21481—2012 版均可在 ISO 官方网站上下载到免费的电子版。

　　为了加快推动 NFC 产业的发展，当时的飞利浦、SONY 和诺基亚联合发起成立了 NFC

论坛，旨在推动行业应用的发展，定义相关基于 NFC 应用的中间层规范，包括一些数据交换通信协议——NDEF，包括基于非接触式标签的几种 NFC Tag 规范，主要涉及卡片内部数据结构定义，NFC 设备（手机）如何识别一个标准的 NFC 论坛兼容的标签，如何解析具体应用数据等等相关规范，目的是为了让不同的 NFC 设备之间可以互连互通，比如不同手机如何交换数据，如何识别同一个电子海报等。

与 RFID 一样，NFC 信息也是通过频谱中无线频率部分的电磁感应耦合方式传递的，但两者之间还是存在很大的区别。首先，NFC 是一种提供轻松、安全、迅速的通信的无线连接技术，其传输范围比 RFID 小。其次，NFC 与现有非接触智能卡技术兼容，已经成为得到越来越多主要厂商支持的正式标准。再次，NFC 还是一种近距离连接协议，提供各种设备间轻松、安全、迅速而自动的通信。与无线世界中的其他连接方式相比，NFC 是一种近距离的私密通信方式。

NFC、红外线、蓝牙同为非接触传输方式，它们具有各自不同的技术特征，可以用于各种不同的目的，其技术本身没有优劣差别。NFC 手机内置 NFC 芯片，比原先仅作为标签使用的 RFID 更增加了数据双向传送的功能，这个进步使其更加适合用于电子货币支付；特别是 RFID 所不能实现的，相互认证和动态加密和一次性钥匙（OTP）能够在 NFC 上实现。NFC 技术支持多种应用，包括移动支付与交易、对等式通信及移动中信息访问等。通过 NFC 手机，人们可以在任何地点、任何时间，通过任何设备，与他们希望得到的娱乐服务与交易联系在一起，从而完成付款，获取海报信息等。NFC 设备可以用作非接触式智能卡、智能卡的读写器终端，以及设备对设备的数据传输链路，其应用主要可分为以下四个基本类型：用于付款和购票、用于电子票证、用于智能媒体，以及用于交换、传输数据，如图 8.19 所示。

图 8.19　NFC 广泛用途

NFC 具有成本低廉、方便易用和更富直观性等特点，这让它在某些领域显得更具潜力。NFC 通过一个芯片、一根天线和一些软件的组合，能够实现各种设备在几厘米范围内的通信，而费用仅为 2~3 欧元。据 ABI Research 有关 NFC 有最新研究，NFC 市场可能发迹于移动手持设备。根据 ABI 调研报告，2005 年以后，市场出现了采用 NFC 芯片的智能手机和增强型手持设备；2009 年，这种手持设备将占一半以上的市场。根据研究机构 Strategy Analytics 调研报告，2011 年全球基于移动电话的非接触式支付额超过 360 亿美元。如果 NFC 技术能得到普及，它将在很大程度上改变人们使用许多电子设备的方式，甚至改变使用信用卡、钥匙和现金的方式。NFC 作为一种新兴的技术，大致总结了蓝牙技术协同工作能力差的弊病，不过，它的目标并非是完全取代蓝牙、Wi-Fi 等其他无线技术，而是在不同的场合、不同的领域起到相互补充的作用。因为 NFC 的数据传输速率较低，仅为 212 kbps，不适合诸如音视频流等需要较高带宽的应用。

而所谓 RFID 标准和 NFC 标准的冲突，是对 NFC 的一种误解。NFC 和 RFID 在物理层有相似之处，但其本身和 RFID 是两个领域的技术，RFID 仅仅是一种通过无线对标签进行识别技术，而 NFC 是一种无线通信方式，这种通信方式是交互的。

NFC 手机出厂之后，不同厂商之间的手机存在不能互相交互的问题，如果应用在支付，就标准而言，工业和信息化部必须审批确保手机在通信行业的准入，银联和央行则把关 NFC 手机在开环支付领域的可用。在 NFC 经常使用的交通领域，需要经过住建部和交通部不同标准的支持问题。从宏观来说，NFC 支付需要经历 TSM 的利益争夺，而微观上，又需要经过不同 Type 支持等问题的考验。与此同时，这还是在没有考虑 NFC 三大方案如何选择的情况下的考虑，背后的卡商、方案商的利益和产业格局博弈更加复杂。

对于 NFC 的发展，有报告显示，2013 年全球 NFC 手机的销售量增长 156%，总量达到 4 亿台，这就意味着，全球三分之一的智能手机都将支持 NFC 功能。预测是预测，现实仍然要面对，国内的 NFC 应用仍然很少，就北京的 NFC 支付商用而言，有业内人士表示，可以用惨淡来形容："中国移动的 NFC 项目，是以发布会为结束"、"中国移动的 NFC 项目更多的是形象工程"。邓欣也认为，NFC 可以分为三个发展阶段，样品、产品和商品阶段，国内的 NFC 发展仍然是样品阶段，普通大众很少使用 NFC 支付。

图 8.20 所示的是基于 IMU 定位方案的多源定位模型，在利用 IMU 进行行人定位的基础上，可以根据实际定位场景的具体情况，有选择地利用 Wi-Fi 地标、BLE 地标、Wi-Fi 指纹法、BLE 指纹法和地磁指纹法中的一个或几个定位技术实现多源定位技术的融合定位。本章提出的多源定位模型是基于条件随机场进行建模的，可实现多种定位技术的融合定位。

BLE 设备的部署十分灵活，可以按需部署在室内定位场景中，还可以根据具体的需要调节发射功率，把信号传播距离控制在一定的范围之内。地磁信号是不需要额外的信号发射设备的，一般情况下，室内场景中都能接收到地磁信号且地磁信号处处不相同。现代建筑物通常采用钢筋结构，在阻碍了地磁信号的同时也确保了室内地磁信号的相对稳定，因此，除了 BLE 技术之外，还可以利用地磁技术实现室内定位应用。下面就以 BLE 和地磁技术为例，结合 8.2 节提出的基于 IMU 的定位方案，研究上文提出的多源定位模型。

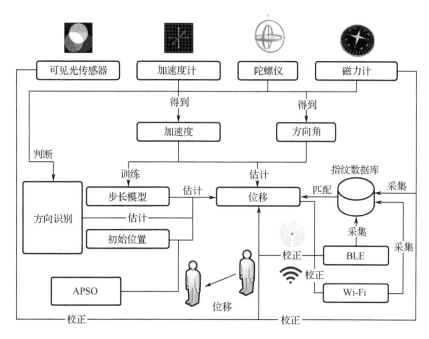

图 8.20　多源定位模型

8.3.1　定位地标

　　使用定位地标对定位点的坐标进行校正，就是利用 RF 定位方法对定位点的坐标进行校正。就 BLE 设备而言，其发射功率是可以调整的，可以把 BLE 的通信距离控制在一定的范围内，对进入范围的定位点进行坐标校正。BLE 定位地标的标注位置示例如图 8.21 所示，其中三角形图标即 BLE 定位地标所在，包裹每个定位地标的圆圈则是该定位地标的通信范围。图 8.21 中，实线圆圈的通信范围较小，虚线圆圈的通信范围较大，这是根据定位地标的需求而限定的，实线所在的三个地标都是部署在定位场景的走廊上的，为了防止房间内的定位点由于定位地标的纠正，错把定为坐标纠正到了房间外，因此这三个地标的通信范围只覆盖走廊区域。虚线圆圈所在的两个定位地标是部署在主要的上下楼通道口的，为了能够纠正每一个从通道口走过的定位点，因此通信范围相对较大，覆盖了整个通道口的区域。定位地标的通信范围调整可以根据不同地点和不同的需要自由调整。

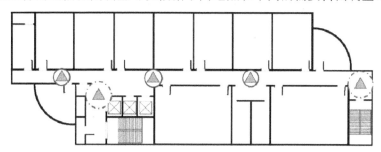

图 8.21　BLE 地标示例

第
8
章

8.3.2　指纹地图

一般指纹定位法分为两个阶段，第一个阶段是离线阶段，即指纹地图建立阶段；第二个阶段是定位阶段，即指纹地图匹配阶段。本节将对指纹地图建立阶段进行研究，建立两种不同模式的指纹地图对基于 IMU 的定位方案进行辅助定位，一种是离散指纹地图，另一种是连续指纹地图。其中，离散指纹地图是指传统的指纹地图，如 Wi-Fi 指纹地图或 BLE 指纹等；连续指纹地图即本文提出的一种新颖的指纹地图建立方式，本节主要介绍应用室内不同位置的磁力计值进行指纹地图的建立。本节所提到的指纹地图，其中离散指纹地图以 BLE 指纹地图为例，连续指纹地图以磁力指纹地图为例。

离散指纹地图的建立主要是指传统的指纹地图建立方法，在行人定位的离线阶段，按照一定的指纹采集点部署方案，在室内的不同位置对通信范围内的所有 BLE 设备信号进行指纹库的建立，记录当前的位置坐标、各个 BLE 设备的 MAC 地址，以及对应的接收信号强度值。离散指纹地图的指纹采集点部署方案如图 8.22 所示，这是一种网格状的指纹采集点部署方案，其中每一个圆点即指纹采集点。以图 8.22 中的指纹采集点 A 为例，专业人员需要在离线阶段分别走到事先规划好的点 A 的位置，记录 A 点的位置坐标，以及在 A 点能接收到的所有 BLE 设备的 MAC 值和对应的 BLE 设备的 RSSI 值，最终将这三种类型的指纹数据存储进 BLE 指纹数据库，即一条指纹值采集完毕。当所有指纹采集点的指纹值都存储进统一 BLE 指纹数据库之后，BLE 指纹地图也就构建完成。

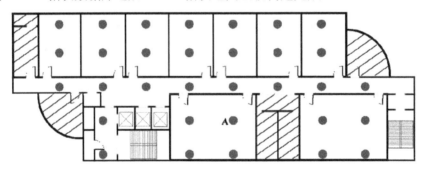

图 8.22　离散指纹地图

不同于离散指纹地图的建立，连续指纹地图的建立不需要对室内指纹采集点进行规划以建立网格状的指纹地图，只需要对室内不同的直行路段进行指纹值的连续采集即可，连续指纹地图又可看成一个即走即构建的指纹地图构建方式。为了验证室内场景内的磁感强度处处不相同，我们分别选取了 9 楼、8 楼及 6 楼共 12 个不同的位置采集三轴磁力计值，如图 8.23（a）所示。

其中，9FP1～9FP4 是属于 9 楼不同位置的 4 个采样点，8FP1～8FP4 是属于 8 楼不同位置的 4 个采样点，6FP1～6FP4 是属于 6 楼不同位置的 4 个采样点，P1、P2、P3 和 P4 分别是不同楼层相同位置的采样点。从图 8.23 中可以看出，这 12 个点的磁感强度值各不相同，并且不同楼层对应位置相同的 4 组磁感强度值之间有明显差异，不同绝对位置的磁感强度处处不相同，如图 8.24 所示。

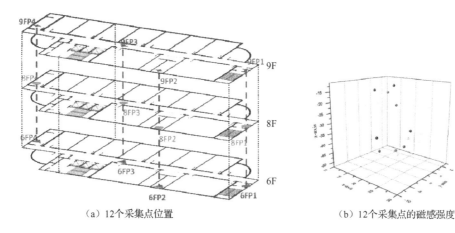

（a）12个采集点位置　　　　　　　　　　（b）12个采集点的磁感强度

图 8.23　磁力指纹采集点示意图

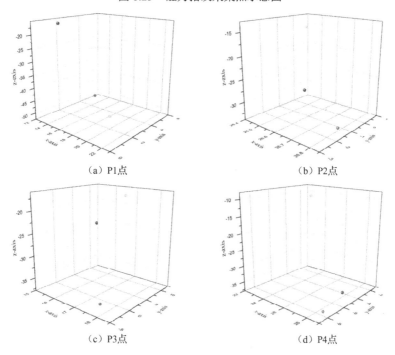

（a）P1点　　　　　　　　　　　　（b）P2点

（c）P3点　　　　　　　　　　　　（d）P4点

图 8.24　不同楼层同一相对位置采样点磁感强度

　　磁力指纹地图是连续型的，因为室内场景下磁感强度的稳定性，在一定的时间内，室内各个地理位置所对应的磁感强度变化不大。不同于 BLE 指纹的采集，地磁指纹的采集并不需要按照规划好的网格点进行逐点的采集，只需要按路段进行连续型采集即可。如图 8.25 所示，在同一实验楼层共进行了 5 组实验，对三种不同的磁力地图采集路径所采集到的磁感强度值进行比较，由于 5 组数值的取值范围相近，为便于区分和观察，图 8.25（b）中的"9FL1+10"、"9FL2+20"、"9FL2+30"和"9FL2+40"分别在各自真实值的基础上增加了 10、20、30 和 40。从图 8.25（a）中可以看到三条不同的磁力地图采集路径，其中实线 L1 所对应的磁感强度值即图 8.25（b）中的"9FL1"和"9FL1+10"两条曲线；虚线 L2 对应的是图 8.25（b）中的"9FL2+20"和"9FL2+30"两条曲线；点线 L3 对应的是图 8.25（b）

中的"9FL3+40"这条曲线。"9FL1"和"9FL1+10"都是沿路径 L1 用近似相同的步行速度采集到的磁感强度值,可以看出,这两条曲线在图8.25(b)中有极其相似的变化轨迹和幅值变动。

"9FL2+20"和"9FL2+30"都是沿路径 L2 用不同的步行速度采集到的磁感强度值,其中"9FL2+30"的步行速度较慢,在图8.25(b)中不难看出,"9FL2+30"所对应的曲线是"9FL2+20"对应曲线的"拉伸版",它们所对应的曲线具有相同的波峰波谷变化,只是"9FL2+30"的波峰到达时间要慢于"9FL2+20"。"9FL3+40"是沿路径 L3 采集得到的磁感强度值。从图8.25(b)中可以看出:

● 相同路径的磁感强度值的变化趋势是一样的,只是会随着步行速度的不同而有所"缩放"。

● 不同路径的磁感强度值变化趋势完全不同,这是因为室内场景的磁感强度较为稳定且磁感强度值处处不相等。

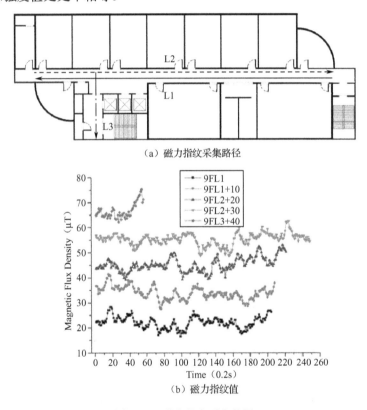

(a)磁力指纹采集路径

(b)磁力指纹值

图8.25 磁力强度采集数据

应用本节所提出的室内磁力指纹地图构建方法进行磁力指纹采集时,要求采集者保持一个速度较慢且稳定的行走方式进行指纹采集,即需要指纹采集者需要以一个较低的速度匀速运动。在进行具体的室内地磁指纹采集之前,需要行人先在室内地图上选定指纹地图采集的起始点和终止点,一般起始点和终止点间的连线平行于室内通道的墙面且不宜过长。在一条室内通道内,一般不止一条采样直线,直线间距一般取一个步长左右的距离,每两条指纹采集路线之间的磁力值用线性插值法进行扩展。采集路径如图 8.25 所示，以图 8.25 (a) 中的路径 L2 为地磁指纹采集路径对地磁数据进行采集，在 50 m 长的走廊上分 P1、P2、P3 和 P4 共四段等长的采集路径，每段路径长 25 m，间隔 0.5 m 左右。采集的磁力指纹记录为磁力强度值和相应的位置信息，如图 8.26 所示。

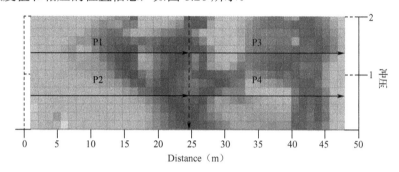

图 8.26　室内地磁指纹采集

8.3.3　条件随机场模型

条件随机场是一个概率无向图模型（Undirected Probabilistic Graphical Model，UPGM），是由 Laffty 等人于 2001 年提出的。条件随机场跟隐式马可夫模型常被一起提及，条件随机场对于输入和输出的机率分布，没有像隐式马可夫模型那般强烈的假设存在。常用于标注或分析序列资料，如自然语言文字或生物序列。

如同马尔可夫随机场，条件随机场为具有无向的图模型，模型中的顶点代表随机变量，顶点间的连线代表随机变量间的相依关系。在条件随机场中，随机变量 Y 的分布为条件机率，给定的观察值则为随机变量 X。原则上，条件随机场的图模型布局是可以任意给定的，一般常用的布局是链结式的架构，链结式架构不论在训练（Training）、推论（Inference）或解码（Decoding）上，都存在效率较高的算法可供演算。

条件随机场被用于中文分词和词性标注等词法分析工作，一般序列分类模型常常采用隐马尔可夫模型（HMM），像基于类的中文分词。但隐马尔可夫模型中存在两个假设：输出独立性假设和马尔可夫性假设。其中，输出独立性假设要求序列数据严格相互独立才能保证推导的正确性，而事实上大多数序列数据不能被表示成一系列独立事件。而条件随机场则使用一种概率图模型，具有表达长距离依赖性和交叠性特征的能力，能够较好地解决标注（分类）偏置等问题的优点，而且所有特征可以进行全局归一化，能够求得全局的最优解。

条件随机场是一个典型的判别式模型，其联合概率可以写成若干势函数联乘的形式，其中最常用的是线性链条件随机场。若让 $x=(x_1, x_2, \cdots, x_n)$ 表示被观察的输入数据序列，$y=(y_1, y_2, \cdots, y_n)$ 表示一个状态序列，在给定一个输入序列的情况下，线性链的 CRF 模型定义状态序列的联合条件概率为

第 8 章

$$p(y \mid x) = \frac{1}{Z(x)} \exp\left\{ \sum_{k=1}^{K} \lambda_k f_k(y_t, y_{t-1}, x_t) \right\}$$

$$Z(x) = \sum_y \exp\left\{ \sum_{k=1}^{K} \lambda_k f_k(y_t, y_{t-1}, x_t) \right\}$$

（8.28）

式中，Z 是以观察序列 x 为条件的概率归一化因子；$f_k(y_t, y_{t-1}, x_t)$ 是一个任意的特征函数，是每个特征函数的权值。

CRF 的算法实现目前已经有多个知名的开源项目，并且已经被广泛应用在学术界研究及工业界应用当中，还有成功地应用在了计算机视觉识别、生物基因识别、自然语言处理等领域。本章讨论的条件随机场指的是线性链条件随机场（Linear Chain Conditional Random Field，LCCRF）。本文提出的线性链条件随机场分为学习和预测两个步骤。

在介绍线性链条件随机场之前，需要引入 Hammersley-Clifford 定理，设无向图为 $G=(V, E)$，C 表示 G 上的最大团，Y_C 是 C 的随机变量，概率无向图的联合概率分布可以表示为

$$P(Y) = \frac{1}{Z} \prod_C \psi_C(Y_C)$$

$$Z = \sum_Y \prod_C \psi_C(Y_C)$$

$$\psi_C(Y_C) = \exp\{-E(Y_C)\}$$

（8.29）

式中，$p(Y)$ 表示概率无向图的联合概率分布，Z 表示规范化因子，$\Psi_C(Y_C)$ 表示的是 C 上的严格正的势函数（Potential Function）。

不妨设随机变量 X 和 Y，其中变量 Y 构成一个马尔科夫随机场（Markov Random Field，MRF）并可由无向图 $G=(V, E)$ 所表示，那么一般的条件随机场可表示为

$$P(Y_v \mid X, Y_u, u \neq v) = P(Y_v \mid X, Y_w, w \approx v)$$

（8.30）

式中，$u \neq v$ 表示在无向图 G 中除了节点 v 以外的所有节点 u；$w \approx v$ 表示在无向图 G 中与 v 相连的所有节点 w；Y_v、Y_u 和 Y_w 分别表示对应节点 v、u 和 w 的随机变量。

设随机变量序列 $X=(x_1, x_2, \cdots, x_n)$ 和 $Y=(y_1, y_2, \cdots, y_n)$，其中 X 为观测序列，Y 表示输出序列，那么线性链条件随机场可表示为

$$P(Y_i \mid X, Y_1, \cdots, Y_{i-1}, Y_{i+1}, \cdots, Y_n) = P(Y_i \mid X, Y_{i-1}, Y_{i+1})$$

（8.31）

结合式（8.30）和式（8.31），这里选择指数势函数并引入特征函数，用 x 和 y 分别表示随机变量 X 和 Y 的取值，可得线性链条件随机场的参数化形式。

$$P(y \mid x) = \frac{1}{Z(x)} \exp\left(\sum_{i,k} \lambda_k t_k(y_{i-1}, y_i, x, i) + \sum_{i,l} \mu_l s_l(y_i, x, i) \right)$$

$$Z(x) = \sum_y \exp\left(\sum_{i,k} \lambda_k t_k(y_{i-1}, y_i, x, i) + \sum_{i,l} \mu_l s_l(y_i, x, i) \right)$$

（8.32）

式中，$Z(x)$ 表示规范化函数；t_k 表示观测序列的两个相邻输出位置上的转移特征函数，依赖于输出变量之间的关系及观测序列的影响；S_l 表示观测序列的输出位置上的状态特征函数，表示观测序列对输出变量的影响；λ_k 和 μ_l 是对应于特征函数的参数；通常，t_k 和 S_l 取值为 1 或 0。

对于磁力指纹而言，本文利用磁力指纹的变化趋势进行室内指纹定位，因此，磁力指纹的特征函数定义为

$$t_1(Y_t, X_t^F) = (Y_t - \mu_t^F)(\Sigma_t^F)^{-1}(Y_t - \mu_t^F)^{\mathrm{T}} \tag{8.33}$$

式中，Y_t 和 X_t 分别表示输出变量和观测变量，μ_t^F 和 $\sum_t^F$ 分别表示连续两次采样时间内地磁指纹数据变化所对应的位置坐标的均值和协方差。

对于 BLE 指纹而言，由于本文使用传统的指纹地图构建方法，因此，BLE 指纹的特征函数定义为

$$t_2(Y_t^R, X_t^R) = -(Y_t^R - \mu_t^R)(\Sigma_t^R)^{-1}(Y_t^R - \mu_t^R)^{\mathrm{T}} \tag{8.34}$$

式中，Y_t^R 和 X_t^R 分别表示输出变量和观测变量，μ_t^R 和 $\sum_t^R$ 分别表示指纹定位坐标的均值和协方差。

对于 BLE 地标而言，主要原理是当智能手机进入 BLE 地标范围或者检测到 BLE 地标峰值后，将智能手机的定位位置纠正道 BLE 地标处，因此，BLE 地标的特征函数为

$$t_3(Y_t^P, X_t^P) = \begin{cases} 1, & Y_t^P = X_t^P \\ 0, & \text{其他} \end{cases} \tag{8.35}$$
$$X_t^P = \max(X_{t-i}, X_{t+i})$$

式中，Y_t^R 表示指纹库中的 RSSI 峰值，X_t^R 表示 $[X_{t-i}, X_{t+i}]$ 中的最大值。

本节使用改进的迭代尺度法作为线性链条件随机场得到学习算法。在线性链条件随机场模型的学习过程中，对于给定的训练数据（观测序列为 X，输出序列为 Y），可知经验概率分布 $\tilde{P}(x,y)$，由此可求得训练数据的对数似然函数如式（8.36）所示，参数向量 $w = (w_1, w_2, w_3, \cdots, w_k)^{\mathrm{T}}$，$f_k$ 为特征函数：

$$
\begin{aligned}
L(\alpha) = L_{\tilde{P}}(P_\alpha) &= \log \prod_{x,y} P_\alpha(y \mid x)^{\tilde{P}(x,y)} = \sum_{x,y} \tilde{P}(x,y) \log P_\alpha(y \mid x) \\
&= \sum_{x,y} \left[\tilde{P}(x,y) \sum_{k=1}^{K} \alpha_k f_k(y,x) - \tilde{P}(x,y) \log Z_\alpha(x) \right] \\
&= \sum_{j=1}^{N} \sum_{k=1}^{K} \alpha_k f_k(y_j, x_j) - \sum_{j=1}^{N} \log Z_\alpha(x_j)
\end{aligned}
\tag{8.36}
$$

设有 K_1 个转移特征，有 K_2 个状态特征，且满足 $K = K_1 + K_2$。改进的迭代尺度法是以迭代的形式不断优化对数似然函数的，每一次的迭代过程中，如果能够计算得到参数向量的

增量 $\boldsymbol{\delta} = (\delta_1,\ \delta_2,\ \cdots,\ \delta_k)^{\mathrm{T}}$，从而结合式（8.33）中的参数向量 $\boldsymbol{w} = (w_1,\ w_2,\ \cdots,\ w_k)^{\mathrm{T}}$，就可以更新参数向量为 $\boldsymbol{w} + \boldsymbol{\delta} = (w_1 + \delta_1,\ w_2 + \delta_2,\ \cdots,\ w_k + \delta_k)^{\mathrm{T}}$。式（8.32）中的转移特征 t_k 和状态特征 s_l 的更新方程如下。

$$
\begin{aligned}
E_{\tilde{P}}[t_k] &= \sum_{x,y} \tilde{P}(x,y) \sum_{i=1}^{n+1} t_k(y_{i-1}, y_i, x, i) \\
&= \sum_{x,y} \tilde{P}(x,y) P(y \mid x) \sum_{i=1}^{n+1} t_k(y_{i-1}, y_i, x, i) \exp(\delta_k T(x,y)), k = 1, 2, 3, \cdots, K_1
\end{aligned}
\tag{8.37}
$$

$$
\begin{aligned}
E_{\tilde{P}}[s_l] &= \sum_{x,y} \tilde{P}(x,y) \sum_{i=1}^{n+1} s_l(y_i, x, i) \\
&= \sum_{x,y} \tilde{P}(x) P(y \mid x) \sum_{i=1}^{n} s_l(y_i, x, i) \exp(\delta_{K_1 + l} T(x,y)), l = 1, 2, 3, \cdots, K_2
\end{aligned}
\tag{8.38}
$$

在式（8.37）和式（8.38）中，$T(x,y)$ 表示所有特征数的和，有

$$
T(x,y) = \sum_k f_k(y,x) = \sum_{k=1}^{k} \sum_{i=1}^{n+1} f_k(y_{i-1}, y_i, x, i)
\tag{8.39}
$$

这样，通过求解式（8.38）和式（8.39）就可得到参数向量的增量 $\boldsymbol{\delta} = (\delta_1,\ \delta_2,\ \cdots,\ \delta_k)^{\mathrm{T}}$，同时权值可更新为 $w_k = w_k + \delta_k$，直至所有的权值 w_k 都收敛，则迭代结束。

线性链条件随机场模型根据改进的迭代尺度学习算法进行训练之后，在进行实际应用之前，还需要预测算法才能得到预测的输出序列。与一般的条件随机场的预测算法一样，线性链条件随机场的预测算法也应用著名的维比特算法[33]。

维特比算法是一种动态规划算法，用于寻找最有可能产生观测事件序列的-维特比路径-隐含状态序列，特别是在马尔可夫信息源上下文和隐马尔可夫模型中。术语"维特比路径"和"维特比算法"也被用于寻找观察结果最有可能解释相关的动态规划算法。例如，在统计句法分析中动态规划算法可以被用于发现最可能的上下文无关的派生（解析）的字符串，有时被称为"维特比分析"。维特比算法由安德鲁•维特比（Andrew Viterbi）于 1967 年提出，用于在数字通信链路中解卷积以消除噪声。此算法被广泛应用于 CDMA 和 GSM 数字蜂窝网络、拨号调制解调器、卫星、深空通信和 IEEE 802.11 无线网络中解卷积码，现今也被常常用于语音识别、关键字识别、计算语言学和生物信息学中。例如，在语音（语音识别）中，声音信号作为观察到的事件序列，而文本字符串被看成隐含的产生声音信号的原因，因此可对声音信号应用维特比算法寻找最有可能的文本字符串。

维特比算法的基础可以概括成下面三点：

（1）如果概率最大的路径 P（或者说最短路径）经过某个点，如途中的 X22，那么这条路径上的起始点 S 到 X22 的这段子路径 Q，一定是 S 到 X22 之间的最短路径。否则，用 S 到 X22 的最短路径 R 替代 Q，便构成一条比 P 更短的路径，这显然是矛盾的，证明了满足最优性原理。

（2）从 S 到 E 的路径必定经过第 i 个时刻的某个状态，假定第 i 个时刻有 k 个状态，那么如果记录了从 S 到第 i 个状态的所有 k 个节点的最短路径，最终的最短路径必经过其中一条，这样，在任意时刻，只要考虑非常有限的最短路即可。

（3）结合以上两点，假定当我们从状态 i 进入状态 $i+1$ 时，从 S 到状态 i 上各个节的最短路径已经找到，并且记录在这些节点上，那么在计算从起点 S 到第 $i+1$ 状态的某个节点 X_i+1 的最短路径时，只要考虑从 S 到前一个状态 i 所有的 k 个节点的最短路径，以及从这个节点到（X_{i+1}，j）的距离即可。

维比特算法结构如图 8.27 所示。

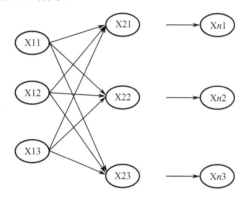

图 8.27 维比特算法结构示意图

不妨设线性链条件随机场模型的特征向量和权值分别为 $F(\gamma,\chi)=(f_1(\gamma,\chi),f_2(\gamma,\chi),\cdots,f_k(\gamma,\chi))^{\mathrm{T}}$ 和 $\varpi=(\varpi_1,\varpi_2,\cdots,\varpi_k)^{\mathrm{T}}$，观测序列为 $\chi=(\chi_1,\chi_2,\cdots,\chi_n)$，输出序列为 $\gamma^*=(\gamma_1^*,\gamma_2^*,\cdots,\gamma_n^*)$，有递推公式：

$$
\begin{aligned}
\delta_i(l) &= \max_{1\leqslant j\leqslant m}\{\delta_{i-1}(j)+\omega F_i(\gamma_{i-1}=j,\gamma_{i=l},\chi)\} \\
\psi_i(l) &= \arg\max_{1\leqslant j\leqslant m}\{\delta_{i-1}(j)+\omega F_i(\gamma_{i-1}=j,\gamma_{i=l},\chi)\},l=1,2,\cdots,m
\end{aligned}
\tag{8.40}
$$

根据式（8.40）可求得非规范化概率的最大值，因此，输出序列 γ^* 为：

$$
\begin{aligned}
\max_y(\omega F(\gamma,\chi)) &= \max_{1\leqslant j\leqslant m}\delta_n(j) \\
\gamma_n^* &= \arg\max_{1\leqslant j\leqslant m}\delta_n(j) \\
\gamma_i^* &= \psi_{i+1}(\gamma_{i+1}^*),i=n-1,n-2,\cdots,1
\end{aligned}
\tag{8.41}
$$

8.4 实验验证与性能分析

8.4.1 实验环境

图 8.28 所示为线性链条件随机场的实验场景图，图中星形为行人出发点，圆形为 BLE

设备部署点，行人从星形出发，沿虚线行走后再回到星形处。图 8.28（a）和图 8.28（b）之间只是 BLE 设备的数量不同，图 8.28（a）中部署了 10 个 BLE 设备，图 8.28（b）中部署了 5 个 BLE 设备，是图 8.28（a）中 BLE 设备数目的一半，除此以外，图 8.28（a）和图 8.28（b）的其他实验条件相同。

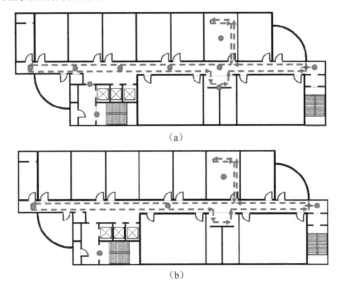

（a）

（b）

图 8.28　线性链条件随机场模型实验场景图

8.4.2　实验验证与分析

图 8.29（a）和图 8.29（b）分别对应图 8.28（a）和图 8.28（b）的误差累积分布函数（CDF）。

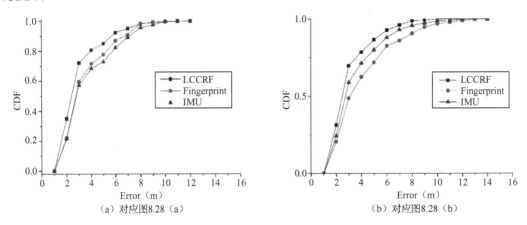

（a）对应图8.28（a）　　　　　　　　　　（b）对应图8.28（b）

图 8.29　线性链条件随机场的 CDF

图 8.29 中，方块线表示完整的使用提出的 LCCRF 模型进行定位，圆形线表示只使用指纹定位法进行定位，三角线表示只是用 IMU 定位方案进行定位。从图中可以看出，无论 BLE 设备是否减半，LCCRF 所提供的定位累积误差函数都是收敛最快、定位性能最好的。

当 BLE 设备为 10 个时，LCCRF 提供的定位误差小于 6.3 m 左右，指纹定位法提供定位误差小于 8m 左右，IMU 定位方案提供的定位误差小于 9 m 左右；当 BLE 设备缩减至 5 个时，LCCRF 提供定位误差小于 7.4 m 左右，指纹定位法提供的定位误差小于 13 m 左右，IMU 定位方案提供的定位误差小于 9 m 左右。可见，当定位设备的数量减半后，LCCRF 的定位误差上升了 15.3%，指纹定位法的定位误差上升了 62.5%，由于 IMU 定位并不依赖于额外的定位设备，所以 IMU 定位方案的定位误差保持稳定。如图 8.30 所示，部署 10 个 BLE 设备与部署 5 个 BLE 设备相比，基于 IMU 的定位方案几乎没有变化；基于 LCCRF 的定位轨迹变化不大，定位精度略有下降，指纹定位法的定位方案轨迹变化明显，定位精度有所下降，且多处出现定位位置"穿墙"现象，发生定位逻辑错误；基于 LCCRF 的多源定位模型相比于单一的定位技术，提供了更高定位精度的同时，还具有更高的定位鲁棒性。由于 LCCRF 是针对多源定位技术进行位置定位的，伴随着更多定位技术的融合（如 Wi-Fi 技术、UWB 技术等）或定位设备的增加（如增加 BLE 设备的部署），基于 LCCRF 的多源定位模型也将提供更高的定位精度。

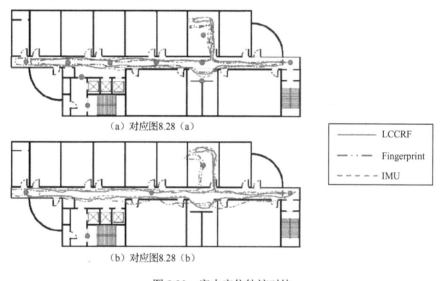

（a）对应图8.28（a）

（b）对应图8.28（b）

图 8.30　室内定位轨迹对比

8.5　本章小结

本章提出了一种基于 IMU 定位的多源定位模型。首先，本章针对集成于智能移动终端的 IMU 传感器数据进行研究，针对相应的传感数据进行校正后，分别建立行人步行方向模型和行人步长距离模型。接着本章提出了 APSO 算法用来纠正室内定位的逻辑错误，提高了室内定位精度，经实验验证，APSO 算法确实能够避免定位逻辑错误，并且与 PSO 算法相比，APSO 算法的最大定位误差下降约 150%，定位精度提升明显。最后，本章提出了基于 LCCRF 的多源定位模型，该模型是建立在 IMU 定位的基础上的，其中，本章还根据室内定位场景内的磁感强度值处处不相等的特点，创新性地提出了连续磁力指纹地图，并连同 BLE 指纹地图，以及 BLE 的 RSSI 定位方法，利用 LCCRF 模型将这四种定位技术融合，实现多源定位方案。

参考文献

[1] 汤丽，徐玉滨，周牧，等. 基于 K 近邻算法的 WLAN 室内定位技术研究[J]. 计算机科学，2009, 36(4): 54-55.

[2] Zhao Q, Zhang S, Quan J, et al. A novel approach for WLAN-based outdoor fingerprinting localization[C]// IEEE, International Conference on Communication Software and Networks, Xi'an: IEEE, 2011:432-436.

[3] Smith A, Balakrishnan H, Goraczko M, et al. Tracking moving devices with the cricket location system[C]// Proceedings of ACM MobiSYS'04. Massachusetts. 2014: 190-202.

[4] 王小建，薛政，曾宇鹏. 无基础设施 Wi-Fi 室内定位算法设计[J]. 通信学报，2012, 33(11): 240-243.

[5] 翁宁龙，刘冉，吴子章. 室内与室外定位技术的研究[J]. 数字技术与应用，2011, (5):179-179.

[6] Vaghefi R M, Schloemann J, Buehrer R M. NLOS mitigation in TOA-based localization using semidefinite programming[C]// Positioning Navigation and Communication, Dresden: IEEE, 2013:1-6.

[7] Thomas N J, Cruickshank D G M, Laurenson D I. Performance of a TDOA-AOA hybrid mobile location system[C]// 3G Mobile Communication Technologies, 2001. Second International Conference on, London: IEEE Xplore, 2001:216-220.

[8] Hawkinson W, Samanant P, Mccroskey R, et al. GLANSER: Geospatial location, accountability, and Navigation System for Emergency Responders - system concept and performance assessment[C]// Position Location and Navigation Symposium, Myrtle Beach, SC: IEEE, 2012:98-105.

[9] Cavanaugh A, Lowe M, Cyganski D, et al. WPI precision personnel locator: inverse synthetic array reconciliation tomography performance [C]//Proc of the Position, Location and Navigation Symposium, Myrtle Beach, SC: IEEE, 2012: 1189-1194.

[10] Shen G, Chen Z, Zhang P, et al. Walkie-Markie: indoor pathway mapping made easy[C]// Usenix Conference on Networked Systems Design and Implementation, Berkeley, CA:USENIX Association, 2013:85-98.

[11] Nilsson J, Rantakokko J, Händel P, et al. Accurate indoor positioning of firefighters using dual foot-mounted inertial sensors and inter-agent ranging [C]//Proc of the Position, Location and Navigation Symposium, Monterey, CA: IEEE, 2014: 631-636.

[12] Fang S H, Lin T. Principal Component Localization in Indoor WLAN Environments[J]. IEEE Transactions on Mobile Computing, 2011, 11(1):100-110.

[13] Kuo S P, Tseng Y C. Discriminant Minimization Search for Large-Scale RF-Based Localization Systems[J]. IEEE Transactions on Mobile Computing, 2011, 10(2):291-304.

[14] Wu B F, Jen C L, Huang T W. Intelligent Radio Based Positioning and Fuzzy Based Navigation for Robotic Wheelchair with Wireless Local Area Networks[C]// First International Conference on Robot, Vision and Signal Processing, Kaohsiung: IEEE, 2011:61-64.

[15] Kushki A, Plataniotis K N, Venetsanopoulos A N. Intelligent Dynamic Radio Tracking in Indoor Wireless Local Area Networks[J]. IEEE Transactions on Mobile Computing, 2010, 9(3):405-419.

[16] Shih C Y, MarróN P J. COLA: Complexity-Reduced Trilateration Approach for 3D Localization in Wireless Sensor Networks[M]. IEEE Computer Society, 2010.

[17] Fang S H, Lin T N. Cooperative multi-radio localization in heterogeneous wireless networks[J]. IEEE Transactions on Wireless Communications, 2010, 9(5):1547-1551.

[18] Tarzia S P, Dinda P A, Dick R P, et al. Indoor localization without infrastructure using the acoustic background spectrum[C]//Proc of the 9th International Conference on Mobile System, Applications, and Services, New York, NY: ACM, 2011: 155-168.

[19] Wu T Y, Liao I J, Lee W T, et al. Enhancing indoor localization accuracy of sensor-based by advance genetic algorithm[C]//Proc of the 6th International Conference on Wireless Communications and Mobile Computing, New York, NY: ACM, 2010: 1218-1222.

[20] Andreas F.M. Wireless Communications [M]. Beijing: Publishing House of Electronics Industry, 2003:97-98.

[21] Kaune R. Accuracy studies for TDOA and TOA localization [C]// Proceedings of 2012 15th International Conference on Information Fusion. Singapore, 2013: 602-607.

[22] Tian H, Wang S, Xie H.Y. Localization using Cooperative AOA Approach [C]// Proceedings of WiCom 2007. International Conference on Wireless Communications, Networking and Mobile Computing. Shanghai, 2007: 2416-2419.

[23] 王小平，罗军，沈昌祥. 无线传感器网络定位理论和算法[J]. 计算机研究与发展，2011, 48(3):353-363.

[24] 朱明辉，张会清. 基于 RSSI 的室内测距模型的研究[J]. 传感器与微系统，2010, 29(8):19-22.

[25] Liang X B, Wu L D. A comment on: "Comments on:'Necessary and sufficient

第
8
章

condition for absolute stability of neural networks' "[IEEE Trans. Circuits Systems I Fund. Theory Appl. 42 (1995), no. 8, 497–499; MR1351881 (96j:92005)] by E. Kaszkurewicz and A. Bhaya [J]. Endoscopy, 2016, 48(1):95-95.

[26] Vedaldi A, Lenc K. MatConvNet - Convolutional Neural Networks for MATLAB[J]. Eprint Arxiv, 2016:689-692.